Spezialeinheiten
weltweit im Einsatz

Alexander Stilwell

Spezialeinheiten
weltweit im Einsatz

Aufklärung • Kampfeinsätze • Geiselbefreiung

VERLEGT BEI
KAISER

Titel des englischen Originals: »Special Forces Today«
Einzig berechtigte Übertragung aus dem Englischen: Maria Schlick
Fachlich redigiert: Hans Kaiser

Deutsche Erstausgabe

Einbandgestaltung: Context Type & Sign Pink – Markus Kurrent
Satz: Context Type & Sign Pink, St. Veit/Glan
Druck und Bindearbeit: Gorenjski Tisk, Kranj-Slowenien

Inhalt

EINFÜHRUNG

Dieses Buch handelt von der Geschichte von Spezialeinheiten und Sondereinsätzen von 1990 bis heute. Bei Beschreibungen von Sondereinsätzen kann man beobachten, dass, je näher diese dem gegenwärtigen Zeitpunkt stattgefunden haben, umso vager berichtet wird. Es wäre auch bedenklich, wenn dies nicht der Fall wäre. Nicht einmal die Inschriften der Medaillen, die etwa Mitgliedern britischer Sondereinheiten überreicht wurden, geben genauere Informationen preis, wofür sie eigentlich verliehen wurden. Auch der Autor dieses Buches, der in der britischen Territorialarmee gedient und mit Soldaten von Spezialeinheiten trainiert hat, möchte keine Details über gegenwärtige oder zukünftige Operationen preisgeben.

Heute versteht man unter Spezialeinheiten besonders ausgebildete Elitesoldaten, die in den Streitkräften verschiedener Länder mit Sonderaufträgen – sei es innerhalb der Boden-, See- oder Luftstreitkräfte – im Zusammenhang stehen. Jede Einheit hat ihre eigene Geschichte, die wie beim British Special Air Service oder den US Rangers bis zum Zweiten Weltkrieg zurückreichen kann. Viele andere Einheiten wurden in der Nachkriegszeit gegründet.

Britische Spezialeinsätze

Die Idee von Sondereinsätzen oder von autonom operierenden Truppen mit unüblichen Militärtaktiken reicht in der Militärgeschichte sehr weit zurück und hat in einem gewissen Ausmaß auch mit Guerillataktik zu tun. Der Terminus »Guerilla« kommt aus dem Spanischen und bedeutet ursprünglich »Kleinkrieg«. Damit wurden vor allem die Aktivitäten spanischer und portugiesischer irregulärer Truppen bezeichnet, die im Zuge der spanischen Befreiungskämpfe (1808–1814) gegen die Besatzungsmacht Frankreich kämpften. Genau genommen könnte man aber auch die Hit-and-Run-Taktik der Goten und Hunnen auf das Römische Reich mit einbeziehen. Jedenfalls war der Herzog von Wellington Nutznießer des spanischen und portugiesischen Guerillakampfes, da die Guerilleros dasselbe Ziel wie er verfolgten, nämlich die Beseitigung der französischen Besatzung. Hier sieht man bereits die Bedeutung politischer Strategie beim Guerillakampf. Auch Mitte des 19. Jh.s machte sich Großbritannien »irreguläre« Kampfmethoden zunutze, als britische Offiziere sich in Nordindien als lokale Stammesangehörige ausgaben, um den russischen Einfluss in Afghanistan kontrollieren und unterminieren zu können. Diese britische Taktik während des als »Great Game« bezeichneten Konflikts in Asien zwischen Großbritannien und Russland war ihrer Zeit voraus und wurde später auch von den Vereinigten Staaten mit relativ großem Erfolg im gleichen Gebiet wiederholt. Während des Ersten Weltkriegs machte sich T. E. Lawrence (Lawrence von Arabien) die Weisheit der arabischen Stämme zunutze, um die Besatzungsmacht – dieses Mal die Türkei – zu bekämpfen. Seine Art der Taktik kommt vielleicht dem Geist moderner Spezialeinheiten noch näher. Lawrence, der selbst als britischer Offizier im Dienst war, verkörperte durch seine persönlichen Eigenschaften nicht bloß das, was einen Soldaten einer Spezialeinheit von einem regulären Soldaten unterscheidet. Er beschrieb auch explizit die Hauptcharakteristika irregulärer Kriegsführung und autonom operierende Kampfgruppen in seinem Klassiker über den Araberaufstand *Die sieben Säulen der Weisheit*.

Als er aufgrund einer längeren Krankheit in seinem Zelt bleiben musste, brachte er seine Gedanken über die Ziele der Kriegsführung zu Papier und erinnerte an die Lehren militärischer Koryphäen wie Sun-Zi und Clausewitz. Das klassische Kriegsziel – die Zerstörung der feindlichen Macht durch eine gewonnene Schlacht, bei welcher sich große Heere gegenüberstanden – schien ihm überholt. Seine Überlegungen führten zu einem Ansatz, bei welchem »algebraische«, »biologische« und »psycholo-

Gegenüberliegende Seite: Britische SAS-Soldaten, die gerade von einem Westland-Whirlwind-Hubschrauber im burmesischen Dschungel abgesetzt werden (1963).

T. E. Lawrence (Lawrence von Arabien) in arabischer Kleidung. Seine Argumente für den Einsatz mobiler kleiner Einheiten sollten sich als einflussreich erweisen.

gische« Elemente entscheidend waren. Er war sich bewusst, dass die zu seiner Verfügung stehenden arabischen Streitkräfte nicht stark genug waren, um die türkische Armee herauszufordern. Dafür konnten die arabischen Truppen allerdings einen Vorteil aus ihrer Mobilität ziehen und Lawrence meinte, sie könnten »eine Beeinflussung, ein Gedanke, eine nicht greifbare Sache, etwas Unverwundbares ohne Vorder- oder Hinterseite, etwas das wie Gas herumströmt« sein. Um eine derart kleine Einheit in der großen Weite des arabischen Raumes zu unterwerfen, müsste die türkische Armee Hunderttausende von Soldaten einsetzen, ohne dass eine Garantie bestünde, die Widersacher je aufzufinden, die sich in der Wüste ganz einfach wie in Luft auflösen würden. Die Taktik, die er beschrieb, war es, nie den Feind direkt anzugreifen, sondern nur seine Einrichtungen und Ausrüstungsgegenstände zu beschädigen und dadurch Verwir-

rung zu stiften. Seine arabischen Krieger sollten immer den Vorteil der Überraschung im Auge haben und ständig gut über den Gegner informiert sein:

»Unsere Stärken waren Geschwindigkeit und Zeit, nicht Schlagkraft (...) In Arabien waren Reichweite und Raum der Macht der Armeen überlegen.«

Obwohl Lawrence die Araber unter seinem Kommando lehrte, wie man moderne Waffen und Sprengstoffe benutzte, versuchte er nicht, sie in konventioneller militärischer Disziplin zu drillen. In seinem Buch erklärte er dazu:

»Die Effizienz unserer Truppen war die professionelle Leistungsfähigkeit jedes einzelnen Mannes (...) Unser Ideal sollte es sein, aus der Schlacht eine Reihe von Einzelkämpfen zu machen und aus jedem Soldaten unserer Truppen einen flinken, selbstständigen Kommandanten, der seine Aktionen mit den anderen bestens koordinierte.«

Lawrence verstand die arabischen Stammesangehörigen, mit denen er kämpfte, er sprach ihre Sprache und nutzte ihr Wissen. Zudem führte er die Truppe von vorne an und zeigte eine Zähigkeit, die dem robustesten Beduinen zur Ehre gereicht hätte. Er passte zwar nicht in die von der britischen Armee veranschaulichte Militärtradition, konnte jedoch Taktiken ausarbeiten, welche den Araberaufstand zum wichtigsten Teil einer erfolgreichen britischen Strategie in Arabien machten und zur Besetzung von Damaskus und zur Einnahme von Jerusalem führten.

Diese Anregungen, mobile Einheiten effektiv einzusetzen, wären vielleicht verpufft, wenn nicht der britische Kommandant in Palästina, Feldmarschall Allenby, die Ideen von Lawrence wohlwollend aufgenommen hätte. Im Gegensatz zu anderen britischen Offizieren, die Lawrence als verrückt und überspannt betrachteten, nutzte Allenby Lawrences Eigenschaften als »Kommandant von Spezialeinheiten«. Denn für Allenby waren »Spezialeinheiten« ein bedeutender Teil seiner Militärstrategie.

Lawrence hatte irreguläre Kampftaktiken eingeführt, die in der Folge einen bedeutenden Teil von Militäraktionen einnehmen konnten.

Weitere Schritte in diese Richtung wurden während des Zweiten Weltkriegs unternommen. Es überrascht nicht, dass Winston Churchill, der ein großer Bewunderer von Lawrence war, die Formation militärischer Sondereinheiten in Form der

»Commandos« vorantrieb. Außerdem entsandte er ein Gründungsmitglied des Special Air Service, Fitzroy Maclean, als seinen persönlichen Vertreter und als Kommandanten der britischen Militärmission zu den Partisanen des von Deutschland besetzten Jugoslawien.

Churchill setzte auch die COHQ (Combined Operations Headquarters) ein, um die Planung von Spezialeinsätzen von Boden-, See- und Luftstreitkräften zu koordinieren.

In der Wüste geboren

David Stirling, ein Mitglied der Kommandoabteilung der britischen Brigade of Guards ersuchte um die Genehmigung, mit einer kleinen Eliteeinheit Überraschungsangriffe auf Feldmarschall Rommels Afrika-Korps in der nordafrikanischen Wüste durchführen zu können. Stirling baute nicht nur auf seine Erfahrung bei den Commandos auf, sondern ließ sich auch von den Aktionen der von Ralph Bagnold gegründeten Long Range Desert Group inspirieren. Die Mitglieder dieses Wüstenkampfverbandes waren zähe Soldaten, meist Neuseeländer, die als Freiwillige im Einsatz waren. Sie waren mit Chevrolet-LKWs in der Libyschen Wüste als Spähtrupps unterwegs oder führten Störaktionen durch. Die Prinzipien waren dieselben, die bereits Lawrence aufgestellt hatte: zielgenaue Überraschungsangriffe – vornehmlich auf Einrichtungen und Ausrüstungsgegenstände – durchzuführen und sich dann in die Weite der Wüste zurückzuziehen, bevor der Feind zurückschlagen konnte. Die Sondereinheiten waren nicht für einen konventionellen Zermürbungskrieg ausgerüstet. Jeder einzelne Mann wies zumindest einige der Eigenschaften von T. E. Lawrence auf, vor allem persönliche Ausdauer, Hartnäckigkeit, Mut, Einfallsreichtum und Entschlossenheit.

Ein Problem der Long Range Desert Group war die Größe der Einsatzgruppen, die leicht von der Luft aus entdeckt und wie jede andere Militärkolonne angegriffen werden konnten. Darüber und über andere Dinge dachte David Stirling nach, als er aufgrund einer Verwundung zwei Monate im Lazarett liegen musste. Offensichtlich hatte er sich an die von Lawrence im Fieber niedergeschriebenen Gedanken erinnert und erwog die Möglichkeit von Überraschungsangriffen, die zwar in vieler Hinsicht jenen der Commandos oder der LRDG ähnlich wären, für die er jedoch einen sehr kleinen Trupp einsetzen wollte. Zudem sollte jeder einzelne Mann für spezielle Aufgaben bestens ausgebildet sein. Auch hier war die von Lawrence erwähnte Eigen-

schaft »flinker, selbstständiger Kommandanten« Voraussetzung. Durch die hohe Professionalität und das spezielle Können dieser Soldaten konnte ein 4-Mann-Trupp auf eine feindliche Truppe von zehnfacher Größe einwirken. Das Überraschungselement und die Fähigkeit, sich nach erfüllter Mission schnell zurückzuziehen, waren ebenfalls bedeutende Elemente der Überlegungen Stirlings.

Anstatt an die Beduinen von Lawrence dachte Stirling an Soldaten der Streitkräfte Großbritanniens und des Commonwealth, aber ansonsten gab es keine großen Unterschiede. Es ist kein Zufall, dass Wilfred Thesiger, der viel Zeit mit den Marsch-Arabern verbracht und die Große Arabische Wüste durchquert hatte, während des Zweiten Weltkriegs in Stirlings SAS in der Syrischen Wüste diente.

Die Soldaten Großbritanniens, Australiens, Neuseelands und anderer alliierter Streitkräfte konnten sich sehr gut an diese Art der Kriegsführung anpassen. Deutschland zeigte hingegen – abgesehen von einer von Otto Skorzeny aufgestellten Einheit sowie

Das Foto zeigt David Stirling (links, stehend) und Don Steele, den Kommandanten der A Squadron SAS, in Siwa, Nordafrika.

Die Long Range Desert Group führte mehrere Überraschungsangriffe in Nordafrika aus. Die Aufstellung dieser Einheit kann als bedeutender Schritt in der Entwicklung des Special Air Service gesehen werden.

der »Division Brandenburg« – während des Zweiten Weltkriegs wenig Interesse an dieser Art von Sondereinsatzkommandos. Italienische Soldaten von Spezialeinheiten zeigten allerdings viel Geschick bei Unterwasserangriffen auf in Mittelmeerhäfen liegende Royal-Navy-Schiffe.

Europa in Flammen

Winston Churchill trieb nicht nur die Bildung der Commandos voran, die als aktive Militäreinheiten von britischen Gebieten der ganzen Welt aus Aktio-

nen durchführen konnten. Er half auch mit, die Special Operations Executive (SOE) aufzustellen – anfangs unter der Führung des Zivilisten Sir Charles Hambro, dann unter dem Armeeoffizier Major General Sir Colin Gubbins. Aufgabe der SOE war es, den Widerstand im von Deutschland besetzten Europa zu schüren. Dies war, im Unterschied zu den Operationen von Spezialeinheiten wie dem SAS, oft ein indirekter Prozess. Genau genommen stellten SOE-Agenten eine Verbindung zwischen britischen Einheiten und dem Widerstand in den jeweiligen Ländern, wie etwa der französischen Résistance her.

Ihre Einsätze waren äußerst gefährlich und erforderten besonderen Mut. Die SOE-Agenten, viele davon weibliche Mitglieder der First Aid Nursing Yeomanry (FANY), traten in Zivilkleidung auf und standen da-

Die Chindits und Merrill's Marauders

Im Dschungelgebiet von Burma erinnerten sich die britischen Einheiten erneut an die Vorteile unkonventioneller Kriegsführung. Denn nachdem die britischen Streitkräfte beim Verlust Singapurs eine ihrer größten militärischen Niederlagen erlitten hatten und durch die Japaner aus Burma verdrängt worden waren, war ihnen bewusst, dass sie entweder rasch neue Methoden erlernen mussten oder auch noch das »Kronjuwel« – nämlich Indien – verlieren würden.

Der neue britische Befehlshaber in Südostasien, General William Slim, war genau der richtige Mann für diese Aufgabe. Und auch der amerikanische Kommandeur in jenem Bereich, General »Vinegar Joe« Stilwell, zeigte Zähigkeit und Unerschrockenheit. Als Slim und Stilwell sich daran machten, ihre Truppen für den Dschungelkampf zu trainieren, konnten sie auch über die Hilfe der talentierten Kommandanten Orde Wingate und Frank Dow Merrill verfügen.

Wingate und Merrill unternahmen genau das, was die Japaner nicht erwartet hatten: Störaktionen tief im Dschungel, um die japanische Armee zu verwirren. Wingate und Merrill setzten kleine Trupps ein, die von der Luft aus versorgt wurden. Ihre Aktionen ähnelten in vielem jener von Lawrence viele Jahre zuvor. Obwohl nicht alle Operationen erfolgreich waren, so hatten sie doch zu einer Zeit, als sich Briten und Amerikaner in der Defensive befanden, eine positive Auswirkung auf die Truppenmoral. Mithilfe von Luftlandetruppen konnten die Eingreiftruppen Chindits und Merrill's Marauders die Eisenbahnlinie Mandalay–Myitkyina unterbrechen. General Slim stieß nach und konnte die Japaner aus Burma vertreiben. Slim erkannte ebenso wie Allenby, wie erfolgreich Spezialeinheiten zum Vorteil für die Gesamtstrategie eingesetzt werden konnten. In der Nachkriegszeit wurden britische Spezialeinheiten als solche anerkannt; die Commandos kamen unter die Obhut der Royal Marines und der SAS existiert weiterhin als Regiment der Territorial Army. Nach Ansicht von David Stirling war der Status als Territorialregiment wichtig für die individuelle Existenz und Unabhängigkeit. Auf diese Weise war die Verbindung mit dem zivilen Leben gegeben und auch das Risiko verringert, dass das Regiment allzu sehr im militärischen Drill vereinheitlicht würde.

US Rangers

Der Erfolg der britischen Commandos regte auch die US Army zur Bildung einer ähnlichen Einheit an. Der erste Kommandeur der US Army Rangers war William Darby.

her auch nicht unter dem Schutz der Genfer Konvention. Der von Reinhard Heydrich gegründete SS-Sicherheitsdienst suchte besonders intensiv nach diesen Agenten, die im Falle einer Gefangennahme nicht auf Gnade hoffen konnten. Wie man später erfuhr, wurden viele britische Spione aufgespürt oder verraten, worauf Verhör, Folter und Hinrichtung in Konzentrationslagern wie Natzweiler folgte. Die SOE-Agenten gehörten zu jenen Militärangehörigen, welche die Realität der deutschen Konzentrationslager bestätigt sahen, die man lange Zeit als geschmacklose Propaganda abgetan hatte.

SOE-Agenten arbeiteten nicht nur in Frankreich, sondern unter ähnlich gefährlichen Voraussetzungen auch in Algerien, der Tschechoslowakei, Griechenland, Italien, Norwegen, den Niederlanden und Jugoslawien.

Das 2. US-Ranger-Bataillon beim Training auf der Isle of Wight, England, bei der Vorbereitung ihres Landungsangriffs am Pointe du Hoc am 6. Juni 1944.

Als Namenspatron für die leichte Infanterieeinheit dienten die Rogers Rangers, eine Gruppe kolonialer Milizen, die während des Franzosen- und Indianerkrieges (1754–1763) für das Königreich Großbritannien kämpften. Diese frühen Ranger waren bei den Feinden, den Franzosen und Indianern, gefürchtet und wurden auch von den Engländern mit einigem Misstrauen betrachtet. Sie zeigten jedoch bereits die für Spezialeinheiten charakteristische Art von Wagemut, Entschlussfreudigkeit und Ausdauer. Die kolonialen Ranger führten Langstre-

cken-Patroullen in schwierigem Gelände und oft bei widrigstem Wetter durch und schlugen zu, wenn der Feind es am wenigsten erwartete. Dabei entwickelten sie dieselbe Geschicklichkeit wie die Indianer selbst.

Nachdem sich die US Army Rangers mit den britischen Commandos in Schottland auf die Invasion in der Normandie vorbereitet hatten, erklommen und eroberten die Ranger am D-Day in relativ kurzer Zeit die Klippen der Pointe du Hoc. Aber auch später führten sie eine Reihe weiterer waghalsiger Unternehmen in Europa und im Pazifik durch. Nach dem Zweiten Weltkrieg wurde das Ranger-Regiment aufgelöst, jedoch später für Einsätze in Korea wieder aufgestellt und die Einheit zeichnete sich auch in Vietnam aus.

Die Green Berets

Wie die Royal Marine Commandos, deren Soldaten nach erfolgreichem Bestehen eines zermürbenden Trainings- und Testkurses ein grünes Barett überreicht wurde, nahmen auch die Spezialeinheiten der US-amerikanischen Armee diese grüne Kopfbedeckung als ihr Symbol an. Die Special-Operations-Abteilung wurde 1952 unter Colonel Aaron Bank gegründet, woraufhin eine Anzahl weiterer Spezialeinheiten an verschiedenen Standorten aufgestellt wurde. Ab 1990 wurden die Green Berets unter der Bezeichnung US Army Special Forces Command (Airborne) geführt. Einheiten dieses Kommandos spielten bei der Operation »Enduring Freedom« in Afghanistan, die später in diesem Buch beschrieben wird, eine bedeutende Rolle.

Office of Strategic Services (OSS)

Am 13. Juni 1942 wurde Colonel »Wild Bill« Donovan die Leitung des United States Office of Strategic Services (OSS) übertragen. Dieser Geheimdienst war wie die britische SOE (Special Operations Executive) für ein Spionagenetzwerk verantwortlich und unterstützte Guerillaaktionen in besetzten Ländern – vornehmlich in Europa und Südostasien. Das FBI behielt die Kontrolle über die Aktionen in Lateinamerika.

Das OSS schleuste kleine Trupps in das von Deutschland besetzte Europa ein, um den Widerstand zu organisieren. Es unternahm auch bedeutende Aktionen im burmesischen Dschungel, wo es den Aufstand burmesischer Stämme gegen die Japaner unterstützte. Das OSS war der Vorläufer moderner US-Sondereinheiten und der CIA (Central Intelligence Agency). SOE und OSS existieren zwar nicht mehr, die Bedeutung der heimlichen Unterstützung des lokalen Widerstands ist jedoch nach wie vor groß. Diese geheimdienstliche Tätigkeit wurde von den Vereinigten Staaten vor allem in den letzten Jahren vorrangig behandelt. Informationsbeschaffung und Präventivmaßnahmen werden heute von Nachrichtendiensten wie M16 in England und CIA in den Vereinigten Staaten durchgeführt.

Die Spezialkenntnisse und der besondere Wagemut, den die im besetzten Gebiet lebenden SOE- und OSS-Agenten mitbringen mussten, gehörten auch bei den späteren Soldaten von Spezialeinheiten zur unbedingten Voraussetzung. Ausgezeichnete Sprachkenntnisse und weitere besondere Fähigkeiten wurden verlangt und stellten diese Soldaten sogar noch über die Elitekräfte der British Royal Marine Commandos und der US Rangers.

Der SAS in Borneo (1963–1966)

Der Gründung der aus Malaya, Sarawak und Britisch-Nordborneo bestehenden Föderation Malaysia stellte sich der machthungrige indonesische Präsident Sukarno entgegen, der Aufstände in Borneo organisierte. Für die Unruhen war vornehmlich die Clandestine Communist Organisation (CCO) verantwortlich und Großbritannien stand plötzlich vor der Frage, wie Patrouillen gegen Aufstände in einem Gebiet, das etwa so groß wie die Britischen Inseln war, durchzuführen wären. Auch hier begann die bereits in Malaya erfolgreich angewande Politik, nämlich die regelmäßige Unterstützung der lokalen Bevölkerung, Früchte zu tragen.

Über einen längeren Zeitraum konnten viele indonesische Überfälle und 1963 mit Gurkha-Verstärkung ein größerer indonesischer Angriff abgewehrt werden. In der Zwischenzeit setzten die SAS-Squadrons ihr Training fort und perfektionierten ihr Können für den Dschungelkampf. Man unternahm die Dschungelpatrouillen mit größter Sorgfalt, sodass die Verluste der SAS-Teams im Vergleich zu jenen des Feindes äußerst gering waren.

US-Spezialeinsätze in Vietnam

Der Vietnamkrieg war allzu komplex und langwierig, als dass er hier im Detail besprochen werden könnte. Strategie und Taktik der US-Streitkräfte wurden vielfach kritisiert, meist auch mit dem im Nachhinein gewonnenen Wissen. Es wurden zu Recht Vergleiche zwischen dem Krieg in Vietnam und der *Emergency* in Malaya (1948–1952) angestellt, da beide Konflikte mit Aufruhraktionen in abgelegenen Dschungelgebieten zu tun hatten.

Es wurde auch tatsächlich in Vietnam ein Versuch unternommen, die erfolgreiche Strategie der Briten

DIE MALAYAN SCOUTS

Die Erfahrungen, welche die britische Armee in Burma gemacht hatte, erwiesen sich 1948, als sich die Briten in Malaya einem kommunistischen Aufstand gegenübersahen, als sehr hilfreich. Major Mike Calvert stellte eine eigene Einheit auf, die auf der SAS-Territorial-Organisation Großbritanniens basierte und mit den besonderen Herausforderungen durch die so genannte *Emergency* – damit wurden die malayischen Aufstände bezeichnet – fertig werden sollte. Diese Einheit, die Malayan Scouts, bestand aus Ex-SAS-Männern und Rekruten anderer Einheiten.

Die Malayan Scouts unternahmen Dschungelpatrouillen, um einerseits die Aufstände zu unterdrücken und andererseits freundschaftliche Beziehungen mit der einheimischen Bevölkerung zu knüpfen, was unter anderem durch medizinische Hilfe erreicht wurde. Da sie durch Hubschrauber versorgt wurden, konnten sich die Patrouillen lange Zeit im Dschungel aufhalten. Aber auch auf diese Weise forderten ausgedehnte Aktionen ihren Zoll an Soldaten und Ausrüstung. Die SAS-Einheiten mussten nicht nur gegen den kommunistischen Feind, sondern auch gegen Mutter Natur ankämpfen. Die schweißdurchtränkte Kleidung trocknete im Dschungel nicht und daneben gab es noch eine Vielzahl von Gefahren und Unannehmlichkeiten.

Die Zahl der gefangenen oder getöteten Aufständischen während der *Emergency* war nicht groß. Das Aufspüren der Aufrührer war jedoch in der britischen Strategie auch nicht im Vordergrund. Anstatt Freund und Feind vom Boden und von der Luft aus anzugreifen, brachten es die Briten zuwege, nach und nach die Organisation und die Versorgung der Aufrührer zu stören und ihren Einfluss auf die lokale Bevölkerung zu verringern. Dies war nicht einfach und die Briten hatten viel zu lernen, der Erfolg gab dieser Strategie jedoch Recht.

Wie so oft wurde der auf diese Weise erzielte Erfolg aber vermutlich nicht genügend gewürdigt. Die freie Föderation Malaysia war Resultat einer sorgfältig abgestimmten Strategie, deren militärischer Teil vornehmlich von Sondereinheiten abhing.

Das von den Briten entwickelte Konzept »Winning Hearts and Minds« – gemeint damit ist eine Kombination aus sozialen, politischen und militärischen Maßnahmen – wird auch heute wieder in den Vordergrund gestellt.

Britische SAS-Soldaten patrouillieren in einem Fluss in Borneo beim Kampf (Konfrontasi) gegen Indonesien. Sie sind mit einer Sterling-Maschinenpistole und einem FN-FAL-Sturmgewehr bewaffnet.

in Malaya zu wiederholen und die einheimische Bevölkerung umzusiedeln. Es war jedoch in Vietnam nicht möglich, die lokale Bevölkerung vor einer Beeinflussung durch den Vietcong zu schützen.

Obwohl auch die *Emergency* in Malaya ein langwieriger Guerillakrieg war, so hatten die aufrührerischen Vietcong in Vietnam die Unterstützung der nordvietnamesischen Streitkräfte, der Sowjetunion und Chinas, was den Vietnamkrieg auf eine andere Stufe hob. Die US-Truppen wurden oft durch die Führungsschwäche der südvietnamesischen Streitkräfte behindert, aber auch durch die schlechte Koordination zwischen beiden Armeen. Nachdem es den Vereinigten Staaten nicht gelang, der einheimischen Bevölkerung eine annehmbare Alterna-

tive zum Kommunismus zu bieten, eskalierte der Krieg. Die Amerikaner zeigten ihre Frustration und nahmen Zuflucht zu Flächenbombardierungen und Entlaubungsaktionen.

Amerikanische Spezialeinheiten kamen bereits zu Beginn des Konflikts in Vietnam und in den Nachbarländern wie Laos und Kambodscha zum Einsatz. Teil der Strategie war die Unterminierung der kommunistischen Aufruhraktionen, indem man die regional rekrutierten Truppen verstärkte und sie mit Waffen und weiterer Ausrüstung versorgte. Einheiten wie die 1st Observation Group waren ab 1956 im Einsatz und ab 1961 koordinierte die 5th Special Forces Group (Airborne) die Spezialeinsätze in Südvietnam.

Die Aktionen an der Meeresküste wurden von US Navy SEALs ausgeführt. Die ersten verdeckten Operationen in Vietnam wurden hauptsächlich von der CIA vorgenommen. Aufgrund verstärkten Drucks durch andere Verpflichtungen überließ die CIA dann die Kontrolle für die verdeckten Operationen der US Army.

Zur Koordinierung der Sondereinsätze von US Special Forces, US Navy SEALs und US Air Force stellte man die Studies and Observation Group (SOG) auf.

Als Spione den Ho-Chi-Minh-Pfad entdeckten und dessen Bedeutung als Rückgrat für nordvietnamesische Operationen erkannt wurde, führte man noch intensivere Aufklärungsarbeit durch. Man schleuste per Hubschrauber Trupps ein, die das Terrain hinter den feindlichen Linien sondieren und Zielbestimmungen machen sollten.

Um die US-Soldaten oder ihre Alliierten unterstützen oder gegebenenfalls aus feindlichem Gebiet zurückholen zu können, wurde 1966 das Joint Personnel Recovery Center (JPRC) gegründet. Die ebenfalls neu aufgestellten Short-Term Roadwatch and Target Acquisition Teams (STRATA) sollten Geheimdienstinformationen aus Nordvietnam liefern. Diese Teams wurden regelmäßig zurückgeholt und ersetzt, um so die Gefahr, von den Nordvietnamesen aufgespürt zu werden, zu reduzieren.

Trotz der Vorsichtsmaßnahmen konnten Nordvietnam und Vietcong erfolgreich Gegenspionage betreiben und Hunderte von südvietnamesischen Agenten gefangen nehmen.

Die von den SOG-Agenten durchgeführten Operationen erforderten außerordentlichen Mut, da die Agenten bei Gefangennahme keine Gnade erwarten konnten. Um die Gefahr einer sofortigen Entdeckung gleich bei der Landung des Hubschraubers zu reduzieren, wurden die Soldaten später nach dem HALO-Prinzip (High Altitude Low Opening) abgesetzt, wodurch sich die Sicherheit wesentlich erhöhte.

Als sich die politische Lage verschlechterte, wurden die Spezialeinheiten aus Laos, Kambodscha und später auch aus Nordvietnam abgezogen. Die Studies and Observation Group (SOG) wurde schließlich im März 1972 aufgelöst, nachdem etwa 300 Soldaten bei Operationen in Nord- und Südvietnam, Laos und Kambodscha gefallen waren. Einige geheime Sondereinsätze wurden noch fortgeführt, bis sich die US-Streitkräfte endgültig aus der Region zurückzogen.

Die Gründe für den Verlust Südvietnams sind komplex und vielfältig. Es besteht aber kein Zweifel über die außerordentliche Tapferkeit der Soldaten der Vereinigten Staaten und Südvietnams, die in Spezialeinsätzen an diesem schwierigen Krieg teilgenommen haben.

Operation Entebbe (3./4. Juli 1976)

Wenn auch während des Zweiten Weltkriegs und danach von Großbritannien und den Vereinigten Staaten viel Pionierarbeit für Elite- und Spezialeinheiten geleistet wurde, waren diese Länder natürlich nicht die einzigen, die Sondereinsätze ausführen konnten.

Am 27. Juni 1976 entführten die PLO (Palästinensische Befreiungsorganisation) und die Baader-Meinhof-Gruppe gemeinsam einen Air France Airbus (Flug AF139), der von Tel Aviv über Athen nach Paris unterwegs war. Als die Terroristen das Flugzeug um 12:10 Uhr in ihre Gewalt brachten, konnte der Pilot einen Warnknopf drücken, um den Flugsicherungskontrolldienst zu informieren. Dann wurde die Maschine von den Terroristen nach Bengasi umdirigiert, sodass dort wieder aufgetankt werden konnte. Schließlich ging der Flug nach Entebbe in Uganda, wo die Terroristen im alten Terminal die französische Crew und die nichtjüdischen oder nichtisraelischen Passagiere freiließen.

Die französische Crew bestand jedoch mutig darauf, bei den jüdischen Geiseln zu bleiben. Die Terroristen gaben Israel 48 Stunden Zeit, um 53 verurteilte PLO-Terroristen auf freien Fuß zu setzen, bevor die Entführer beginnen würden, die Geiseln zu töten. Um so viel Zeit wie möglich zu ge-

Ein Captain der 5ᵗʰ Special Forces Group in Südvietnam 1965. Er trägt den standardmäßigen Dschungel-Kampfanzug der Amerikaner und einen .30-Zoll-M2-Karabiner.

Gegenüberliegende Seite: Ein Green-Beret-Soldat der US Special Forces mit dem berühmten grünen Barett und leichtem Tarnanzug. Er ist mit einem M16-Sturmgewehr bewaffnet.

winnen, stimmte die israelische Regierung Verhandlungen zu. Die Frist wurde bis Sonntag, den 4. Juli um 13 Uhr verlängert.

Innerhalb dieses kleinen Zeitfensters erstellten die Israelischen Streitkräfte (IDF) unter Brigadegeneral Dan Schomron einen Plan für eine waghalsige Befreiungsaktion. Man hatte Kopien des Flughafengebäudes in Entebbe von einer israelischen Baufirma und erhielt von freigelassenen Passagieren Beschreibungen der Terroristen.

Die Soldaten, welche die Befreiungsaktion durchführen sollten, kamen von der 35. Fallschirmjägerbrigade und der Golani-Brigade. Am 3. Juli wurde der Ablauf geprobt und um 16 Uhr starteten vier Lookheed-C-130-Hercules-Flugzeuge, die begleitet von Phantom-Jets der israelischen Luftstreitkräfte und zwei Verkehrsflugzeugen vom Typ Boeing 707 Kurs auf Entebbe nahmen. Eines der Boeing-Flugzeuge war als Kommunikationszentrum, das andere als Lazarett vorgesehen. Der erste C-130 Hercules transportierte einen schwarzen Mercedes und zwei Land Rover der IDF. Als er um 23:01 in Entebbe landete, waren die rückwärtige Rampe schon geöffnet und die Automotoren bereits gestartet.

Der Mercedes mit seinen zwei eskortierenden Land Rovern, die wie ein offizielles ugandisches Gefolge aussehen sollten, fuhren mit großer Geschwindigkeit zum alten Terminal, bevor die Hercules-Maschine überhaupt zum Stehen kam. Als sie sich dem Gebäude näherten, überwältigten die israelischen Soldaten, die sich in den Fahrzeugen befanden, zwei ugandische Wachen. Kurz vor der Transithalle blieb die Fahrzeugkolonne stehen und die IDF-Soldaten liefen zum Eingang. Dann erschossen sie eine weitere ugandische Wache und einen Terroristen. Zwei weitere Terroristen wurden angegriffen, einer davon warf eine Granate. Insgesamt wurden sechs Terroristen getötet. Lieutenant Colonel Yoni Netanyahu wurde von einem ugandischen Wachebeamten lebensgefährlich verletzt und drei weitere Mitglieder der IDF wurden verwundet. Ein Teil der israelischen Soldaten drängte die Geiseln sofort in die wartenden Flugzeuge, während andere Einheiten elf auf dem Flugfeld bereitstehende MiG-Jagdflugzeuge der ugandischen Luftstreitkräfte zerstörten. Dann hob der Flugzeug-Konvoi ab. Man flog zuerst zum Wiederauftanken nach Nairobi und dann zurück nach Israel.

ORGANISATION DER US SPECIAL FORCES

1st Special Forces Group (Airborne)
US-Hauptquartier: Fort Lewis, Washington
Auslandsbasis: Okinawa, Japan (Pacific Command)

3rd Special Forces Group (Airborne)
US-Hauptquartier: Fort Bragg, North Carolina
Auslandsbasis: European Command, Afrika

5th Special Forces Group (Airborne)
US-Hauptquartier: Fort Campbell, Kentucky
(Central Command)

7th Special Forces Group (Airborne)
US-Hauptquartier: Fort Bragg, North Carolina
Auslandsbasis: Puerto Rico (Southern Command)

10th Special Forces Group (Airborne)
US-Hauptquartier: Fort Carson, Colorado
Auslandsbasis: Stuttgart, Deutschland (European Command)

19th Special Forces Group (Airborne)
US-Hauptquartier: Salt Lake City, Utah
(Pacific Command und Central Command)

20th Special Forces Group (Airborne)
US-Hauptquartier: Birmingham, Alabama
(Southern Command)

Die Befreiungsaktion in Entebbe wurde nach extrem kurzer Vorbereitungszeit durchgeführt. Ihr Erfolg war großteils dem Zusammenspiel vieler Charakteristika zu verdanken, die typisch für Spezialeinsätze und ihr Umfeld sind. Für Vorsicht war ganz einfach keine Zeit.

Jeder einzelne Soldat und jede Einheit, die bei der Aktion mitwirkten, ob dies nun Kommandanten der Bodentrupps oder Piloten der Luftstreitkräfte waren, mussten nicht nur davon überzeugt sein, dass die Operation möglich war, sondern dass sie auch definitiv erfolgreich sein würde.

Es ist keineswegs überraschend, dass viele der daran teilnehmenden IDF-Soldaten von der Golani-Brigade kamen. Sie ist eine der höchstdekorierten Einheiten innerhalb der IDF und ihre Mitglieder sind berühmt für ihre Zähigkeit und dafür, dass sie Herausforderungen annehmen, wo andere zweimal überlegen würden. Weitere in die Befreiungsaktion involvierte Spezialeinheiten waren die Sajeret Matkal (Einheit 269) und Sajeret Tzanhanim.

Befreiungsaktion in Mogadischu (18. Oktober 1977)

Mitglieder der Roten Armee Fraktion, auch Baader-Meinhof-Gruppe genannt, entführten 1977 ein weiteres Flugzeug, um die Freilassung inhaftierter Mitglieder der RAF zu erpressen. Vier Terroristen kaperten über dem Mittelmeer eine Boeing 737 (Flug LH181) und dirigierten die Lufthansa-Maschine zum Auftanken nach Rom um. Von dort aus nahm sie Kurs auf Larnaca in Zypern, wo erneut aufgetankt wurde. Beim Weiterflug lehnten mehrere Flughäfen eine Landeerlaubnis ab. Schließlich sah sich der Pilot wegen Treibstoffmangels gezwungen, in Dubai zu landen. In Dubai gelang es Flugkapitän Jürgen Schumann, den Behörden die Anzahl der Entführer mitzuteilen. Daraufhin drohte der Anführer der Terroristen, Zohair Youssif Akache, ihn zu töten. Beim Weiterflug erhielt die Maschine wiederum keine Landeerlaubnis und in Aden war die Landebahn mit Fahrzeugen verstellt. Da der Treibstoff zu Ende war, landete der Pilot die Maschine auf einem Sandstreifen neben der Rollbahn. Schumann durfte das Flugzeug verlassen, um das Fahrgestell zu prüfen, ging aber zum Kontrollturm hinüber. Es wird berichtet, dass er

Ein Kommandant einer Staffel der israelischen Luftstreitkräfte (IAF – Israeli Air Force) wird nach der Rückkehr der Geiselbefreier von Entebbe von der Menge gefeiert und auf den Schultern getragen.

die Behörden von der Position der Sprengstoffe im Flugzeug unterrichtete. Als die Entführer drohten, dass sie die Maschine sprengen würden, wenn er nicht zurückkäme, kehrte Schumann wieder zum Flugzeug zurück.

Sobald Schumann das Flugzeug in Aden wieder in die Luft gebracht hatte, holten ihn die Entführer aus dem Cockpit in die Passagierkabine. Dort wurde er mittels Kopfschuss getötet. Die Maschine nahm Kurs nach Mogadischu, wo sie am 17. Oktober um etwa 04:30 MEZ landete. Jürgen Schumanns Leiche wurde auf die Rollbahn geworfen.

Zu diesem Zeitpunkt setzten die deutschen Behörden die Verhandlungen mit den Terroristen fort und sagten zu, sie würden die inhaftierten Terroristen nach Mogadischu bringen, sodass der Austausch vorgenommen werden könne.

Ein Team der deutschen Antiterrormuseinheit GSG 9 war jedoch von Anfang an dem Flug LH181 gefolgt. Es landete zuerst in Zypern, dann in Dubai und flog nach Mogadischu weiter. Die GSG-9-Truppe wurde auch von zwei Mitgliedern des britischen SAS begleitet.

Nur 40 Minuten vor Ablauf der von den Entführern gesetzten Frist für die Übergabe der Gefangenen, um 02:05 Uhr, wurde von somalischen Truppen auf der Rollbahn vor dem Flugzeug ein Feuer entfacht. Zwei Entführer kamen ins Cockpit, um nachzusehen. Zur gleichen Zeit traten die Behörden in Funkkontakt mit den Terroristen, um den Austausch der Geiseln und der Gefangenen zu besprechen.

Ablenkungen

Währenddessen hatte sich das GSG-9-Team der deutschen Bundespolizei unter dem Flugzeugrumpf und unter den Flügeln der Boeing 737 versammelt. Innerhalb von Sekunden kletterten sie auf die Flügel und auf den Rumpf. Sie trugen dabei spezielle Gummistiefel und verwendeten mit Gummi überzogene Leitern.

Um 02:07 Uhr wurden die Türen aufgesprengt und Blendgranaten in die Kabine geworfen. Die GSG-9-Leute sprangen hinein, griffen die Terroristen an und riefen den Passagieren zu, die Köpfe nach unten zu halten. Obwohl er tödlich verwundet war, konnte Akache zwei Granaten in die Kabine werfen, die Auswirkungen der Explosion wurden jedoch durch die Sitze gedämpft.

Außer einem wurden alle Entführer getötet. Der überlebende Terrorist war verletzt und wurde festgenommen.

Die deutsche GSG 9 konnte mit Hilfe des britischen SAS erfolgreich eine der schwierigsten Geiselbefreiungen durchführen. Hierbei wurden Terroristen in einem eingegrenzten Raum angegriffen, ohne dass es während der Befreiungsaktion zu Todesopfern unter den Geiseln kam.

Geiselnahme in der iranischen Botschaft in London (30. April–5. Mai 1980)

Die iranische Botschaft in London, Princess Gate Nr. 16, wurde am Mittwoch, den 30. April 1980 von sechs schwer bewaffneten Terroristen besetzt. Sie gaben an, die Demokratische Revolutionäre Bewegung für die Befreiung Arabistans zu vertreten.

Um etwa 23:30 Uhr wurde der wachhabende Polizist vor der Botschaft, Police Constable Trevor Lock, überwältigt und ins Gebäude gezerrt. In diesen ersten Minuten der Geiselnahme gelang es einigen Botschaftsangestellten, zu entkommen.

Zwei weitere Personen wurden später freigelassen. Insgesamt hielten die Terroristen im Gebäude 21 Geiseln fest, die sie zu töten drohten, wenn ihre Forderungen nicht erfüllt würden.

Die Metropolitan Police (die Polizeibehörde von Greater London) errichtete sofort im Nebengebäude eine Kommunikationsbasis. Am Freitag wurden im Gegenzug für die Rundfunkausstrahlung der Forderungen der Terroristen zwei weitere Geiseln freigelassen. Lieutenant Colonel Michael Rose, der befehlshabende Offizier des 22. SAS-Regiments in Herfordshire, setzte sein SAS Special Projects Team sofort in Einsatzbereitschaft. Nach kurzer Einsatzbesprechung machte sich das Team auf den Weg nach London.

Lieutenant Colonel Rose selbst reiste per Hubschrauber nach London, nahm Verbindung mit der

Soldaten der deutschen GSG 9 helfen nach dem geglückten Sturm auf die Boeing 737 den Geiseln beim Aussteigen aus dem Flugzeug.

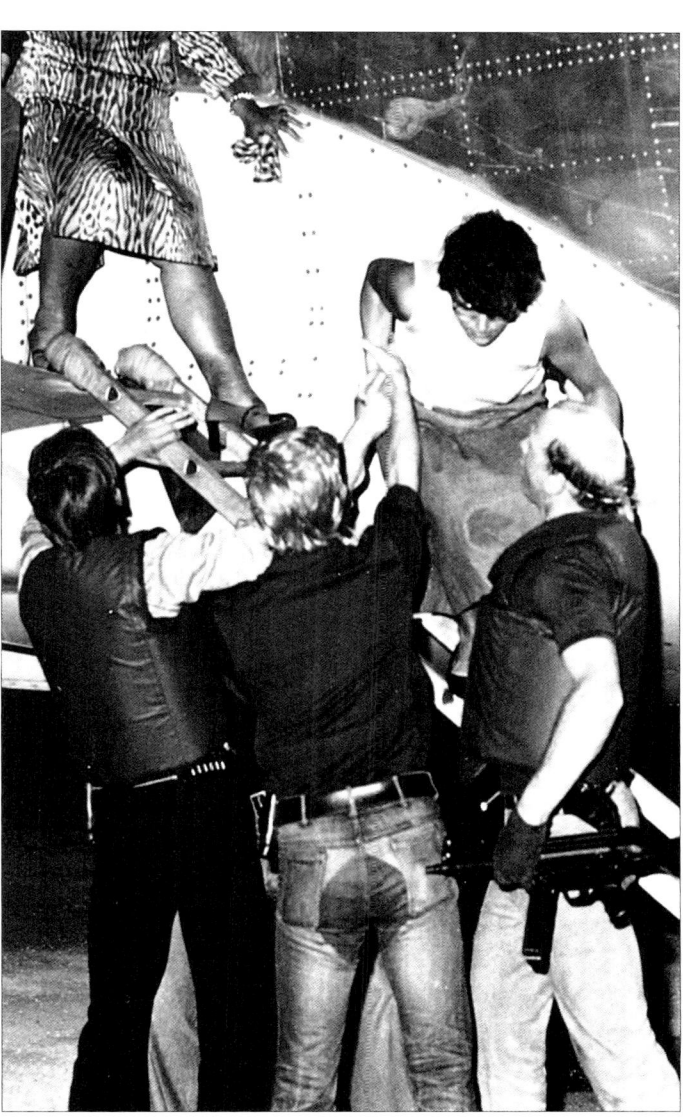

Metropolitan Police auf und sammelte Informationen. Seine persönliche Einschätzung der Lage und der von den Terroristen eingenommenen Positionen erwies sich bei der Planung des Angriffs als ausschlaggebend. Mitglieder des 6. Trupps der SAS-B-Squadron (Special Projects), die sich vorübergehend in Beaconsfield aufhielten, wurden ebenfalls nach London beordert.

Die britische Regierung versuchte am Wochenende vergeblich, sich die Unterstützung arabischer Botschafter zu sichern. Die Terroristen, die bereits ungeduldig geworden waren, führten am Montag um etwa 13:30 Uhr den Pressesekretär Abbas Lavasani in die Eingangshalle und töteten ihn. Sein Leichnam wurde um etwa 17 Uhr bei der Vordertür hinausgeschoben. Der Abtransport auf der Bahre wurde live im Fernsehen übertragen. Zu diesem Zeitpunkt übergab die Metropolitan Police der British Army offiziell die Kontrolle über eventuelle Aktionen.

Die Metropolitan Police hatte mit mehreren Methoden die exakte Position und die Bewegungen der Terroristen und der Geiseln festgestellt. Man bat die Gasversorgungsgesellschaft, eine in der Nähe liegende Straße aufzubohren und ließ die An- und Abflugschneisen der landenden und startenden Flugzeuge senken, sodass das Bohren in die Wände übertönt wurde und Abhörgeräte installiert werden konnten. Die entkommenen Botschaftsmitglieder und freigelassenen Besucher konnten genaue Informationen über die Einrichtung des Gebäudes geben.

Als die Welt nach der Ermordung von Abbas Lavasani auf die leere Fassade der Botschaft blickte, schienen alle Verhandlungen und Hoffnungen zum Stillstand gekommen zu sein. Durch das Töten einer Geisel hatten die Terroristen die Chance auf eine Verhandlungslösung vertan, um die sich die Metropolitan Police ernsthaft bemüht hatte. Auch eine eventuelle Unterstützung durch die Geiseln selbst war nun nicht mehr denkbar. Vor dem Mord wäre der Tonmeister der BBC, Sim Harris, auch mit einem Entkommen der Terroristen einverstanden gewesen, nachdem sie ihre Sache kundgetan hatten. Nach dem Mord änderte er seine Einstellung radikal. Er war sich nun bewusst, dass nur eine bestimmte Einheit es fertig bringen würde, ihn und die anderen Geiseln lebend aus dem Gebäude zu bringen. Er wusste aber noch nicht, dass bereits drei 4-Mann-Teams des SAS Positionen für einen Angriff einnahmen.

Denn bereits von Beginn an hatten sich mehrere gut geölte Räder in Bewegung gesetzt. Dazu gehörte das Aufstellen eines Teams für Verhandlungen mit den Geiselnehmern und ein Treffen des Sicherheitsgremiums im Cabinet Office Briefing Room A

MOLUKKISCHE GEISELNAHME IN DEN NIEDERLANDEN (23. MAI 1977)

Molukkische Terroristen nahmen Geiseln in einer Schule und in einem Zug, der von Assen nach Groningen in den Niederlanden unterwegs war. Sie forderten die Anerkennung der Unabhängigkeit eines molukkischen Staates namens Ambonesien in Indonesien und die Freilassung ihrer verurteilten Mitkämpfer aus niederländischen Gefängnissen.

Die Umstände machten eine genauestens koordinierte Aktion notwendig. Wenn beim einen Einsatzort irgendwelche Fehler passierten, würde dies am anderen Ort Auswirkungen haben, also das Leben der Geiseln schwer gefährden.

Es wurden sofort Pläne erstellt und Aktionen mit der Königlichen Niederländischen Marine geprobt, darunter auch tatsächliche Angriffe auf Zugmodelle. Zudem setzte man modernste Abhör- und Beobachtungsapparate ein, um alle Schritte der Terroristen verfolgen zu können.

Es waren auch Verhandlungen im Gange, aber es wurde bald klar, dass diese zu keinem Ergebnis führen würden. Der Auftrag für den Angriff wurde am 11. Juni erteilt.

Um etwa 05:00 Uhr morgens wurden gleichzeitig Zug und Schule angegriffen. Sechs Starfighter der Königlichen Niederländischen Luftwaffe flogen dicht und mit hoher Geschwindigkeit am Zug vorbei, um eine Ablenkung und einen hohen Geräuschpegel zu erzeugen, während Marinesoldaten und Polizisten den Zug stürmten. Bei der Schule griff man von allen Seiten mit Schützenpanzern bei heulenden Motoren an. Einer der Panzer durchbrach eine Wand.

Im Zug wurden sechs Terroristen getötet und leider auch zwei Geiseln, die beim Schusswechsel ums Leben kamen. Die Terroristen in der Schule wurden alle festgenommen.

Die Geiselnehmer hatten die niederländischen Behörden unterschätzt. Sie hatten fälschlicherweise angenommen, dass eine Nation wie die Niederlande mit liberaler Tradition nicht über effiziente Sicherheitskräfte verfügen würde, um das Leben der Bürger zu beschützen. Als sie den Auftrag dazu bekamen, operierten die niederländischen Sicherheitskräfte mit Entschlossenheit und Stärke.

unter dem Codenamen COBRA. Diesem Gremium oblag es, die Einsatzkontrolle von der Metropolitan Police an die British Army zu übertragen. Die Entscheidung dazu wurde auch von Premierministerin Margaret Thatcher unterschrieben.

Ein Terrorist erscheint kurz an der Eingangstür der iranischen Botschaft in Princess Gate, London. Einige Augenblicke später wird er Männern des SAS gegenüberstehen.

Befreiungsaktion durch den SAS

Die Nerven aller, innerhalb und außerhalb der Botschaft, waren bereits zum Zerreißen gespannt, als die Verhandler dem Führer der Terroristen bekanntgaben, dass ein Wagen unterwegs wäre, der ihn und seine Mittäter nach Heathrow bringen würde. Inzwischen begaben sich Red Team, Blue Team und B Squadron SAS in Angriffsposition.

Die TV-Kamera war auf ein leeres Fenster der Botschaft gerichtet, als man eine starke Explosion hörte. Zwei schwarz gekleidete Personen erschienen auf dem Balkon neben der Botschaft und begannen auf den Balkon der Botschaft hinüber zu klettern. Sie brachten einen so genannten »frame charge« (Rahmennehmer) am Fenster an und entfernten sich schnell wieder. Gleich darauf folgte eine weitere Explosion und in der Staubwolke tauchten eine oder zwei Sekunden später die beiden schwarz gekleideten Personen wieder auf und kletterten durch das zerstörte Fenster der Botschaft. Gleichzeitig seilten sich Mitglieder des Red Team SAS vom Dach des Gebäudes zum Balkon des

zweiten Stockwerks ab. Eine weitere Gruppe stieg mit Leitern und über das Dach in das dritte Stockwerk. Wieder andere drangen über ein Dachfenster ins oberste Stockwerk ein. Das Blue Team übernahm Keller, Erdgeschoss und ersten Stock. Die SAS-Männer waren mit Heckler & Koch MP5-Maschinenpistolen und automatischen 9-mm-Browning-High-Power-Pistolen bewaffnet. Ihren Weg in das Gebäude bahnten sie sich mit Rahmennehmern und Hacken. Einer der Männer verfing sich beim Abseilen im Seil und wurde schließlich von seinen Kollegen befreit. Rund um das Gebäude waren SAS-Teams mit Pistolen und Scharfschützengewehren in Stellung, um, wenn notwendig, Feuerschutz zu geben oder entfliehenden Geiselnehmern den Weg abzuschneiden. Im Gebäude war der Anführer der Terroristen, Oan, trotz der Explosionen, Blendgranaten und Tränengas bereit, einen durch das Fenster kommenden SAS-Soldaten zu erschießen, wenn er nicht vom Polizeiwachebeamten Lock zu Boden gestoßen worden wäre. Der SAS-Soldat rief Lock zu, aus der Schusslinie zu gehen und schoss auf Oan.

Schwarz gekleidete SAS-Soldaten mit Atemschutzgeräten tauchen in der iranischen Botschaft auf. Der bei Tageslicht live gefilmte und direkt im Fernsehen übertragene Angriff dieser Sondereinheit war eine Sensation.

Ein Terrorist namens Shai lief in den Raum, wo die Geiseln gefangen gehalten wurden. Auch die Terroristen Feisal, Ali und Makki waren in diesem Raum. Der mit einer Maschinenpistole bewaffnete Feisal und ein anderer Terrorist mit Pistole begannen auf die Geiseln zu schießen. Der Presseattaché der Botschaft, Al-Akbar Samadzadeh, wurde getötet und Ahmed Dadgar in die Brust getroffen. Dr. Ali Afrouz erhielt zwei Schüsse in die Beine.

Ein SAS-Trooper betrat den Raum und erschoss einen der Terroristen mit einer Browning-Pistole. Ein weiterer Terrorist legte sich zu den Geiseln auf den Boden. Andere Trooper begannen, die Geiseln bei der Tür hinauszuschieben. Dann entdeckte man Makki, der tot am Boden lag und eine Granate in der Hand hielt. Weiter unten wurde Feisal, ebenfalls eine Granate haltend, entdeckt und erschossen.

Sobald alle Zimmer geräumt waren, bildeten die Soldaten eine Kette und schoben die Geiseln und einen Terroristen aus dem Gebäude hinaus.

Draußen mussten sich alle zu Boden legen und sie bekamen Handschellen angelegt, bis jeder Einzelne identifiziert war. Der überlebende Terrorist wurde verhaftet. Nach dem Einsatz gab es nicht wenige Diskussionen über die Anzahl der getöteten Terroristen. Auch überlegte man, ob die Vorgehensweise des SAS »angemessen« war, wie sie es nach internationalem Gesetz bei einer Militäraktion sein sollte. Immerhin muss man bedenken, dass die Terroristen bereits kaltblütig eine Geisel getötet hatten und während der Befreiungsaktion versuchten, noch mehr Geiseln zu töten. Sie waren bewaffnet, gefährlich und unberechenbar. Die SAS-Männer, die auf die eigene Sicherheit und die Sicherheit der Geiseln bedacht waren, gingen mit größtem Argwohn vor.

Die britische Regierung und die Londoner Polizei hatten nach anfänglichen Versuchen den Weg einer friedlichen Lösung des Geiseldramas abgebrochen. Allerdings war eben bereits ein Mord geschehen und somit die Forderung nach »Gerechtigkeit« nicht mehr zu überhören. Ab diesem Zeitpunkt offenbarte sich Terroristen und Geiseln eine Militäreinheit in ihrer größten Effizienz – eine Spezialeinheit, die während des Zweiten Weltkriegs geschaffen worden war, ihre potenzielle Effektivität bei Einsätzen rund um die Welt bereits unter Beweis gestellt hatte und durch ständiges Training die scharfe Spitze der britischen Streitkräfte sein konnte. In gewisser Hinsicht sah sich durch die Besetzung der iranischen Botschaft ein ganzes Land in Geiselhaft. Terroristen waren einfach hineinspaziert und hatten wirksam eine Waffe auf den Kopf des britischen Volkes und seiner Gäste gerichtet. Auch ein britischer Polizist war als Geisel genommen worden. Die Symbole Gesetz und Ordnung wurden in Frage gestellt und in der Öffentlichkeit schien es, als ob niemand etwas dagegen unternehmen könnte. Mitten in diesem Machtvakuum erschienen diese schwarz gekleideten Figuren mit Kapuzen und Atemschutzgeräten und betraten die Bühne. Von den SAS-Einheiten wusste man, dass sie in Nordirland und sonst wo im Einsatz waren, und es gab viele Mutmaßungen über ihre Operationen. Andere Sondereinheiten hatten sich ebenfalls durch ihren dramatischen und erfolgreichen Einsatz in Entebbe, Mogadischu und den Niederlanden hervorgetan. Nun hatten die Meister der Sondereinsatz-Gruppen die Gelegenheit, ihr Können zu zeigen. Und der Erfolg gab ihnen Recht – sie wagten und gewannen.

Vielleicht war die Geiselnahme in der iranischen Botschaft ein Wendepunkt. Eine gewisse Art terroristischer Tätigkeit war aufgrund der Entschlossenheit einer freien Gesellschaft, sich nicht in Geiselhaft nehmen zu lassen und aufgrund der Professionalität ihrer Streitkräfte zum Scheitern verurteilt. Allerdings hörte der Terrorismus deswegen nicht auf. Er trat nur in anderer Weise auf, und zwar in Verbindung mit tief wurzelnden Ursachen und hoch organisierten Netzwerken. Terroristische Aktionen, die ob der weltweit immer effizienteren Sicherheitssysteme einige Zeit nicht mehr in dieser Weise im grellen Blitzlichtgewitter stattfanden, konzentrierten sich auf andere Dinge. Als der Terrorismus mit einem Schlag wieder die ganze Aufmerksamkeit auf sich lenkte, geschah dies in einem nie zuvor da gewesenen Ausmaß und ließ an ein Vorspiel zum Weltuntergang denken.

Operation Urgent Fury: Grenada 1983

Die Insel Grenada gehört zu den Kleinen Antillen in der Karibik und liegt etwa 160 km nördlich von Venezuela. Sie ist 34 km lang, 19 km breit und hat eine Fläche von 344 km². Die gebirgige Vulkaninsel ist mit tropischem Regenwald bedeckt. Die höchste Erhebung ist der Mount Saint Catherine mit 840 m Seehöhe. Zu Grenada gehören auch die nahe gelegenen südlichen Grenadinen, von denen einige unbewohnt sind. Die Hauptstadt Grenadas, St. George's, liegt an der Südwestküste und besitzt einen großen natürlichen Hafen.

Grenada wurde 1498 von Christoph Columbus entdeckt. Anfang der 1670er-Jahre wurde die Insel französische Kolonie. 1762 wurde sie von den Briten eingenommen und zur Kronkolonie gemacht. Erst 1974 wurde sie unabhängig, verblieb jedoch innerhalb des Commonwealth. Grenada ist nach wie vor eine parlamentarische Monarchie, der Generalgouverneur vertritt als nominelles Staatsoberhaupt die britische Queen.

1979 kam durch einen Putsch eine Linksregierung unter Maurice Bishop, dem kommunistischen Führer des New Jewel Movement (NJM), an die Macht. Er bildete die Revolutionäre Volksregierung (PRG) und wurde von Kuba unterstützt.

Unter den Streitkräften der Revolutionären Volksregierung (PRA – People's Revolutionary Armed Forces) wurde Grenada zu einem Militärstaat. Im Hintergrund spielte auch die Sowjetunion eine Rolle und lieferte eine breite Palette von Ausrüstungsgegenständen einschließlich gepanzerter Fahrzeuge. 1982 begann ein Team von 27 kubanischen Militärberatern, Grenada im Hinblick auf Nachrichtenwesen, Logistik und technische Projekte zu unterweisen. Am 19. Oktober 1983 fand ein weiterer Putsch, angeführt von Bernard Coard, statt. Das Revolutionary Military Council (RMC) übernahm die Macht.

Nicht nur die Vereinigten Staaten, sondern auch die Organisation Ostkaribischer Staaten (OECS) waren immer stärker über diese Entwicklung beunruhigt. Laut US-Geheimdienstberichten nahmen sowjetische und kubanische Einmischung immer mehr zu und man sah eine mögliche Bedrohung für US-amerikanische, britische und andere Bewohner der Insel.

Die OECS bat die Vereinigten Staaten um militärische Unterstützung bei einer gemeinsamen Invasion Grenadas, wobei man sich nicht nur den Streitkräften der Revolutionsregierung Grenadas, sondern auch einer bedeutenden Anzahl kubanischer Streitkräfte und Militärberater gegenübersehen würde.

US-Invasion in Grenada

Die militärische Intervention in Grenada erfolgte zu einem Zeitpunkt der Reagan-Regierung,

Ein SAS-Trooper mit SF10-Atemschutzgerät, schwarzer Uniform und Spezialstiefeln. Er ist mit einer Heckler & Koch MP5-Maschinenpistole bewaffnet.

als man eine Festigung der Vormachtstellung der Vereinigten Staaten im Auge hatte und bereits deutliche Vorzeichen für den Niedergang der anderen Supermacht, der Sowjetunion, vorhanden waren.

Die Operation wurde unter dem Kommando des amerikanischen Oberbefehlshabers der Atlantikflotte, Admiral Wesley L. McDonald, durchgeführt. Die Joint Task Force 120, die größte See- und Landeinheit, stand unter dem Kommando von Vize-Admiral Joseph Metcalf. Zu diesem Sonderkommando gehörte eine frühere Kampfeinheit und die aus der Amphibious Squadron Four und der 22nd Marine Amphibious Unit zusammengestellte Task Force 124.

Major General Richard Scholtes kommandierte die Task Force 123, die für Spezialeinsätze ausgebildet war. Zu diesem Sonderkommando gehörten das 1st Special Forces Detachment Team Delta (SFOD-D), das SEAL Team 6, das 160th Special Operations Aviation Regiment (SOAR) und das 1. und 2. Bataillon des 75. Ranger-Regiments. Der 1st Special Operations Wing der United States Air Force (USAF) wurde ebenfalls eingesetzt. Einsatzziel war die Einnahme des Gouverneursgebäudes durch die US Navy SEALs, Besetzung des Pearls Airport durch die US Marines und des Port-Salinas-Flugfeldes durch die Ranger. Die Ranger verließen noch vor dem Morgen des 25. Oktober Barbados und sprangen per Fallschirm in Grenada ab. Die Flugzeuge wurden anfangs von der Flugabwehr beschossen, die vor allem durch AC-130-Schützenflugzeuge ruhig gestellt wurde. Um 5 Uhr morgens griff die 24th Marine Amphibious Unit den Pearls Airport an.

Bei der Landung kamen die Ranger unter das Feuer des 600 Mann starken kubanischen Kontingents von Port Salinas, das mit sechs Schützenpanzerwagen ausgerüstet war. Nach einem heftigen Schusswechsel konnten die Ranger die Kontrolle übernehmen. In der Nacht vom 23. zum 24. Oktober wurden 12 Männer des US SEAL Team 6 und vier Männer des Air Force Combat Central Team damit beauftragt, das Salinas-Flugfeld zu erkunden und richtungsweisende Radarbaken für den Fallschirmabsprung der Ranger zu setzen.

Das Team erhielt Unterstützung durch zwei Militärflugzeuge MC-130E der USAF Special Operations Squadron und die Lenkwaffen-Fregatte USS Clifton Sprague.

Das aus SEAL- und USAF-Soldaten bestehende Team sprang in der Nacht auf dem Meer, etwa 40 km vor Port Salinas, mit zwei Zodiac-Schlauchbooten ab. Da man damals offensichtlich nicht ausreichend genaue Karten zur Verfügung hatte, musste die Sondereinheit zuerst eine geeignete Stelle zum Landen erkunden, bevor man an Land gehen und die Boote verstecken konnte. An Land sollten die SEALs Kontakt mit den ebenfalls landenden Rangern aufnehmen und sich mit ihnen zusammenschließen.

Gescheiterte Mission

Das Wetter war für einen Fallschirmabsprung äußerst ungeeignet und die Männer hatten schwere Ausrüstungen zu tragen. Aus vielerlei Gründen, vermutlich auch durch das hohe Gewicht der Ausrüstung und ein Verwickeln in den Fallschirmschnüren, ertranken tragischerweise vier Männer des Teams.

Die übrigen Soldaten setzten, nachdem sie ihre Kameraden erfolglos gesucht hatten, ihren Auftrag fort, sahen jedoch bald ein sich näherndes grenadisches Patrouillenboot. Sie schalteten die Antriebsmotoren der Schlauchboote ab und warteten, bis die Patrouille vorbei war. Unglücklicherweise konnten sie danach die Außenbordmotoren nicht mehr starten. Die Mannschaft hatte keine andere Wahl, als ein anderes US Navy-Boot, die USS Caron, anzusteuern und sich herausziehen zu lassen. In der nächsten Nacht (vom 24. auf den 25. Oktober) war ein weiteres heimliches Eindringen geplant, diesmal von einem US Navy-Boot. Als sie sich der Küste näherten, wurden die Schlauchboote von der Brandung überschwemmt und wertvolle Teile der Ausrüstung gingen verloren. Die Mission wurde abermals verschoben.

Sendestation Radio Free Grenada

SEAL Team 6 hatte auch den Auftrag, die RFG-Sendestation einzunehmen und besetzt zu halten, bis Verstärkung durch die Ranger eintraf.

In der Nacht vom 24. auf den 25. Oktober wurden SEAL-Soldaten von UH-60-Black-Hawk-Hubschraubern des 160th Special Operations Aviation Regiment in der Nähe der Sendestation abgesetzt. Diese lag an der Westküste Grenadas, nicht weit von St. George's. Die Stärke der feindlichen Streitkräfte in diesem Gebiet war nicht bekannt. Sobald die SEALs vor Ort waren, griffen sie das Sendegebäude an und überwältigten die Wachen. Um 06:30 Uhr hatten sie die Sendestation unter Kontrolle. Im Zuge dessen griffen die SEALs auch einen grenadischen Militärlastwagen an und töteten fünf Soldaten.

Die Sendestation Radio Free Grenada nördlich von St. George's. Das SEAL-Team 6 nahm im Zuge der Operation Urgent Fury die Station ein.

Ein grenadischer Offizier organisierte jedoch einen Gegenangriff, unterstützt durch einen BTR-60-Schützenpanzer, auf dessen Geschützturm ein Maschinengewehr und ein 82-mm-Mörser montiert waren. Dann griffen 20 grenadische Soldaten das Gebäude an.

Da die SEALs nicht über schweres Unterstützungsfeuer oder Unterstützung aus der Luft verfügten, gab es die ersten Verwundeten. Mindestens eine Stunde später entschlossen sie sich, Gebäude und Sender zu zerstören und mittels E&E-Taktik (Escape and Evasion – Fliehen und Ausweichen) in Richtung Meer zu fliehen. Als die SEALs die Station räumten und ihre verwundeten Kameraden mitschleppten, entspann sich ein heftiger Schusswechsel. Die SEALs konnten das Ufer erreichen und dann zur *USS Caron* hinausschwimmen.

Angriff auf die Residenz des Generalgouverneurs

Die Villa des Generalgouverneurs befand sich ebenfalls in St. George's. Um 06:15 Uhr wurde das SEAL Team 6 von zwei UH-60-Black-Hawk-Hubschraubern unter heftigem Beschuss abgesetzt.

Die Sicherheitsbeamten flohen, als die SEALs eindrangen und die Amerikaner nahmen Schusspositionen für den erwarteten Gegenangriff ein. Ein SEAL-Scharfschütze mit einem G3-SG-1-Scharfschützengewehr war im Fenster des oberen Stock-

werks postiert und erschoss mindesten 20 Soldaten der Revolutionären Volksarmee, als diese für den Angriff in Position ging.

Für den Angriff setzte die grenadische Armee auch einen BTR-60-Schützenpanzer ein. Der erste Angriff wurde zurückgeschlagen, die Lage der Amerikaner war aber äußerst ernst. Inzwischen hatte Admiral Metcalf aus eigener Initiative beschlossen, zwei USMC-AH-1-Cobra-Kampfhubschrauber zum SEAL-Team zu schicken, um Feuerunterstützung aus der Luft zu geben.

Einer der Hubschrauber wurde vom Boden aus getroffen und musste eine Notlandung durchführen. Als man vom anderen Cobra-Kampfhubschrauber aus versuchte, Feuerschutz zu geben, wurde dieser ebenfalls abgeschossen und stürzte im Hafen ab.

Durch diese Ereignisse ermutigt, versuchten die PRA (Revolutionäre Streitkräfte Grenadas) einen zweiten Angriff. Dieses Mal zerstörte ein amerikanisches AC-130-Schützenflugzeug den BTR-60-Schützenpanzer der PRA und hielt die feindlichen Bodentruppen in Schach. Nun startete ein A-7-Angriffsflugzeug von der *USS Independence,* um die Luftabwehrstellungen der PRA zu zerstören.

Soldaten des 1. Bataillons des 75. Ranger-Regiments bei der Einsatzbesprechung für eine Nachtpatrouille während der Operation Urgent Fury.

Das SEAL-Team konnte das Gebäude halten, bis es am 26. Oktober von den Bodentruppen der US Marines entsetzt wurde.

Das Gouverneursgebäude war für sich kein bedeutendes strategisches Ziel der US-Streitmächte. Als später die Hauptstreitkräfte landeten, hätten sie das Gebiet ebenfalls eingenommen. Politisch hatte der Angriff auf dieses Gebäude jedoch einige Signifikanz. Das eigentliche Staatsoberhaupt von Grenada war trotz verschiedener Staatsstreiche nach wie vor Königin Elizabeth II. Die Vereinigten Staaten hatten es bis zuletzt unterlassen, die britische Regierung von der bevorstehenden Invasion des unter der Krone stehenden Gebiets zu unterrichten. Die Rechtmäßigkeit der Aktion und die US-amerikanischen Beziehungen zu einem engen Verbündeten waren somit höchst in Frage gestellt. Es wird jedoch auch berichtet, das der Gouverneur General Paul Scoons einen formellen Brief geschrieben hätte, in dem er die Vereinigten Staaten um eine Intervention bat. Da er der Vertreter der Königin war, war es von großer Bedeutung, dass sowohl der Generalgouverneur als auch sein Brief in Sicherheit

gebracht wurden. Allerdings hätten die Briten auch, wenn die Amerikaner bei diesem Projekt früher mit ihnen zusammengearbeitet hätten, die US-Streitkräfte mit genaueren Karten versorgen können.

Pearls Airfield

SEAL Team 4 bekam den Auftrag, den Brückenkopf in der Nähe des Flughafens Pearls auszukundschaften, um einen Landungsangriff der 22nd Marine Amphibious Unit vorbereiten zu können.

Das SEAL-Team ging an Bord des Landungsdockschiffs *USS Fort Snelling* (LSD-30). Sobald man sich in ausreichender Nähe der Küste befand, brachte man SeaFox-Spezial-Boote zu Wasser, welche die SEAL-Teams und ihre Zodiac-Schlauchboote weitertransportierten. Das SeaFox-Team identifizierte feindliche Patrouillenboote, konnte diesen jedoch ausweichen. Als die SEALs nahe genug an der Küste waren, um sie mittels Nachtsichtbrille erkennen zu können, entdeckten sie, dass die Küste von einer starken grenadischen Einheit bewacht war, um einen Landeangriff abzuwehren. Nun wurden noch Schwimmer ausgeschickt, um die Beschaffenheit der Küste auszukundschaften. Das Wetter verschlechterte sich und die grenadischen Soldaten verließen ihre Posten, um Unterstand zu suchen. Dies wäre eine Gelegenheit für die SEALs gewesen, um mit ihren Schlauchbooten zu landen. Nach einer schnellen und genauen Sondierung der Lage berichteten die Schwimmer jedoch, dass die Küste nicht für einen Landeangriff geeignet war und dass man eine Luftattacke in Betracht ziehen sollte. Dann zog sich das Team wieder zurück und konnte lebend entkommen, als von einer grenadischen Luftabwehrstellung auf sie geschossen wurde.

Angriff auf das Richmond-Hill-Gefängnis

Fünf Black-Hawk-Hubschrauber kamen beim Richmond-Hill-Gefängnis, in dem politische Häftlinge festgehalten wurden, mit Soldaten der Delta Force und einer Ranger-Kompanie an. Eine Schwierigkeit für das Angriffsteam war, dass die Lage des Gefängnisses so gewählt war, dass nicht nur ein Entkommen der Insassen, sondern auch ein Eindringen von außen nahezu unmöglich war. Es lag inmitten dichten Dschungels auf einem steil abfallenden Felsen. Dazu kam noch, dass Fort Frederick mit seiner gut bewaffneten Garnison und Luftabwehrgeschützen nur 300 m entfernt lag.

Wenig überraschend eröffnete man von Fort Frederick aus, sobald man die Hubschrauber sah, das Feuer. An Bord der Hubschrauber gab es mehrere Verletzte und einer der Piloten wurde getötet. Als der Kopilot versuchte, den Hubschrauber in Sicherheit zu bringen, wurde dieser nochmals getroffen und stürzte ab. Ein weiterer Black-Hawk-Hubschrauber setzte ein Delta-Team ab, um die Verwundeten im abgestürzten Hubschrauber in Sicherheit zu bringen und erhielten von einem AC-130-Spectre-Schützenflugzeug Verstärkung. Die Teams konnten nicht viel mehr tun, als den miss-

ZWISCHENFALL IN GIBRALTAR

Ein besonders heftig diskutierter Zwischenfall ereignete sich zwischen IRA und SAS am 6. März 1988 in Gibraltar. Die Spur der Mitglieder der Provisorisch-Irisch-Republikanischen Armee (PIRA) Dan McCann, Sean Savage und Mairead Farrel war bis Gibraltar verfolgt worden, wo sie einen Bombenanschlag auf den Gouverneurspalast planten, vor welchem das regelmäßige Zeremoniell der Wachablöse stattfand.

Das IRA-Team hielt sich damals in Spanien auf und fuhr mit einem Auto nach Gibraltar. Die Männer parkten den Wagen nahe dem Hauptplatz und begaben sich in Richtung des Flughafens und der spanischen Grenze. Sie wurden von vier SAS-Soldaten beschattet. Diese trugen Zivilkleidung und waren mit Browning-High-Power-Pistolen in Form der britischen Lizenzfertigung L9A1 bewaffnet. Man nahm an, dass der geparkte Wagen eine Bombe enthielt, dass die Terroristen bewaffnet waren und dass sie Sprengstoff mit sich trugen.

Savage ging wieder in die Stadt zurück und wurde von zwei SAS-Männern verfolgt. Plötzlich hörte man eine Polizeisirene, weshalb die IRA-Mitglieder damit rechneten, dass dies etwas mit ihnen zu tun hätte. Daraufhin soll sich Dan McCann umgedreht und einen der SAS-Soldaten direkt angeblickt haben. Er soll auch eine Handbewegung gemacht haben, aufgrund welcher die Sicherheitskräfte mutmaßten, er würde nach einer Waffe oder Granate greifen. Ein SAS-Soldat schoss auf McCann, woraufhin Mairead Farrel nach einer Tasche gegriffen haben soll. Derselbe Soldat schoss auch auf die Tasche und der andere Soldat feuerte auf beide IRA-Mitglieder. Als er die Schüsse hörte, drehte sich Sean Savage um. Ein SAS-Soldat rief ihm zu, er solle stehen bleiben. Angeblich bewegte er seine Hände in Richtung Seitentasche. Die beiden SAS-Soldaten feuerten auf ihn.

Später stellt sich heraus, dass die IRA-Terroristen weder bewaffnet waren noch Sprengstoff bei sich trugen und dass ihr in Gibraltar geparkter Wagen keine Bombe enthielt. Allerdings wurden im Wagen der Terroristen, der in Marbella stand, Sprengstoffe gefunden.

Obwohl die Intention der IRA-Mitglieder, in Gibraltar eine Bombe zu zünden und etwa 100 Menschen zu töten oder zu verstümmeln, klar war, entstand eine heftige Auseinandersetzung über die Einsatzrichtlinien, nach denen die SAS-Soldaten gehandelt hatten. Vor allem im Hinblick darauf, dass die IRA-Mitglieder unbewaffnet gewesen waren, erschien es vielen als unnötig, dass sie getötet wurden. Die britische Regierung erklärte, dass man nach dem letzten Wissensstand vermutete, dass die Terroristen bewaffnet und gefährlich wären, dass auch die beschattenden Soldaten jene Information hatten und in diesem Glauben gehandelt hätten.

SAS-Soldaten werden für äußerst gefährliche Einsätze trainiert, wo der Unterschied einer Haaresbreite oft auch gleichzeitig den Unterschied zwischen Leben und Tod bedeutet. Ihre blitzschnelle Reaktion und die Verwendung todbringender Schusswaffen sind wesentliche Bestandteile für die Einsätze, für die sie ausgebildet werden. Wären die IRA-Mitglieder von Polizisten beschattet worden, so wäre das Ergebnis vielleicht ein anderes gewesen. Die Kontroverse um den Tod eines unschuldigen Menschen, der nach dem Bombenanschlag vom 7. Juli 2005 von einem Polizisten erschossen wurde, beweist, dass auch dies nicht sicher ist.

glückten Angriff vorzeitig abzubrechen und zur Ausgangsbasis zurückzukehren.

Bei einem Angriff auf die Kaserne Fort Rupert waren Mitglieder der Delta Force jedoch erfolgreich und konnten die Verteidigungskräfte kampfunfähig machen. Das Delta-Team wurde rasch vom Hubschrauberregiment 160th SOAR (Special Operations Aviation Regiment) wieder abgeholt und zum Hubschrauberträger *USS Guam* zurückgebracht.

In Folge der Operation »Urgent Fury« wurde die Regierung der NJM gestürzt. Coard und einige seiner Anhänger wurden festgenommen und später zu langjährigen Haftstrafen verurteilt.

Der SAS in Nordirland (1969–1994)

Der SAS und die übrige britische Armee war in den 1970er- und 1980er-Jahren in einen blutigen Kampf in Nordirland verwickelt. Der SAS war perfekt für verdeckte Operationen und Aufruhrbekämpfung ausgebildet, wodurch sich vermutlich der besondere Hass der IRA (Irische Republikanische Armee) auf diese Einheit richtete. Britische Offiziere, die dem SAS zugeordnet waren, wie Robert Nairac (Grenadier Guards; 14th Intelligence Company) und Herbert Westmacott (Grenadier Guards) wurden während der Unruhen von der IRA getötet. Der SAS konnte mehrere terroristische Angriffe der IRA vereiteln, wie etwa eine Attacke der East Tyrone Brigade auf die RUC-Kaserne in Loughall, als die IRA mit einem mit einer Bombe bewaffneten JCB-Fahrzeug den Begrenzungszaun um die Kaserne durchbrach und auf das Gebäude zu schießen begann. Etwa 20 SAS-Soldaten, die sich im Bereich versteckt hatten, eröffneten das Feuer und alle bei der Aktion mitwirkenden IRA-Mitglieder kamen dabei ums Leben.

Der SAS im Falklandkrieg (April–Juni 1982)

Wegen der argentinischen Invasion der Falkland-Inseln stand Großbritannien vor dem Problem, eine große Eingreiftruppe für die Rückeroberung der Inseln zusammenzustellen. Trotz der Erfolge des SAS bei verschiedenen kleineren Kriegseinsätzen seit dem Zweiten Weltkrieg hieß es, dass der SAS ursprünglich nicht Teil dieses Kommandos sein sollte. Vielleicht hatten die Planer die Operation als Sache für die Infanterie betrachtet und dachten zudem, dass sie ohnehin genug Eliteeinheiten der Royal Marine Commandos und ein Fallschirmjägerregiment zur Verfügung hätten. Exzellente Infanterieeinheiten waren etwa das 2nd Battalion Scots Guards und das 1st Battalion Welsh Guards,

die Duke of Edinburgh's Own Gurkha Rifles und die leichte Bewaffnung der Blues und Royals. Nicht zu vergessen sind die Spezialkenntnisse der Royal Artillery, der Royal Electrical and Mechanical Engenieers und des Army Aviation Corps.

Jeder Zentimeter auf den Transportschiffen musste genau eingeteilt und begründet werden. Denn zu jener Zeit konzentrierte sich Großbritannien eher auf eine mögliche Bedrohung durch die Sowjetunion und nicht auf weit entfernte See-Landeoperationen, die an jene Tage erinnerten, als im britischen Königreich die Sonne nicht unterging.

Der SAS war für die Bekämpfung von Aufständen bekannt, auf den Falkland-Inseln war jedoch eine umfassende Armee erforderlich. Wenn dies die Denkweise war, so hatten die Planer die Umstände vergessen, in welchen das SAS-Regiment gegründet wurde – beim deutschen Afrika-Korps unter Rommel handelte es sich nicht um Aufständische!

Aber immerhin fand sich der SAS doch inmitten des Vorspiels zum Falklandkrieg, der Rückeroberung Südgeorgiens. Wenn diese Operation fehlgeschlagen hätte, so schien es den Briten, wären die Auswirkungen auf die Moral der britischen Zivilbevölkerung und des Militärs und auch auf Politik und Diplomatie unabsehbar gewesen. Das Gespenst von Sues hing über den Eisbergen Südgeorgiens.

Die SAS-Einheit sollte auf Südgeorgien an Land gehen, um die Lage genau zu sondieren, bevor das Gros der Armee – Soldaten des 42. Kommandos – landen konnten. Als ein Team der D Squadron SAS an der Küste abgesetzt wurde, konnte es aufgrund des schlechten Wetters nicht viel mehr tun, als auf bessere Gegebenheiten zu warten. Als man einsah, dass keine Wetterbesserung in Sicht war und die Gefahr der Entdeckung immer größer wurde, schickte man Hubschrauber, um das Team wieder abzuholen. Im Sturm gingen zwei Hubschrauber verloren, das Team konnte jedoch im verbleibenden Hubschrauber zum Schiff zurückgebracht werden.

Später, nach einem erfolgreichen Angriff auf ein argentinisches U-Boot, gingen wieder SAS-Trupps an Land, sicherten die Positionen und das 42. Kommando konnte landen. Die argentinische Garnison sah ihre ausweglose Lage und ergab sich. Vor der Landung der Haupteinheiten in San Carlos auf den Falkland-Inseln leitete der SAS einen Ablenkungsangriff auf die argentinische Garnison in Darwin, in der Nähe von Goose Green ein. Obwohl diese Operation von nur 60 Mann ausgeführt wurde, wirkte das von den SAS-Soldaten erzeugte schwere Bombardement mit automatischem Feuer wie ein Großangriff der Infanterie.

Am 14. Mai führte der SAS einen erfolgreichen Angriff auf Flugzeuge der argentinischen Luftwaffenbasis auf Pebble Island durch, wobei elf Flugzeuge zerstört wurden. Am 27. Mai, sechs Tage nach der Hauptlandung der britischen Truppen in der Bucht von San Carlos, wurden SAS-Trupps am Mount Kent hinter den feindlichen Linien eingesetzt. Sie konnten sich dort halten, bis sie am 31. Mai vom

Ein SAS-Trooper, ausgerüstet für den Einsatz im Falklandkrieg (1982). Er ist mit einem amerikanischen M16-Sturmgewehr bewaffnet.

42. Kommando entsetzt wurden. Der SAS führte auch noch in den letzten Stunden, bevor sich die argentinischen Streitkräfte auf den Falkland-Inseln ergaben, Überraschungsangriffe auf Wireless Ridge und Port Stanley durch.

Wenn die Soldaten bei der ersten Aktion in Südgeorgien auch nur knapp dem Verderben entrinnen konnten, so zeigte sich doch im weiteren Verlauf des Falklandkrieges der Professionalismus des SAS bei Aufklärungsoperationen, bei der Zerstörung wichtiger Einrichtungen des Feindes und bei Ablenkungsmaßnamen. Man hatte wieder etwas hinzugelernt und bei der Ausrüstung war einiges zu verbessern. Die unheimliche Auswirkung dieser kleinen Teams von Spezialeinheiten auf den personenmäßig wesentlich stärkeren Feind würde auch in der Zukunft bei der Planung militärischer Operationen wieder in Betracht gezogen werden.

US-Invasion in Panama 1989

1989 griffen die Vereinigten Staaten Panama an und besetzten das Land, um den damaligen politischen und militärischen Führer des Landes, General Manuel Noriega, abzusetzen. Bei dieser als »Just Cause« bezeichneten Operation kamen Spezialeinheiten im großen Umfang zum Einsatz.

Das Gebiet Panama besteht aus der Landenge, die Nord- und Südamerika verbindet. Das Land grenzt im Westen an Kolumbien und im Osten an Costa Rica. Die Fläche Panamas beträgt mit den dazugehörigen Inseln 75.517 km². Das Land trennt auch den Atlantischen Ozean vom Pazifischen Ozean. Der Panamakanal, der die beiden Ozeane verbindet, ist etwa 60 km lang und neben dem Sueskanal einer der strategisch bedeutendsten Wasserwege der Erde. 1914–1979 wurde der Panamakanal von seinen Erbauern, den Vereinigten Staaten, kontrolliert. Dann wurde er von Panama und den Vereinigten Staaten gemeinsam verwaltet. Heute wird er von der Panama Canal Commission (PCC) betrieben.

Aufgrund seiner Grenze zu Kolumbien ist Panama auch ein wichtiges Durchgangsland für Drogenhändler, die ihre Waren von Süd- nach Nordamerika bringen wollen. Aus diesem Grund und wegen der strategischen Bedeutung (auch als Basis für den USSOUTHCOM oder US Southern Command) waren die Vorfälle in Panama von höchstem Interesse für die US-amerikanische Regierung.

Manuel Noriega war ab 1983 Kommandant der Panama Defence Forces. Er unterstützte die Präsidentschaft von General Omar Torrijos Herrera und hatte genau genommen bereits damals die eigentliche Macht in Panama inne. Obwohl Noriega zuvor mit US-Geheimdiensten wie der CIA zusammengearbeitet hatte, wurde seine Haltung gegenüber den Vereinigten Staaten immer feindseliger.

Wegen der strategischen Bedeutung Panamas war man über das immer unberechenbarere und feindseligere Verhalten Noriegas, der auch in den Drogenhandel involviert war, äußerst besorgt und erstellte Pläne für eine Besetzung des Landes.

Aktionen der Spezialeinheiten

Die Joint Special Operations Task Force (JSOTF) wurde mit der Organisation der Invasion einschließlich Gefangennahme Noriegas betraut. Die drei SEAL-Züge umfassende Task Unit Papa (TU Papa) hatte den Auftrag, den Paitilla-Flugplatz zu besetzen und das Flugzeug des Präsidenten unbrauchbar zu machen.

Am 19. Dezember um 7:30 Uhr abends wurden Schnellboote in die Nähe des Flughafens Paitilla gebracht. Kampfschwimmer schwammen zur Küste, um den Strand zu sondieren. Nachdem diese Entwarnung gaben, ging auch der Rest des Teams an Land.

Die SEAL-Teams und ihre Unterstützung begaben sich zum Rollfeld und erwarteten die Ankunft Noriegas. Sie planten, das Flugzeug am Runway anzugreifen.

Eines der Teams näherte sich dem Hangar für Noriegas Privatjet, den – so nahm man an – Noriega am ehesten für eine Flucht nutzen würde. Dabei entdeckten die panamesischen Wachen die Einheit. Beim folgenden Schusswechsel wurden mehrere SEALs verwundet. Als die anderen Teams zur Unterstützung kamen, wich die Panama Defence Forces nach und nach zurück.

Schließlich wurden die SEALs durch eine Ranger-Einheit entsetzt. Mit vier Toten und acht Verwundeten erwies sich das Ganze als ein teuer erkaufter Sieg, das gesetzte Ziel wurde jedoch erreicht. Ein Problem während der Aktion war die fehlende Kommunikation zwischen Bodeneinheiten und dem darüber kreisenden AC-130H-Schützenflugzeug, von dem aus Feuerschutz hätte gegeben werden können.

Operation Acid Gambit

Die schlechte Beziehung zwischen den Vereinigten Staaten und Panama spiegelte sich nicht nur in der Bedrohung der strategischen Interessen der Vereinigten Staaten wider, sondern wirkte sich auch auf einen US-Bürger namens Kurt Muse aus, der in Panama arbeitete. Nachdem Muse bei den US-Streitkräften gedient hatte, kehrte er nach Panama zurück, um eine Nachrichtenstation zu betreiben. Wegen seiner Unzufriedenheit mit der politischen Entwicklung im Land begann er, Flugblätter zu verteilen und regierungskritische Beiträge zu senden.

Schließlich wurde Muse verhaftet und kam in das berüchtigte Modelo-Gefängnis, wo es immer wieder zur Folterung und Ermordung von Insassen gekommen war.

Die Notlage von Kurt Muse war in den Vereinigten Staaten bekannt und man entwickelte einen Plan, ihn zu befreien. Noriega war sich der Bedeutung, die Muse für die Amerikaner darstellte, bewusst und ließ das Gefängnis in eine militärische Festung verwandeln. Dabei verwendete er Muse als Geisel. Vor der Tür von Muses Zelle wurde eine Wache postiert, die beauftragt war, Muse bei jeglichem Befreiungsversuch zu töten.

Das SFOD-D (Special Forces Detachment Team, auch bekannt als Delta Force), das den Auftrag hatte, Muse lebend aus dem Gefängnis zu befreien, würde daher in einem äußerst riskanten Einsatz in das Gefängnis eindringen und gemeinsam mit Muse wieder entkommen müssen. Per Hubschrauber sollte ein Team eingeschleust werden. Dieses sollte eine große Zahl an bewaffneten Wachen kampfunfähig machen und die Zelle von Muse erreichen, bevor die davor stehende Wache Zeit finden konnte, die Zelle zu öffnen und Muse zu erschießen.

Wissend, dass Schock, Einschüchterung und Geschwindigkeit von entscheidender Bedeutung waren, baute man in der Eglin-Air-Force-Basis in Florida ein Modell des Modelo-Gefängnisses nach. Unterstützung aus der Luft sollte vom gefürchteten 160th Special Operations Aviation Regiment (SOAR) bereitgestellt werden, und zwar mit MH-6-»Little Bird«- und UH-60-Black-Hawk-Hubschraubern. Ein AC-130-Schützenflugzeug des AFSOC-Verbandes 1st Special Operations Wing würde ebenfalls bereitstehen.

Am 19. Dezember marschierten, unerkannt von der panamesischen Gefängnisabteilung, Delta-Scharfschützen in Zivilkleidung am Gefängnis vorbei und schätzten die Verteidigungspositionen und die besten Angriffspunkte ab. Über dem Gefängnis waren mehrere Hügel und vermutlich nahmen dieselben Scharfschützen dort am 20. Dezember ihre Positionen ein und richteten ihre Zielfernrohre auf das Gefängnis. Um 12:40 Uhr sprang das Angriffs-Team vom Hubschrauber ab. Um 12:45 Uhr näherten sich AH-6-Little-Bird-Hubschrauber den Gefängnisgebäuden und beschossen vermutliche panamesische Scharfschützen. Dann schossen sie Raketen auf das Hauptquartier. Als die Verteidiger das Feuer erwiderten, wurde einer der AH-6-Hubschrauber abgeschossen.

Viel höher befanden sich zwei AC-130-Schützenflugzeuge, die sowohl in verschiedener Höhe als auch in verschiedenen Radien kreisten. Auf diese Weise konnten sie eine verheerende Feuerkraft entwickeln, die jedoch wiederum durch die am Boden befindlichen eigenen Trupps eingeschränkt war. Die AC-130-Schützenflugzeuge beschossen Ziele, die von der Befreiungsaktion ablenken sollten. Inzwischen hatten die Scharfschützen in der Anhöhe über dem Gefängnis ihre Ziele ausgesucht und drückten auf den Auslöser. Mehrere Gefängniswachen gingen zu Boden.

Zum Glück für Muse waren durch die Heftigkeit des Angriffs alle Wachen damit beschäftigt, das Gebäude zu verteidigen. Sehr bald hörte er außerhalb seiner Zellentür die Stimme eines US-Amerikaners, er solle von der Tür weggehen. Die Zellentür wurde aufgesprengt und ein mit einer MP-5 bewaffneter Delta-Soldat hielt Muse eine kugelsichere Weste und einen Kevlar-Helm hin. Sie liefen aus dem Gebäude und dann gleich zu einem AH-6-Little-Bird-Hubschrauber auf dem Dach. Muse und sechs Delta-Soldaten bestiegen den Hubschrauber, während unten in den Straßen

ein heftiger Kampf stattfand. Als der Hubschrauber etwas Höhe gewonnen hatte, wurde er vom Boden beschossen, getroffen und verlor an Höhe. Dem erfahrenen Piloten gelang es, den Hubschrauber außerhalb des Gefängnisgeländes zu bringen, er konnte jedoch nur dicht über der Straße fliegen. Als der Pilot versuchte, wieder zu steigen, wurde der Hubschrauber nochmals getroffen und stürzte auf die Seite.

Obwohl einige der Delta-Soldaten verwundet wurden, konnten sie und Muse, der mit einer Pistole bewaffnet war, vom Hubschrauber weglaufen und Deckung finden. Etwas später kam ein US-Kampfhubschrauber zu Hilfe, der das Team bei der Verteidigung der Position unterstützte, bis sich die US-Bodentruppen mit Schützenpanzern durchschlagen konnten und Muse und das Delta-Team in Sicherheit brachten.

Die erfolgreiche Rettung war auch der Entschlossenheit, dem Mut und der Hartnäckigkeit von Kurt Muse und seinen Rettern zu verdanken.

US-Navy-SEAL-Soldaten mussten sich Mitte der 1990er-Jahre einem speziellen Training zur Terrorismusbekämpfung unterziehen; auch das Entern von Schiffen wurde geprobt.

Operation Desert Shield (Verteidigung Saudi-Arabiens)
Operation Desert Storm (Luftangriff auf den Irak)
Operation Desert Sabre (Bodenangriff auf den Irak)
Operation Granby (britischer Codename für die
Operationen des Golfkriegs 1991)

K A P I T E L   1

GOLFKRIEG 1991

Wenn sich die Militärstrategen Großbritanniens vor dem Falklandkrieg erst wieder die Nützlichkeit von Spezialeinheiten in Erinnerung rufen mussten, so war dies sicherlich bei jenen, die 1990 nach der Besetzung Kuwaits durch den Irak den Schlachtplan für die Einsätze erstellten, nicht der Fall.

Nahezu das gesamte SAS-Regiment wurde im Golfkrieg eingesetzt – die Squadrons A, B und D und Teile der R-Squadron-Reserve. Auch das Royal Marines Special Boat Squadron (SBS) und weitere Spezialeinheiten kamen zum Einsatz, einschließlich der Sondereinheiten der Royal Air Force.

Die steigende Bedeutung der britischen Spezialeinheiten war auch aus der Kommandostruktur der britischen Streitkräfte im Golf abzulesen. Der Oberkommandierende der britischen Streitkräfte war zwar Air Chief Marshal Sir Patrick Hine, aber der Kommandierende General der britischen Bodenstreitkräfte war General Peter de la Billière, ein SAS-Offizier. De la Billière hatte mit dem SAS in Malaya, Oman, Aden und Borneo gedient und war während des Nordirlandkonflikts, der Besetzung der iranischen Botschaft in London und des Falklandkriegs Kommandant des SAS. De la Billière hatte die Entwicklung des SAS in der Zeit nach dem Zweiten Weltkrieg miterlebt und sah diese Spezialeinheit vielleicht als weltweit führende militärische Einheit im Kampf gegen Aufstände und Terrorismus. Nun wurden er und der SAS wieder für eine Aufgabe eingesetzt, für welche die Spezialeinheit ursprünglich geschaffen worden war. Denn die Anfänge des SAS lagen in der Wüste Nordafrikas während des Zweiten Weltkriegs, wo den SAS-Soldaten Wüsteneinsätze in Fleisch und Blut übergegangen waren.

Mit »allen erforderlichen Mitteln«

Der Einsatz der NATO und ihrer Verbündeten in der Golfregion und in Saudi-Arabien wurde mit großer Effizienz und Geschwindigkeit ausgeführt. Wichtig dabei war, dass die Operation von der UNO voll unterstützt wurde, die befand, dass die Iraker »mit allen erforderlichen Mitteln« aus Kuwait verdrängt werden sollten. Vorrangig war die Verteidigung Saudi-Arabiens, damit sich der Irak nicht ermutigt fühlen sollte, auch noch das Königreich Saudi-Arabien zu überfallen und die Kontrolle über die größten Erdölreserven der Welt zu übernehmen. Sobald durch die Operation Desert Shield eine tief gestaffelte Verteidigung in Saudi-Arabien aufgestellt war, konnte man mit vereinten Kräften zum nächsten Schritt, nämlich die Iraker in Kuwait anzugreifen, übergehen.

In Hinblick auf den Einsatz von Spezialeinheiten dachte man zu Beginn des Krieges auch daran, dass sie für eine Geiselrettungsaktion gebraucht werden könnten. Saddam Hussein hatte zynischerweise vor der Fernsehkamera britische Staatsbürger aufmarschieren lassen und es bestand die Angst, dass er sie als menschliche Schutzschilde benutzen würde. Die Geiseln waren jedoch inzwischen freigelassen worden und eine derartige Operation war nicht mehr notwendig. Die Iraker hatten jedoch noch einen weiteren Trumpf im Ärmel: modifizierte Versionen der S-1-Scud-Rakete als Taktisch Ballistischer Flugkörper (TBM – *tactical ballistic missile*). Diese Raketen wurden auf einem achträdrigen geländegängigen LKW MAZ-543 transportiert, der als mobile Abschussrampe (TEL – *transporter-erector-launcher*) diente und so relativ einfach in der großen Weite der irakischen Wüste bewegt werden konnte. Die maximale

Gegenüberliegende Seite: Das Foto zeigt einen US-Navy-SEAL-Soldaten beim Training an Bord eines US-Navy-Flugzeugträgers während des Golfkriegs 1991.

Schussweite der irakischen Al-Hussein-Rakete schätzte man auf etwa 650 km und die Al-Hijarah-Rakete hatte eine Reichweite von bis zu 900 km. Auf diese Weise hatte das irakische Baath-Regime sowohl in Saudi-Arabien als auch in Israel eine große Auswahl an Zielen.

Obwohl der Irak in seinem Krieg gegen den Iran (1980–1988) die Scud-Raketen sehr effektvoll einsetzen hatte können, waren die Schäden durch Scud-Raketen während des Golfkriegs eher gering. Die eigentliche Gefahr der Scud-Raketen lag in der Möglichkeit, sie auch mit chemischen oder nuklearen Sprengköpfen zu versehen, in ihrer psychologischen Bedeutung als Terrorwaffe (ähnlich der deutschen V2-Rakete im Zweiten Weltkrieg) und den politischen Verwicklungen, die durch die Wahl der Ziele entstehen konnten.

Denn obwohl die Koalition von NATO und arabischen Staaten durch die UN-Resolutionen und die Furcht davor, was Saddam Hussein als nächstes im Schilde führen würde, zusammengehalten wurde, konnte sie leicht auseinander brechen, wenn Israel miteinbezogen würde. In diesem Fall würden die arabischen Mitstreiter die Koalition vielleicht verlassen und Saddam Hussein könnte seinen Krieg eventuell zu einer arabischen Sache machen.

Die irakischen Scud-Raketen

Als die täglichen Nachrichten voll von Berichten über Scud-Raketen-Angriffe auf Israel und andere Länder waren, setzten die Alliierten alles daran, diese Gefahr zu bannen. Eine Möglichkeit bestand darin, ein Raketenabwehrsystem aufzubauen, das die Scud-Raketen abschießen konnte. Das bodengestützte Langstrecken-Flugabwehrraketensystem MIM-104 Patriot wurde in Saudi-Arabien stationiert und man konnte damit einige Scuds abschießen. In Hinsicht auf die enorme Geschwindigkeit der Raketen war dies ein beträchtlicher Erfolg, das Patriot-System zeigte jedoch auch Schwächen. Eine Scud-Rakete traf eine Kaserne der US Army in Dhofar und tötete 28 Menschen, und einige Raketen kamen auch weiterhin nach Israel durch. Man vermutete, dass das Problem des Patriot-Flugabwehrraketensystems zum Teil in der zeitlichen Koordinierung lag, was auch später korrigiert werden konnte.

Das Hauptproblem war jedoch, die Scud-Raketen zu erkennen und sie zu zerstören. Man versuchte, die Erkennung von der Luft aus zu unterstützen, die Abschussrampen konnten jedoch weiterhin nur schwer aufgefunden werden.

General de la Billière entwickelte einen Plan, die Scud-Abschussrampen dennoch aufzuspüren, sodass sie entweder vom Boden oder von der Luft aus zerstört werden konnten. Er konnte den Befehlshaber der US-Streitkräfte, General Norman Schwarzkopf, davon überzeugen, dass man zu diesem Zweck Spezialeinheiten einsetzen sollte. Nachdem man in Israel immer nervöser wurde, wuchs auch der politische Druck, alles zu unternehmen, um die Gefahr weiterer Scud-Angriffe zu bannen. Vermutlich waren britische Spezialeinheiten bereits hinter den feindlichen Linien, um verschiedene Störaktionen durchzuführen, bevor die Aufmerksamkeit voll auf die Scud-Abschussrampen gelenkt worden war. Das Unschädlichmachen der Scud-Raketen war nunmehr das Hauptziel der alliierten Aktionen. Nahezu alle militärischen Spezialeinheiten und ein Großteil der Luftstreitkräfte wurden für diese Aufgabe eingesetzt.

Auch den irakischen Streitkräften war die Bedeutung des Scud-Raketensystems und dass die Alli-

EINSATZ DER US SPECIAL FORCES

Die Vereinigten Staaten setzten ebenfalls ein großes Kontingent von Spezialeinheiten unter der gemeinsamen Kommandoeinrichtung USSOCOM (US Special Operations Command) ein.

Spezialeinheiten der US Army
Delta
1st Special Forces Group
5th Special Forces Group
160th Special Operations Aviation Regiment (SOAR)
82rd Airborne Division
101st Airborne Division

Spezialeinheiten der US Navy unter dem Kommando der Naval Special War Group One (SPECWARGRU)
SEAL Teams 1, 2, 3, 4, 5, 8
SEAL Delivery Vehicle Teams (SDV) 1, 2
Special Boat Units (SPECBOATU) 11, 12, 13, 20

Spezialeinheiten der US Air Force unter dem Kommando des 1st Special Operations Wing (1 SOW)
8th Special Operations Squadron (SOS): MC-130E Combat Talon
9th SOS: HC-130H-Combat-Shadow-Tankflugzeuge
16th SOS: AC-130H-Spectre-Schützenflugzeuge
20th SOS: MH-53J-Pave-Low-Hubschrauber
55th SOS: MH-60-Pave-Low-Hubschrauber

ierten alles daransetzen würden, die mobilen Abschussrampen auszumachen und zu zerstören, bewusst.

Die irakische Armee bemühte sich verstärkt, die Mobilität der Scud-Abschussrampen noch weiter zu erhöhen und sie auch noch besser zu tarnen. Dazu nutzte man natürliche Deckungen wie Wadis und Kanäle, aber auch speziell errichtete Gebäude entlang der Straßen sowie Brücken und Tunnels. Da für das Raketenabschuss-Team die größte Gefahr einer Entdeckung gleich nach dem Abschuss bestand, wurden große Anstrengungen unternommen, dieses Zeitfenster auf ein Minimum zu reduzieren. Durchschnittlich befand sich das Team mit der mobilen Rampe etwa 30 Minuten an der Abschussstelle. Dadurch hatten auch die alliierten Beobachter aus der Luft nur wenig Zeit, um zu reagieren. Zudem benutzten die Iraker auch Attrappen, um die Aufklärung noch weiter zu verwirren.

Obwohl die alliierten Militärflugzeuge in den Gebieten, in welchen die Abschussrampen vermutet wurden, mit speziellen so genannten »Kill Boxes« ausgestattet waren, um die Abschussrampen nach dem Abschuss der Raketen zu zerstören, konnten die Sensoren an Bord oft nicht zwischen den Abschussrampen und anderen Fahrzeugen oder allgemeinen Geräuschen im Hintergrund unterscheiden.

Den amerikanischen Spezialeinheiten, die für den Irak angefordert worden waren, um die britischen Einheiten bei der Jagd nach den Scud-Abschussrampen zu unterstützen, wurde ein etwa 29.000 km² großes Einsatzgebiet im Westen Iraks zugeteilt. Dieses Gebiet befand sich nordwestlich der Hauptstraße von Bagdad nach Amman und wurde als »Scud Boulevard« bezeichnet.

Das Gebiet der SAS-Operationen war unter den Soldaten als »Scud Alley« bekannt und erstreckte sich südlich des Highway 10 bis zur saudi-arabischen Grenze. General Norman Schwarzkopfs Einwurf in den ersten Tagen des Golfkriegs, dass kleine Einsatztrupps keine Chance hätten, ein solch großes Gebiet zu überwachen, schien sich als richtig zu erweisen. Was konnten 8-Mann-Teams in einem etwa 75.000 km² großen Gebiet, etwa der Fläche Schottlands, bewirken?

Jagd auf die Abschussrampen

Im Unterschied zum gebirgigen, zerklüfteten und bewaldeten Schottland ist der westliche Irak jedoch so flach wie der sprichwörtliche Pfannkuchen. Obwohl die Scud-Teams die zur Verfügung stehende Deckung äußerst gut nutzten, so konn-

General Sir Peter de la Billière. Als Kommandant der britischen Landstreitkräfte im Golf machte er beim Kampf gegen die Scud-Raketen größtmöglichen Gebrauch von Spezialeinheiten.

ten sie nicht den großen Feuerball verstecken, der beim Abschuss einer Rakete in der Wüste weithin zu sehen war. Im total flachen irakischen Wüstengebiet waren diese »Leuchtzeichen« noch in einer Entfernung von vielen Kilometern zu sehen. Bei einem Abschuss konnten mobile Teams am Boden sofort die nächstmögliche Position der mobilen Abschussrampe und die vermutliche Richtung, in die sie sich bewegen würde, abschätzen. Wenn man die Geschwindigkeit des Trägerfahrzeugs, die Bodenbeschaffenheit, die Richtung der nahe gelegenen Straßen und die Deckungsmöglichkeiten in die Berechnung mit einbezog, so konnte der Spezialtrupp das Suchgebiet erheblich einschränken.

S-1-Scud-B-Raketen. Obwohl die Raketen nicht sehr treffsicher waren, so bestand doch die Befürchtung, dass der Irak sie mit biologischen oder chemischen Sprengköpfen bestücken würde.

Das Wüstengebiet im Westen Iraks liegt in einer Seehöhe von etwa 490 m. Die Ah-Hajarah-Wüste im Süden Iraks hat eine felsige Oberfläche, die durch Wadis, Senken und Bergrücken unterbrochen ist. Es gibt nur wenig Pflanzenbewuchs. Am Tag ist der Himmel meist klar und es wird extrem heiß. In der Nacht ist es ebenfalls klar, die Hitze verschwindet rasch und die Nächte sind oft sehr kalt. Im irakischen Winter, der etwa Ende Oktober beginnt, können Regen, Schneeregen oder sogar Schneefall jenen, die sich im Freien befinden, das Leben schwer machen.

Einerseits bot die Weite der Wüste selbst den Vorteil, eher vor dem Feind geschützt zu sein, es war jedoch oft sehr schwer, Unterschlupf zu finden. Genauso wie es für die britischen und amerikanischen Einheiten ein Leichtes war, in dieser Mondlandschaft den Feuerball beim Abschuss einer Scud-Rakete auszumachen, so konnte auch eine Einheit von Soldaten nur allzu leicht von den Irakern entdeckt werden.

Sowohl die amerikanischen als auch die britischen Spezialeinheiten waren im Wüstenkampf ausgebildet. Hier handelte es sich aber um eine andere Art von Wüste, als viele erwarteten. Es gab keine Wanderdünen, die Deckung hätten bieten können und keinen weichen Sand, in den man leicht Stellungen oder Beobachtungsposten hätte graben können. Daher war nicht möglich, so wie in der Libyschen Wüste aus Sandsäcken und Tarnnetzen Stellungen zu bauen, sodass sie weder vom Boden noch von der Luft aus zu erkennen wären.

Daher ist es wenig überraschend, dass die Patrouille Bravo One Zero des B Squadron SAS, die von einem Chinook-Hubschrauber im südlichen Teil des britischen Sektors abgesetzt wurde, nach einer raschen Sondierung der Lage zum Entschluss kam, dass das Risiko der Bodenerkundung hier für einen Fußtrupp zu groß war. »Wer wagt gewinnt« heißt es im Sprichwort, aber man sollte auch daran denken, dass Dummheit mitunter mit dem Leben bezahlt werden muss. Die Hubschraubercrew war angehalten, anfangs noch in der Nähe zu bleiben. Nach einer ersten Erkundung der Lage bat das Bravo One Zero Team, wieder abgeholt zu werden.

Auf Rädern oder zu Fuß

Einige SAS-Einheiten hatten sich entschlossen, eigene Transportmittel, und zwar als »Dinkies« oder »Pinkies« bekannte umgebaute Land-Rover-Defender-Modelle, mitzubringen. Schnelle und gut bewaffnete Transportmittel dieser Art hatten offensichtliche Vorteile. Die Einheit konnte auf diese Weise ein viel größeres Gebiet abdecken und viel schneller unterwegs sein. Damit war es wahrscheinlicher, rechtzeitig vor Ort zu sein, nachdem eine der Scud-Abschussrampen ihre Lage durch Abfeuern einer Rakete verraten hatte. Zudem würde das Team eine beträchtliche Feuerkraft zur Verfügung haben, um entweder den Feind angreifen oder sich verteidigen zu können. Nicht zuletzt konnte mit dem Fahrzeug auch die Ausrüstung für das 8-Mann-SAS-Team transportiert werden, während nach einem beschwerlichen Fußmarsch die für eine Aktion notwendige Effizienz vielleicht nicht mehr gegeben wäre.

Die Nachteile eines Fahrzeugs hinter den feindlichen Linien lagen ebenfalls auf der Hand. In diesem Gebiet konnten jederzeit feindliche Einheiten auftauchen, die ein Fahrzeug viel leichter entdecken würden als einen Fußtrupp. Man würde sich viel weniger leicht verbergen können, besonders in dem derart offenen Gelände. In der irakischen Wüste war es vermutlich dennoch die bessere Option, sich in einem Fahrzeug schnell bewegen zu können. Bereits in seinen Anfangsjahren hatte der SAS in der nordafrikanischen Wüste Gebrauch von schnellen, leichten Geländefahrzeugen, wie etwa dem Willys Jeep, gemacht. Dem SAS gelang es damals, so viel Ausrüstung und Feuerkraft auf dem normalen Militärjeep unterzubringen, mit welcher normalerweise nur ein Fahr-

zeug doppelter Größe ausgestattet war. Der britische Nachfolger des Jeep, der Land Rover, wurde ebenfalls zu einer Legende. Der Land Rover Defender mit kurzem Achsabstand war stärker und bot wesentlich mehr Platz und war vorzüglich für schnelle, relativ unauffällige Aktionen kleinerer Teams geeignet. Er war eigens der Verwendung bei Spezialeinheiten angepasst worden und konnte mit zwei Browning-Maschinengewehren ausgestattet werden.

Ungeachtet aller Vorteile dieses robusten Fahrzeugs und der damit verbundenen beträchtlichen Feuerkraft, entschloss sich Bravo Two Zero, zu Fuß

Die 1991 durch einen Scud-Raketen-Angriff verursachte Zerstörung in Tel Aviv, Israel. Die Scud-Raketen-Abschussrampen wurden zum Hauptangriffsziel der Spezialeinheiten.

Britische SAS-Soldaten während des Golf-kriegs 1991. Das Foto erinnert an den Lang-strecken-Wüstenkampfverband LRDG (Long Range Desert Goup) im Zweiten Weltkrieg.

zu gehen. Nach den Berichten einiger Angehöriger war das Bravo-Two-Zero-Team, nachdem es vom Chinook-Hubschrauber abgesetzt wurde, schockiert darüber, wie wenig Unterschlupf vorhanden war. So wäre es nur eine Frage der Zeit, wie bald sie entdeckt würden. Es wurde den Soldaten auch klar, dass sie, obwohl sie schon wegen der schweren Tornister und Gurte viel Gewicht zu tragen hatten, für die rauen winterlichen Bedingungen in der Wüste zu wenig Kleidung bei sich hatten.

Während das Bravo-One-Zero-Team sehr schnell erkannt hatte, dass ein 8-Mann-Team ohne Fahrzeug in diesem Gebiet nicht viel ausrichten konnte, kam das Bravo-Two-Zero-Team erst zu dieser Entscheidung, als der Hubschrauber bereits weg war. Somit hatten sie nur noch ihre eigenen Beine zur Verfügung, um Deckung zu finden oder selbst aus der Gefahrenzone zu gelangen.

Dazu kam noch, dass das Bravo-Two-Zero-Team nur wenige Hundert Meter von einer größeren irakischen Luftabwehrstellung abgesetzt worden war. Da es kaum Platz zum Verbergen gab, würden sie

während des Tages, vor allem wenn man ihre Spuren entdeckte, extrem ausgesetzt sein. Als sie nun versuchten, Funkkontakt mit ihrer Basis aufzunehmen, um an einen sichereren Ort gebracht zu werden, konnten sie nicht durchkommen. Erst später würden sie entdecken, dass die falsche Funkfrequenz eingestellt war.

Wie bei der gescheiterten Luftlandeoperation von Arnheim zu Ende des Zweiten Weltkriegs unter dem Codenamen »Market Garden« befand sich nun Bravo Two Zero inmitten einer großen Anzahl von Feinden und ohne Funkverbindung. Aus dieser misslichen Situation würde nur einer der Männer, ohne getötet oder gefangen genommen zu werden, entrinnen.

Trotz anfänglicher Bedenken bewegte sich das Bravo-One-Zero-Team, bestehend aus 30 Soldaten der A Squadron SAS als Konvoi aus sechs Land Rovern, einem Mercedes-Unimog-Unterstützungsfahrzeug und zwei geländegängigen Motorrädern, in den Irak. Die Fahrzeuge waren mit 12,7-mm-Browning-Maschinengewehren und mit MILAN- und TOW-Panzerabwehrraketensystemen bewaffnet. Zu den weiteren Waffen gehörten 7,62-mm-Universalmaschinengewehre, 40-mm-Mk19-Granatwerfer und persönliche Verteidigungswaffen wie das M16-Gewehr.

Der Fahrzeugkonvoi fuhr nach Überqueren der irakischen Grenze nur in der Nacht. Tagsüber wurden die Fahrzeuge in Wadis oder anderen Unterständen verborgen.

Einigen Berichten zufolge führte Bravo One Zero einen erfolgreichen Angriff auf eine irakische Radarstation aus, die für die Lenkung der Scud-Raketen zu ihrem Ziel verantwortlich war. Die Station war offensichtlich bereits von Flugzeugen der Alliierten getroffen worden. Sie konnte jedoch nach wie vor senden und man war gerade dabei, die Schäden zu reparieren.

Als 30-Mann-Mannschaft mit genug Munition konnte Bravo One Zero einen kraftvollen Angriff auf die Einrichtung durchführen. Berichten zufolge wurde bei diesem Angriff die Anlage unbrauchbar gemacht, woraufhin sich das SAS-Team unbeschadet zurückziehen konnte.

Obwohl das Bravo-One-Zero-Team wesentlich größer war, konnte es einen Angriff nach den Kriterien eines Spezialeinsatzes durchführen: schneller Angriff und Rückzug, minimaler Kontakt mit den feindlichen Streitkräften und Durchführung des gesetzten Zieles – in diesem Fall die Zerstörung der Anlage. Ganz im Gegensatz dazu stand die Notlage des Bravo-Two-Zero-Teams, das sich in einer dem Feind gefährlich nahen Position befand und sich selbst aufgrund der schweren Ausrüstung, die zu tragen war, nicht schnell genug befreien konnte.

Spezialeinheiten wie der SAS und andere Einheiten für verdeckte Einsätze wie Fernspähtrupps, aber auch fliegendes Personal, erhalten eine Spezialausbildung. Dazu gehört ein exzessives Training von E&E-Taktiken (*escape and evasion* – »Fliehen und Ausweichen«). Ein Grundprinzip dabei ist, nicht in einen Kampf mit den feindlichen Streitkräften verwickelt zu werden.

Soldaten von Spezialeinheiten werden insbesondere ausgebildet, lange Märsche mit schwerer Ausrüstung in speziellen Tornistern zu absolvieren. Solche Ausdauerübungen finden in Gebieten wie den Brecon Beacons in Großbritannien statt. Aber niemand ist naiv genug, anzunehmen, dass diese außerordentlich durchtrainierten Soldaten mit schwerem Gepäck auch noch schießen und kämpfen können.

Bravo Two Zero befand sich genau in jener Lage, von welcher beim Training aller Spezialeinheiten immer wieder hervorgehoben wird, dass sie vermieden werden muss. In einer solchen Situation können selbst die am besten ausgebildeten Soldaten der Welt von einer größeren Anzahl drittklassiger Infanterie-Soldaten überwältigt werden. Dass es dem Bravo-Two-Zero-Team noch gelang, sich vom anfänglichen Kontakt mit den irakischen Streitkräften wieder zurückzuziehen, stellt ihre Leistungsfähigkeit und ihr Können unter Beweis. Fast immer, wenn ein SAS-Mann einen Schuss auf den ihn verfolgenden Feind abgab, konnte er einen Treffer verzeichnen, was jeweils ausreichte, um die Verfolger in Schach zu halten.

Obwohl die US-Behörden mit vertraulichen

Künstlerischer Eindruck von einem SAS-Soldaten im Golfkrieg 1991. Der Soldat ist mit einem L1A1-7,62-mm-Selbstladegewehr bewaffnet.

militärischen Informationen viel offener umgehen als jene Großbritanniens, so sind doch viel mehr Information über die britischen als über die amerikanischen Aktionen gegen die Scud-Raketen vorhanden.

Das 1st Special Forces Detachment Team Delta (1st SFOD-Delta), auch als Delta Force bekannt, ist eine der geheimsten militärischen US-Einheiten. Die Delta Force wurde ursprünglich nach dem Vorbild des SAS aufgebaut, nachdem ihr Gründer Colonel Charles Beckwith einige Zeit mit der britischen Einheit verbracht hatte.

Der Auswahlprozess für Soldaten der Delta Force ist sogar noch restriktiver als jener für den SAS. Anstatt auf Freiwillige zu warten, werden für die Rekrutierung von Delta-Angehörigen die militärischen Dienstbeschreibungen von Soldaten verschiedener Einheiten, einschließlich der Ranger, verglichen. Die auf diese Weise ausgewählten Soldaten werden eingeladen, sich einer engeren Aus-

wahl zu stellen. Die Kandidaten werden natürlich keinesfalls gedrängt, der Einladung nachzukommen. Von diesem Zeitpunkt an werden jene Soldaten, die dem Ruf folgen, ihre ganze persönliche Entschlossenheit brauchen, um den zermürbenden Auswahlprozess durchzustehen. Zu Beginn steht ein harter physischer Test, um eventuelle untaugliche Kandidaten auszusieben. Jene, die noch keine Fallschirmlizenz haben, kommen nun in die Fallschirmausbildung. Des Weiteren folgt eine »Aufwärm«-Phase intensiven körperlichen Trainings, wie Laufen, Schwimmen und Gewaltmärsche mit schwerem Gepäck.

Die Hauptauswahl findet in Camp Dawson in den Appalachen statt. Hier müssen die Kandidaten

Das SAS-Bravo-Two-Zero-Team. Ihre Mission war vom Pech verfolgt, zeigte aber dennoch die außerordentlichen Fähigkeiten der SAS-Soldaten.

Das Abzeichen des 1ˢᵗ Special Forces Operational Detachment Delta (Delta Force).
Die Rekrutierung für diese Einheit und ihre Arbeitsabläufe sind streng geheim.

sein, nachdem diese von einem Hubschrauberteam des 160ᵗʰ Special Operations Aviation Regiment (SOAR) informiert worden waren. Vermutlich war der SOAR-Hubschrauber gerade dabei, Mitglieder von Spezialeinheiten abzusetzen oder wieder abzuholen, als sie von irakischen Hubschraubern überrascht wurden. Die Möglichkeit, Luftschläge genau zu planen, war natürlich für den Erfolg der Spezialeinsätze von großer Bedeutung.

Für das SAS-Bravo-Two-Zero-Team war es hingegen verhängnisvoll, dass keine Funkverbindung mit dem Stützpunkt aufgenommen werden konnte.

Die Night Stalkers

Das amerikanische 160ᵗʰ Special Operations Aviation Regiment (Airborne) ist auch als »Night Stal-

weitere anstrengende Gewaltmärsche und Ausdauerübungen durchführen, wobei ihre körperlichen und geistigen Fähigkeiten erneut durchgetestet werden. Nach einem Monat Prüfungstraining können die Prüfer sicher sein, dass aus der ursprünglichen Gruppe ein Kader von außergewöhnlich leistungsfähigen Soldaten übrig geblieben ist.

Wie der SAS ist auch die Delta Force auf Basis von *squadrons* organisiert: Squadrons A, B, C zu je 25 Soldaten. Die *squadrons* sind in *troops* unterteilt und diese wiederum in 4- oder 6-Mann-Teams. Wie beim SAS und anderen Spezialeinheiten gibt es innerhalb jeder Einheit eine Anzahl von Spezialisten, wie etwa für HALO-Fallschirmspringen (»High Altitude Low Opening« – Ausstiege in relativ großer Höhe), Bergsteigen, Gerätetauchen und so weiter.

Mitglieder der Joint Special Operations Task Force (JSOTF) begannen Anfang Februar, in den Irak einzudringen. Berichteterweise kam es am 7. Februar zu einem Angriff auf eine Scud-Raketen-Abschussrampe und andere irakische Fahrzeuge. Delta-Soldaten forderten F-15-Eagle-Kampfflugzeuge an, die vermutlich eine Raketenabschussrampe und andere Einrichtungen zerstörten. Bei einer anderen Gelegenheit sollen irakische Hubschrauber von F-15-Kampfflugzeugen angegriffen und zerstört worden

Delta-Force-Soldaten beim Training für *Fast Roping*. Dies ist eine weit verbreitete militärische Technik für das schnelle Absetzen von Spezialeinheiten.

kers« bekannt. Es ist *das* Hubschrauberregiment der US Army für Infiltration, Exfiltration und Unterstützung von Soldaten bei Sondereinsätzen. Sie sind auf Nachtflüge spezialisiert und befinden sich in der schwierigen Position, dass sie das am ehesten sicht- oder hörbare Element eines Spezialeinsatzes sind. Ihr Wagemut in Situationen, wo sie bei den Einheiten auf dem Boden verweilen, kann sie auch selbst in höchste Gefahr bringen, nicht zuletzt beim Abholen von Trupps, die gerade beschossen werden, wie dies in Mogadischu der Fall war, wie später in diesem Buch beschrieben. Das 160th SOAR-Regiment hatte während des Golfkriegs seine Basis am King Khalid International Airport. Die hier eingesetzten Fluggeräte waren die Hubschrauber MH-47E, MH-47D Chinook, MH-60K, MH-60L und MH-60L Direct Action Penetrator (DAP) Black Hawk. Die Versionen Chinook MH-47E und D sind besonders für Spezialeinsätze ausgestattet: Fast Rope Insertion Extraction System (FRIES) – Hochgeschwindigkeits-Seilwinden für das schnelle Absetzen und Anbordnehmen von Personen, Bewaffnung mit zwei M-134-Miniguns und einem M-60D-Maschinengewehr, Wetterradar (MH-47D), Betankungsmöglichkeit während des Flugs und weitere Spezialeinrichtungen.

Der MH-60K Black Hawk ist ein für Spezialeinsätze maßgeschneiderter Hubschrauber. Er kann ebenfalls in der Luft betankt werden (AR – *aerial refuelling*), und ist mit Aircraft Survivability Equipment (ASE) – dazu gehören Infrarot und Verschlüsselungsgeräte zum Schutz des Hubschraubers – und einem modernen Navigationssystem einschließlich Multi-Mode-Radar ausgestattet. Der Transporthubschrauber MH-60L ist ebenfalls für Sondereinsätze maßgeschneidert, hat jedoch keine Luftbetankungssonde. Der Kampfhubschrauber MH-60L Direct Action Penetrator (DAP) ist speziell für Angriffsoperationen geeignet, seien es direkte Aktionen (DA) oder die Feuerunterstützung von Truppen. Für direkte Aktionen ist der MH-60L DAP mit präzisionsgesteuerter Munition ausgerüstet.

Diese Hubschrauber wurden für die In- und Exfiltration von Einheiten und für gelegentliche direkte Angriffe auf genau festgelegte Ziele eingesetzt. Die Night Stalkers konnten spezielle Flugaufträge mit Nachtsichtgeräten durchführen.

Ein US-Navy-SEAL-Team taucht beim Training aus dem Wasser auf. Der führende SEAL-Soldat ist mit einem M16A2-Sturmgewehr mit montiertem Granatwerfer bewaffnet.

Möglicherweise hatte die von den Night Stalkern eingeschleuste Delta Force nicht nur die Aufgabe, die Scud-Raketensysteme zu zerstören, sondern auch, eventuelle chemische, biologische oder sogar Nuklearwaffen aufzuspüren.

Special Boat Service

Neben SAS und Delta Force wurde im Golfkrieg auch eine Abteilung Royal Marine Special Boat Service (SBS) eingesetzt. Sie hatte den Auftrag, die elektronischen Nachrichtenverbindungen zwi-

schen Bagdad und den irakischen mobilen Einheiten, wie etwa den Scud-Raketen-Abschussrampen, die jenseits der Grenze operierten, zu unterbrechen. Der SBS hat die gleichen Wurzeln wie der SAS. Er wurde 1941 als Schwimmer- und Taucher-einheit gegründet, um Sabotageaktionen gegen feindliche Einrichtungen und Aufklärungsaktionen durchzuführen. Die Royal Navy bildete 1942 eine ähnliche Einheit namens Experimental Submarine Flotilla. 1946 wurde der SBS Teil der Royal Marines und der School of Combined Operations.

Der SBS spezialisierte sich anfangs auf das heimliche Eindringen in feindliches Gebiet in und am Wasser und auch mittels Unterseebooten. Dazu kamen Landungs- und Sabotageoperationen sowie die Zerstörung von feindlichen Einrichtungen an der Küste, aber auch weiter landeinwärts. SBS-Soldaten waren im Koreakrieg eingesetzt. Sie landeten mit U-Booten, um Eisenbahnen und weitere Anlagen zu zerstören. Zudem sollen sie auch während des Vietnamkriegs als Berater fungiert haben. Der SBS war auch 1961 in Kuwait, als der

Das Abzeichen des 160th Special Operations Aviation Regiment (Airborne). Dieses Regiment setzte sich während des Absetzens und Wieder-Anbordnehmens von Soldaten extremer Gefahr aus.

Irak mit einer Invasion drohte, und kam 1991 wieder hierher.

Ein Team von 36 SBS-Soldaten wurde in irakisches Gebiet von zwei RAF-CH-47D-Chinook-Hubschraubern eingeschleust. Die große Gefahr, der sie dabei ausgesetzt waren, kann bereits daraus ermessen werden, dass dies nur etwa 95 km südlich von Bagdad geschah. Dies bedeutet auch, dass die RAF-Piloten äußerst niedrig zu fliegen hatten, um nicht vom irakischen Radarsystem erfasst zu werden, und gleichzeitig die Erkennung durch Flugabwehrstellungen vermeiden mussten. Das Risiko dabei war natürlich, dass die Hubschrauber durch ihr Geräusch entdeckt würden oder dass man sie so nahe der Hauptstadt auch mit freiem Auge hätte sehen können.

Die Iraker hatten eine große Anzahl von Flugabwehrstellungen und weiteren militärischen Einrichtungen in diesem Gebiet. Zudem gab es auch regelmäßige Patrouillen. Selbstverständlich waren auch alle irakischen Einheiten in höchster Alarm-

bereitschaft. Ungewöhnlich für Missionen dieser Art blieben die Hubschrauber vor Ort, während die Operation ausgeführt wurde, wodurch sich das Risiko der Entdeckung noch erhöhte. Der MH-47-Chinook-Hubschrauber ist mehr als 30 m lang und über 5,5 m hoch, weshalb er im flachen, offenen Gebiet nur sehr schwer verborgen werden kann. Das Risiko, am Boden zu bleiben, wurde jedoch gegen jenes Risiko abgewogen, dass die Hubschrauber beim Wegflug entdeckt würden.

Die SBS-Gruppe war in getrennte Teams unterteilt. Eines war mit der Aufgabe betraut, unterirdisch verlegte Glasfaserkabel zu finden, sie auszugraben und Sprengstoff zu legen. Das andere Team baute rundherum eine Verteidigungsstellung für das Sprengstoffteam und die Hubschrauber auf. Das Verteidigungsteam war vermutlich mit leistungsstarken Waffen versehen, darunter ein sehr effektives L7A2-Universalmaschinengewehr mit einer Feuergeschwindigkeit von 850 Schuss und einer effektiven Schussweite von 1500 m. Zu den weiteren Waffen gehörten vermutlich Panzerabwehrwaffen wie die MILAN-Panzerabwehrlenkwaffe, Granatwerfer und Mörser.

Nachdem das Team die unterirdischen Kabel entdeckt hatte, grub man bis zu diesen und brachte die Sprengsätze an, bevor man, gefolgt vom Verteidigungsteam, zu den Hubschraubern zurückkehrte. Um sicher zu gehen, dass die Kabel wirklich unterbrochen wurden, hatte das Team einen relativ tiefen Graben ziehen und eine beträchtliche Menge von Sprengsätzen anbringen müssen. All dies muss etwa eine halbe Stunde in Anspruch genommen haben.

Als die Teams an Bord waren, hoben die Hubschrauber wieder ab und flogen in niedriger Höhe wieder in Richtung saudi-arabische Grenze. Ein von einer mächtigen Explosion herrührendes Aufleuchten in der Nähe Bagdads war eine Bestätigung für die Beteiligten, dass die Mission erfolgreich war.

Britische Lufteinheiten

Die Spezialeinheiten zugeordneten Luftstaffeln der Royal Air Force sind die No. 47 Squadron, derzeit mit Lookheed-C-130 Hercules-C1/C3-Transportflugzeugen, und No. 7 Squadron mit CH-47-Chinook-HC2-Transporthubschraubern. Zur Zeit des Golfkrieges waren No. 7 Squadron und No. 18 Squadron noch mit Chinook-HC1-Hubschraubern ausgerüstet.

Die Piloten der No. 7 Squadron waren im Gebrauch von Nachtsichtgeräten ausgebildet und fühlten sich dem folgenden Motto verbunden: *Per diem, per noctem* (Tag und Nacht) – geeignet, zu tun was zu tun ist. Die Staffel ist im Fliegen in sehr niedriger Höhe ausgebildet. Gerade dieses Können war beim Einsatz am Golf notwendig, um SAS-Trupps hinter den feindlichen Linien abzusetzen und Überraschungsangriffe auf irakische Telefonleitungen auszuführen.

No. 47 Squadron führt Transporte über lange Distanzen durch und kann Trupps von Spezial- und Eliteeinheiten einschleusen. Sie ist derzeit mit einer umgebauten Version des C-130-Hercules-Flugzeugs mit Geländefolgeradar ausgerüstet. Dadurch kann das Flugzeug auch bei Nacht und bei schlechtem Wetter extrem niedrig fliegen.

No. 8 Flight des British Army Air Corps hat sein Hauptquartier in Hereford und unterstützt den ebenfalls dort stationierten SAS. Das Army Air Corps ist derzeit mit dem Kampfhubschrauber Apache AH Mk 1, dem Vielzweckhelikopter Lynx AH Mk 7, dem Hubschrauber Gazelle AH Mk 1 und dem Eurocopter Squirrel ausgerüstet.

Der Apache-Kampfhubschrauber des Army Air Corps ist eine Variante des Boeing AH-64 Apache Longbow, der von Westland zusammengebaut wurde und einige Unterschiede zum Grundmodell auf-

weist. Die britische Variante wird von Rolls-Royce-RTM-322-Triebwerken angetrieben, ist mit dem integrierten Verteidigungshilfssystem für Hubschrauber HIDAS ausgestattet sowie mit CRV7- und Brimstone-Raketen versehen.

Trotz des medial viel zitierten missglückten Einsatzes von Bravo Two Zero war die Operation von SAS und Delta Force gegen die Scud-Raketen insgesamt ein Erfolg. Mit seinen bewaffneten Konvois konnte der SAS mit den »MILAN« genannten tragbaren Panzerabwehrraketen mehrere Abschussrampen zerstören. Diese Raketen haben eine Reichweite von etwa 2 km und es wird ihnen eine 94%ige Trefferquote nachgesagt. Die Auswirkung dieses präzisen Beschusses war, dass die Scud-Abschussrampen näher nach Bagdad verlegt wurden und damit keine Gefahr mehr für Israel darstellten.

Der SAS war nicht nur Tag und Nacht mutig im Einsatz, sondern konnte auch Nachschubprobleme sichern, indem man 4-t-LKWs in einem Versteck unterbrachte, aus dem die Späh- und Angreifertrupps

Eine Landkarte mit den Haupteinsatzgebieten des SAS im als »Scud Alley« bezeichneten Bereich während des Golfkriegs 1991.

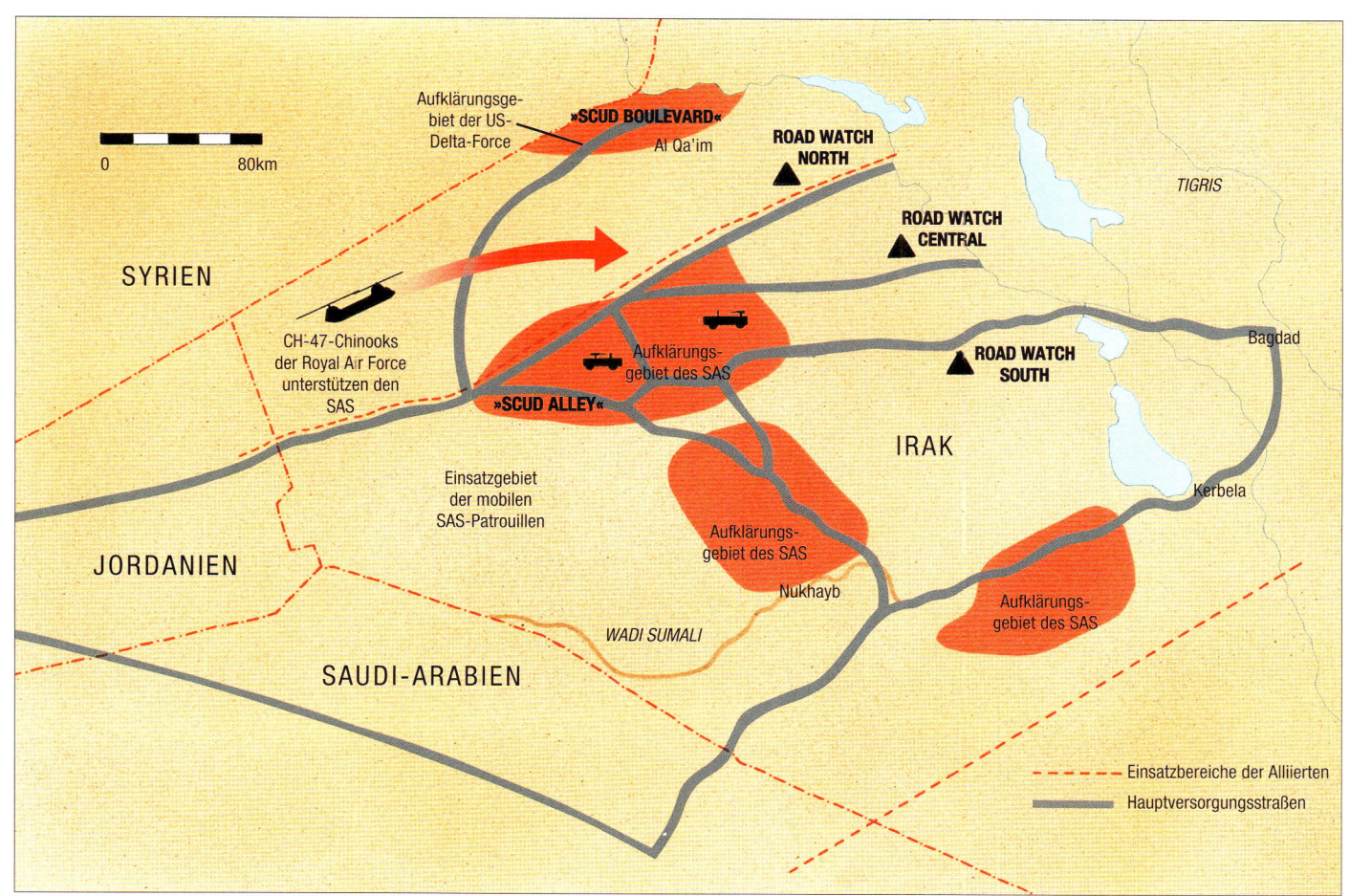

sich selbst versorgen konnten. Diese Taktiken waren vor allem aufgrund der alliierten Luftüberlegenheit möglich.

Nachdem der SAS bereits hinter den feindlichen Linien operiert hatte, bevor die amerikanischen Spezialeinheiten dort eintrafen, konnte er seinen Verbündeten nützliche Informationen geben, vor allem in Hinsicht auf Witterungsbedingungen und die Bodenbeschaffenheit. Die US-Streitkräfte banden ihrerseits die britischen Spezialeinheiten in ihr hochentwickeltes Kommunikationssystem ein, mit dem solche Kommunikationsprobleme wie beim

SAS-Soldaten mit geländegängigen Motorrädern der British Army. Diese boten große Mobilität für Aufklärungsaktionen rund um den Konvoi von Land Rovern und Mercedes Unimogs.

Bravo-Two-Zero-Team hätten vermieden werden können.

Zu den weiteren amerikanischen Eliteeinheiten im Golf gehörten die US Rangers. Das Ranger-Regiment entsandte die B-Kompanie und den 1. Zug der A-Kompanie des 1. Bataillons an den Golf. Sie führten mehrere Überraschungsangriffe durch, einige davon hinter den feindlichen Linien. Ein größerer Angriff wurde auf ein irakisches Kommunikationszentrum nahe der jordanischen Grenze durchgeführt.

US-Lufteinheiten

Den Spezialeinheiten am Boden kam die Expertise des Air Force Special Operations Command (AFSOC), wozu auch das bereits erwähnte 160th Special Operations Aviation Regiment gehörte, zugute. AFSOC war erst am 22. Mai 1990 gegründet wor-

den, obwohl seine Wurzeln ebenfalls bis zum Zweiten Weltkrieg zurückreichen.

Zu den AFSOC-Einheiten am Kriegsschauplatz gehörten der 1st Special Operations Wing (SOW), 71st Special Operations Squadron of 919th Special Operations Group (SOG), 1720th Special Tactics Group (STGP), 20th Special Operations Wing (SOW), 193rd Special Operations Group und natürlich das 3rd Battalion des 160th Special Operations Aviation Regiment (SOAR).

Der 1st Special Operations Wing war mit den Schützen- und Transportflugzeugen AC-130, HC-130, MC-130 sowie den Vielzweckhubschraubern MH-53 und MH-60 ausgerüstet. Der 193rd SOG verfügte über Aufklärungsflugzeuge vom Typ EC-130, das 919th SOG über AC-130-Schützenflugzeuge und das 71st SOS (Special Operations Squadron) über HH-3-Hubschrauber. Der 39th SOW war mit den Flugzeugen HC-130 und MC-130 und Hubschraubern vom Typ MH-53 ausgerüstet.

AFSOC setzte auch Soldaten zur Überwachung der Kampfhandlungen ein, die sich manchmal bei den Bodentruppen befanden. So konnte wertvolles Fachwissen genutzt werden, um die verbündeten Luftstreitkräfte zu den Zielen, wie etwa Scud-Abschussrampen, zu dirigieren. Zudem konnte während der gesamten Operation die Kommunikation bestens aufrechterhalten werden.

Das AC-130-Schützenflugzeug ist eine bewaffnete Version des Lockheed C-130 Hercules und mit seitlich angebrachten leistungsstarken Geschützen ausgerüstet. Dazu gehören eine 105-mm-Haubitze, ein 40-mm-Bofors-Geschütz und ein GAU-12/U Equalizer Gatling-Geschütz – die spezielle Bewaffnung hängt jedoch von der jeweiligen Variante ab.

Das HC-130 Transportflugzeug kann auch als Tankflugzeug zum Betanken in der Luft, zum Absetzen von Fallschirmjägern oder von Ausrüstungsgegenständen, aber auch für Such- und Rettungsaktionen eingesetzt werden. Die neuesten Versionen sind für Flüge mit Nachtsichtgeräten (NVG) ausgestattet, wofür auch eine spezielle Beleuchtung an Bord notwendig ist.

Das MC-130-Combat-Talon-Transportflugzeug und seine Varianten (MC-130E Combat Talon 1 und MC-130H Combat Talon II) sind speziell für In- und Exfiltration der Soldaten von Spezialeinheiten und zum Abwerfen von Ausrüstungsgegenständen bei verdeckten Kampfeinsätzen gebaut. Diese Flugzeuge sind mit einer hochspezialisierten Geländefolge-Navigationsausrüstung versehen, die ein Fliegen bei sehr niedriger Flughöhe erlaubt. Eine leistungsstarke Palette elektronischer Geräte ermöglicht, feindliches Radar und Flugabwehr zu neutralisieren. Auch ein Wiederbetanken von Spezialeinsatz-Hubschraubern während des Fluges ist möglich.

Der MH-53-Pave-Low-Hubschrauber ist im Besonderen für verdecktes Eindringen in feindliches Gebiet vorgesehen, vor allem für die In- und Exfiltration von Spezialeinheiten. Er ist mit hochentwickeltem Geländefolgeradar ausgestattet, einschließlich einem Display mit projizierter Karte, sodass die Piloten die Bodenkonturen und Hindernisse erkennen können. Zu den weiteren technologischen Ausrüstungsgegenständen gehören ein Infrarot-Sensor, Doppler-Navigationssystem und Inertial-Positionsbestimmung.

Die Panzerung bietet einen gewissen Schutz gegen Angriffe vom Boden und aus der Luft. Der Hubschrauber ist mit wenigstens drei 7,62-mm- oder 12,7-mm-Maschinengewehren bewaffnet. Mindestens eines dieser MGs kann auf der rückseitigen Rampe montiert werden, die bei Offensiv- oder Defensivfeuer abgesenkt wird. Die Laderampe kann auch zum Absetzen von Ausrüstung und Personen genutzt werden. Das EC-130-Flugzeug ist eine Variante des HC-130 Hercules und ist im Besonderen für psychologische Kriegsführung (PSYOP) sowie Sende- und Kommunikationsaufträge ausgerüstet. Dies schloss während des Golfkriegs die Störung der irakischen Kommunikationswege ein.

Mangel an Ausrüstung

Obwohl die Amerikaner mit einer Menge von technologischen Geräten ausgestattet waren, so fehlten doch anfangs den Spezialtruppen am Boden Satellitennavigationssysteme, mit welchen sie vom Boden aus die irakischen Radarstationen hätten orten und angreifen können, bevor man mit der Bombardierung des Irak begann. Man brauchte auch länger, um das Gebiet hinreichend sondieren zu können und um im Schutz der Dunkelheit hinter die feindlichen Linien einzudringen. Zudem hatten die irakischen Streitkräfte einige Radareinrichtungen von der Grenze weg weiter ins Landesinnere verlegt. Daher wurde der Auftrag für die Spezialeinheiten geändert und man begann mit Luftangriffen, anfangs mit MH-53-Pave-Low-Hubschraubern.

Ein weiteres Problem war, dass die Maschinengewehre, mit welchen diese Hubschrauber ausgerüstet waren, vermutlich nicht leistungsstark genug gewesen wären, um Radarstationen zu zerstören.

Das AC-130-Schützenflugzeug konnte mittels seiner seitlich montierten Bewaffnung, darunter eine 105-mm-Haubitze, ausnehmend starken Feuerschutz geben.

Daher plante man eine gemeinsame Operation mit US Army AH-64-Apache-Hubschraubern.

Der AH-64 Apache ist der wichtigste Kampfhubschrauber der US Army. Zu seiner Bewaffnung gehören Hydra-70- und AGM-114-Hellfire-Raketen. Die verwendeten Hellfire-Raketen benutzten ein Laser-Lenksystem und flogen mit fast 1600 km/h.

Der Apache-Hubschrauber ist durch Verwendung eines integrierten Nachtsicht-Displays auch für Nachtflüge geeignet. Er ist mit dem kombinierten Zielbestimmungs- und Nachtsichtsystem TADS/PN-VS (Target Acquisition Designation Sight/Pilot Night Vision System), einem Bodennavigationssystem und einem GPS-Positionsbestimmungssystem ausgestattet.

Der erste Angriff

Die MH-53-Pave-Low-Hubschrauber des 20ᵗʰ SOS waren dafür verantwortlich, mobile irakische Radar-stationen, die sich zwischen der saudi-arabischen Grenze und dem Hauptangriffsziel befanden, anzugreifen. Die Apache-Hubschrauber sollten ihre Raketen (eine Hellfire-Rakete kostet $ 42.000) für das Hauptangriffsziel aufsparen. Somit wurde den luftbeweglichen US-Air-Force-Spezialeinheiten die Verantwortung übertragen, die Operation Desert Storm zu eröffnen. Die Zerstörung der Radarstationen würde der irakischen Verteidigung auf effektive Weise jegliche Überwachungsmöglichkeit nehmen, wodurch die alliierte Luftflotte unbemerkt durchfliegen könnte. In Hinsicht auf die Bedeutung der Operation könnte man annehmen, dass man durch doppelte Aktionen und andere Alternativen eine mehrfach abgesicherte Strategie entwickelte.

Dies war jedoch nicht der Fall. Wie so oft bei der Planung von Sondereinsätzen war ein Misserfolg ganz einfach nicht vorgesehen. Man musste in der Dunkelheit der Nacht dicht am Boden über feindliches Gebiet mit einer großen Anzahl mobiler irakischer Radar- und Flugabwehrstationen fliegen. Zudem war das Team, das aus Soldaten von US Air Force und US Army bestand, erst kürzlich zusammengestellt worden und das gemeinsame Training zeitlich begrenzt gewesen. Trotzdem sagte der für die Operation verantwortliche USAF-Kommandant auf Anfrage von General Schwarzkopf ein hundertprozentiges Gelingen zu.

Am 16. Januar 1991 um 02:12 Uhr überquerte das Sonderkommando die irakische Grenze. Wenn es einen genauen Zeitpunkt des Kriegsbeginns gab, dann war es dieser. Die Crews der MH-53-Pave-Low-Hubschrauber waren mit Nachtsichtgeräten (NVG) ausgestattet und navigierten ansonsten nach Instrumenten. Zeitweise flogen sie, den Bodenkonturen folgend, nur 15 m über dem Boden und tauchten dabei auch in die Wadis ein. Um jegliche Frühwarnung zu vermeiden, umgingen sie auch Beduinencamps, da diese mitunter von den Irakern als Deckung benutzt wurden.

Als die MH-53-Pave-Lows sich dem Zielgebiet näherten, ließen sie Leuchtmarkierungen auf den

Schema eines hypothetischen Angriffes von britischen Spezialeinheiten auf eine Scud-Raketen-Abschussrampe. In der Realität machten beide Seiten mehr Gebrauch davon, in Deckung zu gehen oder sich zu verbergen.

Wüstenboden fallen, sodass die Apache-Hubschrauber das Ziel erkennen konnten. Sobald sich die Apache-Hubschrauber über dem Zielgebiet befanden, geschah alles sehr schnell. Ein irakischer Wachposten versuchte zu einem Bunker zu laufen, die Hellfire-Rakete schlug jedoch noch vorher ein. Beide Radar-Bunker wurden von mehreren Raketen getroffen und vollkommen zerstört.

Obwohl über den Erfolg euphorisch, musste man am Rückweg erkennen, dass die irakische Verteidigung nun aufgewacht war. Ein MH-53-Pave-Low-Hubschrauber wurde von zwei SA-7-Boden-Luft-Raketen verfolgt. Diese Raketen sind so programmiert, dass sie sich auf die Wärmequelle von Hubschraubern oder anderen niedrig fliegenden Fluggeräten ausrichten. Die Pave-Law-Crew feuerte Leuchtkugeln ab, um die Raketen abzulenken und der Pilot lenkte den Hubschrauber auf und ab, um die Raketen abzuschütteln. Es war nur ein knappes Entrinnen, aber die Ausweichmanöver waren erfolgreich. Infolge dieses Einsatzes konnten Hunderte von Flugzeugen der Verbündeten unbemerkt in den Irak fliegen und den Hauptangriff der berühmten Operation Desert Storm beginnen.

ANGRIFF AUF EINE SCUD-ABSCHUSSRAMPE

Legende

1 SAS-Land-Rover feuern MILAN-Raketen auf die Anlage.
2 Die Hauptziele sind mobile Scud-Raketen-Abschussrampen und Leitfahrzeuge.
3 Irakische BMP-Schützenpanzer und gepanzerte BRDM-Patrouillenfahrzeuge versuchen, den SAS-Angriff abzuwehren.
4 Nachdem der SAS seine Raketen abgeschossen hat, versucht er, die Verfolger abzuschütteln.
5 Alle verbleibenden wichtigen Ziele werden per Luftangriff zerstört.

Such- und Rettungseinsätze

Die AFSOC-Flugzeuge und Hubschrauber waren danach ständig in Bereitschaft, um Such- und Rettungseinsätze (CSAR – Combat Search and Rescue) für abgeschossene Piloten durchzuführen. Eine derartige Mission wurde von zwei MH-53-Pave-Low-Hubschraubern ganz in der Nähe des irakischen Luftwaffenhauptquartiers vorgenommen. Die Hubschraubercrew blieb dort bis zu 30 Minuten am Boden, um den abgestürzten Piloten über ein Funksignal zu erreichen. Sie befand sich jedoch entweder im falschen Gebiet oder der Pilot war bereits von irakischen Soldaten abgefangen worden.

Am 22. Januar flog Team 39 SOW einen weiteren CSAR-Einsatz, um dann festzustellen, dass es von den Irakern bereits erwartet wurde. Nachdem sie die abgeschossenen Piloten gefangen genommen hatten, warteten die irakischen Soldaten, bis sich die MH-53-Pave-Low-Hubschrauber in Funkreichweite für das nun in irakischen Händen befindliche Funkgerät befanden.

Sobald die CSAR-Crew ein Signal schickte, wurde rundum von Luftabwehrgeschützen das Feuer eröffnet und das Rettungsteam musste sich schnellstens zurückziehen.

Rettungseinsätze mit MH-53-Pave-Lows wurden nicht nur in der Nacht unternommen. Und dies, obwohl der Hubschrauber extrem verwundbar war – sollte er vom Boden aus entdeckt werden, konnte sogar Sperrfeuer von Handfeuerwaffen schweren Schaden anrich-

Gegenüberliegende Seite: Ein MH-53J-Pave-Low-IIIE-Hubschrauber des 58th Special Operations Wing, 551st Special Operations Squadron.

ten. Um abgeschossene Piloten jedoch noch vor dem Feind zu erreichen, war es mitunter notwendig, auch am Tag zu fliegen.

Eine solche Rettungsaktion bei Tageslicht wurde mit einem MH-53-Hubschrauber und mit Luftunterstützung zweier F-15-Kampfflugzeuge und zweier A-10-Thunderbolt-»Tankbuster« durchgeführt. Das F-15-Eagle-Kampfflugzeug war eines der erfolgreichsten während der Operation Desert Storm eingesetzten Fluggeräte – mit einer Abschussrate von 34 irakischen MiG-, Suchoi-, Mirage-F1-Flugzeugen oder Hubschraubern. Der Eagle wurde auch für die nächtliche Scud-Jagd und Angriffe auf irakische Panzer, Artillerie und andere Ziele eingesetzt.

Der A-10-Thunderbolt-Jet ist speziell für Luftnahunterstützung der eigenen oder verbündeten Bodentruppen vorgesehen. Seine charakteristischen geraden Flügel erlauben bei langsamer Geschwindig-

Ein für Spezialeinheiten umgebauter Land Rover 120. Auf dem Fahrzeug sind eine MILAN-Panzerabwehrlenkwaffe montiert und auf der vorderen Stoßstange Granaten angebracht.

keit und in niedriger Höhe noch beste Manövrierfähigkeit. Da bei der speziellen Art des Einsatzes ein Beschuss vom Boden relativ wahrscheinlich ist, wird das Cockpit durch eine 400 kg schwere Titan-Panzerung geschützt. Viele Teile sind redundant ausgelegt, sodass auch nach einem Beschuss weitergeflogen werden kann, selbst wenn etwa ein halber Flügel verloren ginge.

Der A-10-Jet ist mit einer GAU-8/A-Avenger-Gatlingkanone bestückt, die 3900 Schuss panzerbrechender 30-mm-Munition je Minute verschießen kann. Damit können Panzer und andere gepanzerte Fahrzeuge außer Gefecht gesetzt werden. Der Jet ist auch mit Maverick-Luft-Boden-Raketen, Streubomben und Rocket-Pod-Containern bewaffnet. Während des Golfkriegs zerstörten A-10-Thunderbolt-Jets berichteterweise 1000 irakische Panzer, 2000 andere Militärfahrzeuge und 1200 Artilleriegeschütze.

In einem Fall, in dem der MH-53-Pave-Low-Hubschrauber keinen Funkkontakt mit einem abgestürzten Piloten aufnehmen konnte und zur Basis zurückkehrte, entdeckte schließlich die A-10-Thunderbolt-Crew den gesuchten Piloten und man entsandte sofort zwei 53-Pave-Low-Hubschrauber. Aufgrund weiterer Aufträge war diese zweite CSAR-Mission von nicht weniger als 12 F-16-Jets, vier A-10-Jets und zwei F-15-Flugzeugen begleitet.

Die Rettungs-Hubschrauber flogen etwa 3 m über dem Boden, genau über einen großen Konvoi irakischer Militärfahrzeuge. Als diese sich dem abgestürzten Piloten näherten, nahm die Crew des MH-53 Sprechkontakt auf. Fast gleichzeitig bemerkten sie, dass ein irakisches Fahrzeug sich mit hoher Geschwindigkeit auf den Piloten zu bewegte, und riefen einen A-10-Thunderbolt zu Hilfe. Das irakische Fahrzeug war schnell zerstört. Ein Hubschrauber landete in der Nähe des Piloten – zwei Crew-Mitglieder sprangen hinaus, um ihn an Bord zu nehmen und ein Crew-Mitglied gab Feuerschutz. Dann flog der Hubschrauber zum Stützpunkt zurück.

Britische SAS-Soldaten während der Operation Desert Storm in einem Land Rover 110, der mit einer MILAN-Panzerabwehrlenkwaffe ausgerüstet ist.

US Navy SEALs und französische Kommandos bereiten sich auf eine gemeinsame Übung auf dem Versorgungstanker *USNS Joshua Humphreys* vor.

Ein weiterer Pilot, der abgeschossen worden war, wurde am 17. Februar auf irakischem Gebiet von einem CH-47-Chinook-Hubschrauber des 3rd Battalion des 160th SOAR gerettet.

Ein neuer Maßstab

Der Golfkrieg 1991 schuf einen neuen Maßstab für die Verwendung von Spezialeinheiten. Diese Entwicklung kann vielleicht am besten beim schnellen Lernprozess des US-Oberbefehlshabers General Norman Schwarzkopf gesehen werden. Aus sehr verständlichen Gründen hatte Schwarzkopf anfangs die Verwendung von kleinen Teams skeptisch betrachtet, da er ihre Überlebensfähigkeit in dem großen Wüstengebiet im Westen des Irak bezweifelte. Nach dem wachsenden Erfolg der SAS-Operationen, dem immer stärker werdenden Druck, die Bedrohung Israels durch die Scud-Raketen zu beseitigen, und der Ankunft der US-Bodentruppen am Kriegsschauplatz änderte sich die Ansicht Schwarzkopfs. Er wurde sich dessen bewusst, dass genau

geplante Überraschungsangriffe durch bestens ausgebildete Soldaten in der Tat die Scud-Bedrohung sehr effektiv eindämmen konnten. Er sah auch, dass die Zusammenarbeit mit den Luftunterstützungs-Crews, sei es von der US Air Force, der US Army, der Royal Air Force oder dem Army Air Corps, ausgezeichnet funktionierte.

Schwarzkopf betrachtete Spezialeinheiten nicht mehr bloß als effektvolle Show, vergleichbar einer Fliege, die um den Kopf des Feindes schwirrt; sie waren vielmehr, wie General Allenby bei seinem Feldzug gegen die ottomanischen Türken 1917 bemerkt hatte, eine bedeutende strategische Stütze. Schwarzkopf stellte in einem Brief an den Oberkommandierenden der britischen Streitkräfte im Golf, Air Vice Marshal Sir Patrick Hine, fest, das es dem SAS gelungen war, »den mittleren Korridor im Westirak gänzlich von Scud-Einheiten zu befreien«. Die Zusammenarbeit von SAS- und US-Spezialeinheiten funktioniere derart gut, dass man den »Feind davon überzeugte, dass er im Westirak Streitkräften in der zehnfachen Stärke als der tatsächlichen gegenüberstünde. Als Folge waren viele feindliche Truppen, die ansonsten am östlichen Kriegsschauplatz eingesetzt worden wären, an den Westirak gebunden.«

SOMALIA

Somalia ist ein ostafrikanischer Küstenstaat, der an den Indischen Ozean und den Golf von Aden grenzt. Die direkten Nachbarn sind Djibouti, Äthiopien und Kenia. In der Kolonialzeit war die westliche und zentrale Nordküste britisch, der Süden italienisches Protektorat.

Während des Zweiten Weltkriegs besetzten die Italiener Britisch-Somaliland. Die Briten drängten die Italiener jedoch wieder zurück und übernahmen auch die Kontrolle über den italienischen Teil, der dann ab 1950 als UNO-Protektorat geführt wurde. 1960 entließen Großbritannien und Italien die Gebiete in die Unabhängigkeit, die sich zur Republik Somalia zusammenschlossen.

In einer Zeit politischer Unruhen und wirtschaftlicher Schwierigkeiten kam es 1969 zur Ermordung des Präsidenten, woraufhin das Militär unter Major General Mohammed Siad Barre die Macht übernahm. Das Land wurde eine sozialdemokratische Republik und kooperierte eng mit der Sowjetunion. In den 1980er-Jahren begannen mehrere Rebellengruppen den bewaffneten Kampf gegen die Barre-Regierung. Der Norden des Landes erklärte sich einseitig unter dem Namen Republik Somaliland als unabhängig. In Mogadischu unterstützen mehrere Splittergruppen einerseits Mohammed Ali Mahdi und andererseits Mohammed Farah Aidid, den Anführer der SNA (Somali National Alliance). Der darauf folgende Bürgerkrieg, der auch noch von einer Dürre begleitet war, forderte 1992 den Tod von etwa 300.000 Menschen.

1991 hatte der UN-Generalsekretär offizielle Vertreter gesandt, um die Zustimmung für eine UN-Mission und humanitäre Hilfsaktionen zu erreichen. 1992 wurde in Somalia mit der so genannten Operation der Vereinten Nationen in Somalia (UNOSOM) begonnen. Während der weiterhin erbitterten Kämpfe zwischen den verschiedenen Gruppen wurden die Hilfskonvois von den lokalen Rebellenführern und ihren Anhängern immer wieder angegriffen. Daher war es für nichtstaatliche Organisationen und die Vereinten Nationen extrem schwierig, die lokale Bevölkerung mit den so dringend benötigten Hilfsgütern zu versorgen.

Im September 1992 landete eine UN-Truppe, bestehend aus etwa 500 pakistanischen Sicherheitskräften, in Somalia, und im November 1992 übernahmen die Vereinigten Staaten die Leitung der Mission, deren Aufgabe es war, die humanitäre Versorgung zu organisieren und Hilfskonvois und Auslieferungslager in ganz Somalia zu schützen.

Militärische Einmischung der USA

Mitglieder der amerikanischen 5th Special Forces Group (Airborne) waren bereits zu einem frühen Zeitpunkt bei der Sicherung von Flügen mit humanitären Hilfsgütern beteiligt. Sie begannen auch mit der verdeckten Aufklärung von Flughäfen und weiteren Einrichtungen, die für einen zukünftigen Einsatz von US-Streitkräften von Bedeutung sein könnten.

Am 3. Dezember 1992 wurde in Form der Resolution 794 des UN-Sicherheitsrates die Vollmacht erteilt »alle erforderlichen Mittel anzuwenden, um ehestmöglich sichere Voraussetzungen für die Gewährung der humanitären Unterstützung in Somalia herzustellen«.

Der Sicherheitsrat autorisierte die Mitgliedsstaaten, die so genannte Unified Task Force (UNITAF) zu bilden. Sie wurde von den Vereinigten Staaten geleitet und umfasste sowohl US-Truppen als

Gegenüberliegende Seite: Demonstranten gehen 1993 auf die Straße, um nach Gewaltanwendung in der somalischen Hauptstadt Mogadischu die nationale Regierung zu unterstützen.

auch UN-Truppen von 23 Nationen. Die ersten UNI-TAF-Einheiten kamen am 9. Dezember 1992 an. Ihre Mission, Operation Restore Hope, war es, in ganz Somalia sichere Verhältnisse für humanitäre Hilfsaktionen zu schaffen. Dies war im Kapitel VII der neuen UN-Charta festgelegt worden und die Vereinigten Staaten stellten die notwendige organisatorische und logistische Infrastruktur zur Verfügung.

Am 9. Dezember landeten etwa 1500 Soldaten der US Marines und US Navy SEALs. Hinzu kam die 2. Brigade der 10. US-Gebirgsjägerdivision, bestehend aus 10.000 Soldaten einschließlich Luft-

flotte und Artillerie. Insgesamt standen etwa 38.000 Soldaten verschiedener Mitgliedsstaaten unter dem UNITAF-Kommando.

Erste Erfolge

Bis Februar 1993 war bereits ein beträchtlicher Fortschritt erzielt worden. Man hatte Waffen konfisziert, die Sicherheit für humanitäre Hilfsmaßnahmen und Versorgungslager verbessert und konnte auch eine teilweise Unterstützung der Clanchefs für die Hilfsmaßnahmen erreichen. Das Land war in neun Hilfssektoren unterteilt, denen je ein Infanteriebataillon zugeteilt war. Obwohl mehrere politische Parteien bereit waren, im März einer Konferenz der nationalen Versöhnung beizuwohnen, blieb die erbitterte Rivalität zwischen den Bürgerkriegsparteien General Mohammed Farah Aidids und Ali Mahdis bestehen. Die UNITAF war nur

Soldaten des 9th Psychological Operations Battalion (PSYOPS) patrouillieren im Schutz von Humvees in einer Straße in Kismayo, Somalia.

autorisiert, die humanitären Maßnahmen zu unterstützen, aber nicht, sich in den Streit zwischen den Parteien einzumischen.

Im Januar stellte der Special Operations Command Central in Mogadischu die JSOFOR (Joint Special Operations Forces – Somalia) auf, um alle Spezialeinsätze in Somalia koordinieren und kontrollieren zu können. Es wurden Teams von Spezialeinheiten in die neun Hilfssektoren entsandt, um mit den dort stationierten Blauhelmen zusammenzuarbeiten und PSYOPs (Psychological Operations) und Öffentlichkeitsarbeit durchzuführen. Die ODA (Operational Detachment A) der 5th Special Forces Group (Airborne) setzte in jeder Region, einschließlich der von kanadischen und australischen Soldaten kontrollierten Regionen Beledweyne und Baidoa, Teams von etwa 12 Soldaten von Spezialeinheiten ein.

Es gab bereits ermutigende Zeichen, dass durch den Einsatz der Blauhelme trotz der gärenden Spannungen zwischen den verschiedenen Bürgerkriegsparteien wieder ein gewisser Grad von Normalität Einzug in Somalia halten könnte. Vom militärischen Standpunkt aus erwies sich Operation Restore Hope als Erfolg. Obwohl die Resolutionen des Kapitels VII der UN-Charta auch die Anwendung von Gewalt autorisiert hatten, so wirkte bereits die Präsenz der gut ausgerüsteten und bestens ausgebildeten Streitkräfte als Abschreckung für jene, die gerne die friedlichen Hilfsmaßnahmen gestört hätten. Die UNITAF war jedoch nicht als Langzeit-Mission geplant. Es waren Verhandlungen im Gange, die Autorität wieder der UNOSOM-Mission (United Nations Operation in Somalia) zu übertragen.

Es gab jedoch weiterhin Drohungen der Bürgerkriegsparteien und man befürchtete, dass der Bürgerkrieg wieder voll zum Ausbruch käme, sobald die Mission der UNITAF beendet wäre. Deshalb wurde auf Basis von Kapitel VII der UN-Charta die UNOSOM-II-Mission eingerichtet, die auch zur Anwendung von Zwangsmaßnahmen autorisiert war. Die US-Präsenz im Land wurde entschieden verkleinert. Eine taktische US-Eingreiftruppe, die dem neuen UNO-Kommandanten Generalleutnant Bir als logistische Unterstützung zur Verfügung gestellt wurde, und die 10. US-Gebirgsjägerdivision blieben im Lande. Obwohl General Aidid das Übereinkommen der ersten Sitzung der Konferenz der Nationalen Versöhnung in Somalia am 27. März 1993, das auch eine Entwaffnung vorsah, unterschrieben hatte, weigerten sich seine Milizen, die Waffen abzugeben. Die schwelenden Spannungen

HMMWV

Der M998 Truck High Mobility Multipurpose Wheeled Vehicle (HMMWV), meist Humvee genannt, wurde seit 1985 produziert. Er wurde für die US-amerikanische Armee entwickelt, um den M151 Jeep und andere leichte Fahrzeuge wie etwa Aufklärungsfahrzeuge zu ersetzen. Die unzähligen Varianten des Humvee erfüllen dabei eine fast unüberschaubare Vielzahl von Einsatzaufgaben. Das Spektrum reicht von Truppentransportern und Ambulanzfahrzeugen bis hin zu Spezialversionen für die Montage von TOW-Raketenabschussrampen. Die Breite des Fahrzeugs und seine große Bodenfreiheit sollen auch bei hoher Nutzlast eine außerordentliche Mobilität im Gelände gewährleisten. Während er die erwähnten Aufgaben bestens erfüllen kann, zeigte der Humvee in Somalia Schwächen – er konnte bereits mit Handfeuerwaffen, geschweige denn mit Panzerabwehrwaffen, wie RPGs, leicht angegriffen werden. Nachdem ihre Forderung nach gepanzerten Fahrzeugen zurückgewiesen worden war, musste die Task Force Ranger auf Schützenpanzer der malaysischen und pakistanischen Kontingente zurückgreifen. Wenn auch aufgerüstete Versionen des Humvee hergestellt werden, so hat die Zunahme der Häuserkämpfe zum Ruf nach einem besser gepanzerten Fahrzeug geführt, das leichte Aufklärung durchführen und trotzdem gegen Handfeuerwaffen und andere Angriffe geschützt ist. Zu jenen Fahrzeugen gehören Force Protection Cougar 4x4 and 6x6, die kürzlich von amerikanischen und britischen Streitkräften bestellt wurden.

gingen bald wieder in nackte Gewalt über. Aidids Milizen griffen pakistanische UN-Soldaten an, wobei 25 Mann getötet und 54 verwundet wurden. 10 pakistanische Soldaten gelten noch immer als vermisst. Die Resolution 837 des Sicherheitsrats vom nächsten Tag autorisierte die UN-Sonderorganisationen, die für die Angriffe Verantwortlichen zu verhaften und vor Gericht zu stellen.

Überschreitung der »Mogadishu Line«

Die UN-Einheiten unternahmen nun eine Aktion, die danach als Übertreten der »Mogadishu Line« in die Geschichte einging. Gemeint dabei ist, dass sie anstatt der bisherigen defensiven friedenserhaltenden eine offensive, vermeintlich friedensstiftende, Haltung einnahmen. Auf diese Weise überschritten sie eine virtuelle Grenze, sodass sie nun nicht mehr als neutrale Vermittler, sondern als Kampfbeteiligte angesehen wurden. Bewaffnete

Angehörige einer luftbeweglichen Ranger-Einheit der US Army patrouillieren mit einem Black-Hawk-Hubschrauber. Diese Hubschrauber erwiesen sich als leicht durch RPGs angreifbar.

pakistanische und italienische Einheiten hatten den Auftrag, Waffen zu zerstören, und die Schützenflugzeuge C-130 Hercules und AC-130 der amerikanischen Luftwaffe führten Schläge auf Waffendepots in Mogadischu und Sendeanlagen der Bürgerkriegspartei Aidids durch. Am 17. Juni wurde ein Haftbefehl für General Aidid ausgestellt. Nun waren die Würfel gefallen.

Als am 12. Juli amerikanische Kampfhubschrauber einen Angriff auf eine weitere Anlage Aidids durchführten, ermordeten aufgebrachte Somalier vier Journalisten, die vom Schauplatz aus berichteten.

Eine »Task Force 3-25 Aviation« genannte Einheit wurde zusammengestellt, um Patrouillen durchzuführen, Aidid aufzuspüren und ihn gefangen zu

nehmen. Als Antwort darauf tötete die Miliz Aidids vier US-Militärpolizisten. Nun war allen ausreichend klar, dass man sehr hoch gepokert hatte. Da Aidids Streitkräfte über Panzerabwehrraketen, Fliegerabwehrkanonen, Mörser und leichte Artilleriegeschütze verfügte, musste mit den besten zur Verfügung stehenden Kräften vorgegangen werden.

Task Force Ranger

Eine aus Mitgliedern der Delta Force und den US Army Rangers zusammengestellte Einsatzgruppe mit dem Codenamen Task Force Ranger wurde am 22. August 1993 nach Somalia entsandt. Ihre Aufgabe war es, General Aidid und seine Vertrauten festzunehmen und sie der UNOSOM-II-Mission zu übergeben, sodass sie vor Gericht gestellt werden konnten. Task Force Ranger stand unter direktem US-Kommando und war nicht in das UNOSOM-II-Kommando eingebunden. Die TFR-Einheit arbeitete jedoch eng mit UNOSOM II und ihrer schnellen Eingreiftruppe zusammen.

Die Task Force Ranger bestand aus dem 75th Ranger Regiment, 1st Special Forces Operational Detachment – Delta (Airborne), US Navy SEALs, dem 160th SOAR-Regiment (Airborne) und Soldaten von Special-Tactics-Einheiten.

Die Task Force Ranger führte Aktionen in Mogadischu aus, um führende Militärs von Aidids Bürgerkriegspartei zu verfolgen. Am 21. September konnte sie einen seiner Offiziere festnehmen. Verständlicherweise reagierte Aidids Armee mit noch mehr Gewalt. Die US Rangers und Delta-Force-Soldaten waren keine leichten Ziele, weshalb sich der Zorn Aidids auf UN-Personal und ihre Fahrzeuge richtete. Pakistanische und amerikanische Soldaten der Schnelleingreiftruppe wurden am 8. September bei einer Straßensperre mit RPGs (raketengetriebene Granaten) und Handfeuerwaffen angegriffen. Noch beunruhigender war ein Angriff, der von einer aufgebrachten Menge von Zivilpersonen begleitet wurde. Ein weiteren Angriff führte Aidids SNA auf das von der Task Force Ranger benutzte Flugfeld durch. Am 25. September wurde ein amerikanischer Black-Hawk-Hubschrauber abgeschossen, wobei drei Soldaten ums Leben kamen.

Aufgrund der eskalierenden Gewalt forderte der Kommandant der Task Force Ranger, General Montgomery, vom US-Verteidigungsministerium gepanzerte Unterstützung an, die allerdings zu jenem Zeitpunkt verweigert wurde. Vielleicht dachte man, dies würde eine noch größere psychologische Barriere zwischen den bewaffneten Einheiten und der lokalen Bevölkerung erzeugen.

Der letzte Angriff

Man berichtete, dass ein somalischer Agent die CIA über ein am 3. Oktober um 15:00 Uhr geplantes Treffen mehrerer wichtiger Berater Aidids in der Nähe des Olympic Hotels in Mogadischu informierte.

Teile der Task Force machten sich für eine genau abgesprochene Aktion bereit. Die Sicherungs- und Angriffstrupps verließen mit 14 Hubschraubern die Basis. Auch der Fahrzeugkonvoi am Boden fuhr zur gleichen Zeit los. Insgesamt waren etwa 75 Ranger und 40 Delta-Force-Soldaten im Einsatz. Als sich die Hubschrauber über dem Ziel befanden, seilten sich Ranger-Teams mittels Fast Roping ab,

Die amerikanische Task Force Ranger konzentrierte sich auf die Jagd nach Mohammed Farah Aidid, den Führer der SNA (Somali National Alliance).

um die Eckpunkte des Gebäudes zu sichern und die Zufahrtsstraßen zu sperren.

Männer der Delta Force wurden aus AH-6J-Little-Bird-Helikoptern des 160th SOAR-Regiment direkt am und auf dem Gebäude abgesetzt. Sie stürmten das Gebäude und nahmen 24 Mitglieder der SNA fest. Diese wurden zum wartenden Fahrzeugkonvoi gebracht.

Bis dahin verlief alles nach Plan. Doch dann gingen zwei Fahrzeuge des Konvois, ein Fünf-Tonner und ein Humvee-Geländefahrzeug, durch Treffer von RPGs verloren. Als die Bodentruppen dabei waren, die Verhafteten in die Fahrzeuge zu drängen, wurde ein MH-60 Black Hawk, der über dem

Der kleine, wendige AH-6J-Little-Bird-Hubschrauber war das ideale Transportmittel, um ein Team einer Spezialeinheit in städtischem Gebiet abzusetzen und wieder aufzunehmen.

Konvoi kreiste, ebenfalls von einer RPG getroffen. Der Hubschrauber stürzte ein paar Häuserblocks nordöstlich des Gebäudes zu Boden.

Die Ranger, die das Gebäude gesichert hatten, waren ebenfalls unter Feuer genommen worden. Zudem war bereits ein Opfer zu beklagen, als einer der Soldaten beim Aussteigen das Seil verfehlte und abstürzte. Trotz der vereinzelten Schüsse versammelte sich eine immer größere Menschenmenge, darunter viele Frauen und Kinder.

Als der MH-60-Hubschrauber abstürzte, lief ein 6-Mann-Bodentrupp der Task Force zum Wrack.

Außerdem setzte ein weiterer MH-60-Black-Hawk-Hubschrauber mittels Fast Roping ein CSAR-Rettungsteam (Combat Search and Rescue Team), bestehend aus Rangern und Delta-Force-Soldaten, ab.

Zwei Crew-Mitglieder des abgeschossenen MH-60 wurden schließlich von einem AH-6J-Little-Bird-Helikopter gerettet. Während zwei Soldaten des Rettungsteams sich noch in den Seilen befanden, wurde auch dieser Hubschrauber von einer RPG getroffen und musste beschädigt zur Basis zurückkehren.

Das CSAR-Team war gerade noch rechtzeitig angekommen, da auch die rachsüchtigen SNA-Milizionäre sich auf jene Stelle zu bewegten. Beim abgestürzten Hubschrauber angekommen feuerten sie mit RPGs und Handfeuerwaffen auf das Rettungsteam. Inzwischen hatte ein amerikanischer Fahrzeugkonvoi versucht, zur zweiten Absturzstelle durchzukommen. Allerdings konnten sich die Soldaten in den Straßen Mogadischus nur schwer orientieren, kamen unter schweren Beschuss und konnten die Straßensperren nicht durchbrechen. Sie verloren dabei zwei Fünf-Tonner und mussten zahlreiche Verluste hinnehmen.

Die ursprünglich zur Sicherung des Gebäudes eingesetzten Ranger konnten das Flugzeugwrack jedoch – sie hatten auf dem Weg allerdings ebenfalls Opfer zu beklagen – zu Fuß erreichen und die Hubschrauber-Crew bei der Abwehr unterstützen.

Abschuss eines zweiten Black Hawk

Ein weiterer MH-60, der über der ersten Absturzstelle schwebte, wurde ebenfalls von einer raketengetriebenen Granate getroffen und stürzte südlich der ersten Absturzstelle ab.

Obwohl sofort eine Schnelleingreiftruppe, bestehend aus Delta-Force-Soldaten und Rangern, in einem Fahrzeugkonvoi vom Stützpunkt am Flughafen zur Absturzstelle fuhr, erreichte dieses Mal die vom aufgebrachten Mob begleitete SNA-Miliz die Stelle zuerst. Trotz der in diesem Gebiet begrenzten Rettungs-Luftstaffeln konnte ein MH-60-Hubschrauber zwei Delta-Force-Soldaten etwa 90 m von der ersten Absturzstelle entfernt absetzen.

Der MH-60 wurde nahezu unmittelbar darauf von einer RPG getroffen. Es gelang ihm nur mit Mühe, das Hauptquartier zu erreichen und dort eine Bruchlandung zu machen. Die beiden Delta-Force-Soldaten versuchten, das zweite Wrack zu verteidigen. Obwohl sie zu den am besten ausgebildeten Männern der US Army gehörten, standen ihre Chancen gegenüber dem aufgebrachten Mob schlecht. Sie wurden von der SNA-Miliz und der Menschenmenge überrannt und getötet. Auch die Crew des abgestürzten Hubschraubers wurde bis auf den Piloten, der gefangen genommen wurde, getötet.

Die US-amerikanische Schnelleingreiftruppe, bestehend aus Soldaten des 2. Bataillons, der 4. Infanterie- und der 10. Gebirgsjägerdivision, wurde ebenfalls zur zweiten Absturzstelle geschickt. Der Konvoi kam jedoch unter massiven Beschuss durch die SNA und konnte keinen Weg durch die Blockaden finden. Die 10. Gebirgsjägerdivision musste schließlich wieder zur Basis zurückkehren. Es befanden sich allerdings noch immer etwa 90 Ranger und Delta-Force-Soldaten bei der ersten Absturzstelle, die sich gegen die Angriffe der Somalis

wehrten. Der Task-Force-Ranger-Kommandant rief pakistanische und malaysische UN-Kontingente zu Hilfe, da diese die Einzigen im Gebiet waren, die über Panzerfahrzeuge verfügten.

Aufgrund der Komplexität des Straßensystems von Mogadischu und der durch den Schusswechsel entstandenen Verwirrung dauerte es mehrere Stunden, bis gemeinsam mit den pakistanischen und malaysischen Blauhelmen ein Einsatzplan einschließlich koordinierter Aktionen zur Rettung der abgeschnittenen amerikanischen Soldaten zusammengestellt werden konnte.

Schließlich setzte sich ein Konvoi von UN-Kontingenten und der 10. Gebirgsjägerdivision vom Neuen Hafen, nur 1,6 km südöstlich der ersten Absturzstelle, in Bewegung. Das Rettungsteam bestand aus vier pakistanischen Panzern, 24 malaysischen Schützenpanzern, zwei leichten Infanterie-Kompanien, der 10. Gebirgsjägerdivision und 50 Angehörigen der Task Force Ranger. Die Rettungseinheit wurde in der Luft von Hubschraubern der Typen AH-1 Cobra, UH-60 Black Hawk und OH-58A Kiowa begleitet.

Sobald der Rettungskonvoi die National Street erreicht hatte, teilte er sich in zwei Kolonnen. Eine begab sich zur ersten und die andere Kolonne zur zweiten Absturzstelle. Einige malaysische Fahrzeuge der Kolonne verirrten sich in den Straßen, so-

AH-6J »LITTLE BIRD«

Der als »Little Bird« bekannte AH-J6-Hubschrauber wurde eigens für Spezialeinheiten entwickelt. In dem kleinen Hubschrauber können bis zu sechs Mann transportiert werden, die auf den beiden seitlich des Rumpfes gelegenen Sitzplattformen für je drei Personen Platz finden. Sein Hauptvorteil ist seine Wendigkeit, weshalb er auch in bebauten Gebieten oder anderen begrenzten Räumen fliegen kann, die größere Hubschrauber nicht erreichen würden. Hinter seiner winzigen Erscheinung versteckt sich eine beeindruckende Bewaffnung. An den Waffenstationen des Little Bird können verschiedene Systeme montiert werden: M-60-Maschinengewehre, M134-Miniguns, zwei 12,7-mm-Maschinengewehre, zwei Hydra-70-Raketen, TOW-Raketen oder auch zwei Hellfire-Raketen. Der Hubschrauber ist mit einem GPS-Inertial-Navigationssystem und FLIR (Forward-looking Infrared) ausgestattet, um bei jedweden Sichtbedingungen und auch in der Nacht einsatzbereit zu sein – wie beim 160th SOAR-Regiment, bei welchem der Little Bird hauptsächlich im Einsatz ist, gefordert wird.

dass die Soldaten ihre Fahrzeuge verlassen und in einem Gebäude Deckung suchen mussten.

Nach etwa zweieinhalb Stunden war die erste Kolonne etwa 500 m von der geschätzten ersten Absturzstelle entfernt und die Soldaten stiegen aus, um sich durchzukämpfen.

Die zweite Kolonne konnte, als sie an der zweiten Absturzstelle ankam, nur noch einen ausgebrannten Hubschrauber und Blutflecken vorfinden. Um 01:55 Uhr hatte sich die 10. Gebirgsjägerdivision bis zum ersten Hubschrauberwrack durchgekämpft und konnte die Rettungsmaßnahmen unterstützen, indem sie die Rundumverteidigung gegen Angriffe der SNA aufrechterhielt. Die sich darüber in der Luft befindlichen Kampfhubschrauber AH-6 und AH-1 setzten Aktionen, um den Feind abzulenken, zum Teil auch mittels Raketen. Die Verwundeten wurden in die Schützenpanzerwagen geladen und der Konvoi fuhr in Richtung des pakistanischen Hauptquartiers, das sich etwa 1200 m nordöstlich des Einsatzortes im Fußballstadion befand. Die 10.

Gebirgsjägerdivision und die Ranger bewegten sich nun zu Fuß, konnten aber Panzerfahrzeuge als Deckung verwenden. Nach einem erbitterten Kampf gegen SNA-Milizionäre konnten sie um 06:30 die Basis erreichen.

Die Opfer der Task Force Ranger vom 3. und 4. Oktober beliefen sich auf 16 Tote und 12 Verwundete. Die 10. Gebirgsjägerdivision hatte zwei Tote und 22 Verwundete, das malaysische Kontingent zwei Tote und sieben Verwundete und das pakistanische Kontingent zwei Verwundete zu beklagen. Man schätzt, dass mehr als 1000 Somalis fielen.

Ankunft der gepanzerten Fahrzeuge

Als direkte Folge der Erfahrung der Task Force Ranger wurden sofort US-Panzer nach Somalia ge-

Zwei von einem AH-1-Cobra-Kampfhubschrauber abgeschossene 70-mm-FFARs (Raketen mit ausklappbaren Stabilisatoren) steuern ihr Ziel an.

Somalische Zivilisten untersuchen das Wrack eines Black-Hawk-Hubschraubers der US Army, der in Mogadischu mit einer raketengetriebenen Granate abgeschossen wurde.

schickt. Dazu gehörte die 24th Infantry Division (Mechanized), die mit Bradley Fighting Vehicles und M1-Abrams-Panzern ausgerüstet war. Zudem schickte man AC-130-Schützenflugzeuge, Verstärkung für die 10. Gebirgsjägerdivision, eine Marine Expeditionary Unit und Verstärkungen für die Spezialeinheiten.

Die Vereinten Nationen beschlossen, das Mandat für die UNOSOM-II-Mission auch angesichts der anhaltenden Probleme und des ausbleibenden Erfolgs zu verlängern. Die Vereinigten Staaten planten indes trotz der nunmehr entsandten Panzerfahrzeuge nicht, längere Zeit im Land zu bleiben. Sie zogen am 31. März 1994 ihre Kampftruppen und den Großteil ihrer Unterstützungsorganisationen ab. Der Abzug der amerikanischen Truppen hatte ernsthafte Auswirkungen auf die zukünftige Überlebensfähigkeit der UNOSOM II als friedenserhaltende Kraft, die nun nicht einmal mehr 20.000 Soldaten für das ganze Land zur Verfügung hatte. Belgien, Frankreich und Schweden hatten ihre Kon-

tingente bereits früher abgezogen. Nach den Ereignissen bei der »Schlacht von Mogadischu« war kein Staat mehr gewillt, seine Truppen einem ähnlichen Debakel, wie es der Task Force Ranger zugestoßen war, auszusetzen. Das Mandat der UNOSOM II wurde geändert, um es den neuen Gegebenheiten anzupassen. Gewalt durfte von den Blauhelmen nun nur noch für die Selbstverteidigung ausgeübt werden, aber nicht mehr um Waffen zu konfiszieren oder Milizführer zur Verantwortung zu ziehen.

Viel hing nun von der Zusammenarbeit der konkurrierenden Bürgerkriegsparteien ab. Es wurde jedoch bald klar, dass eine solche Kooperation nicht zu erwarten war.

Als die US-Truppen aus dem Land waren, war es nahezu unvermeidlich, dass die Bürgerkriegspar-

10. US-GEBIRGSJÄGERDIVISION

Diese Division wurde 1943 aufgestellt und stand im Zusammenhang mit dem bereits 1941 gegründeten 87th Mountain Infantry Regiment. Die Gebirgsjägerdivision war Ende des Zweiten Weltkriegs in Italien erfolgreich im Einsatz, wo ihre Soldaten zur Sicherung höher gelegener Gebiete geschickt ihr skifahrerisches Können nutzten. 1958 wurde die Einheit deaktiviert und erst 1984 in Fort Drum, New York, als 10th Mountain Division (Light Infantry) wieder reaktiviert. Als ob man versuchte, die Zeit dazwischen nachzuholen, wurde die 10. Gebirgsjägerdivision nun bei sehr vielen Operationen, angefangen bei den Operationen Desert Shield und Desert Storm 1990, bei der Operation Restore Hope in Somalia, in Haiti, Bosnien und kürzlich in Afghanistan und im Irak eingesetzt.

teien sich wieder im Blutrausch gegenüberstanden. Die humanitären Hilfsaktionen kamen zum Erliegen. Die Geduld des UN-Generalsekretärs ging zu Ende und es war nur noch eine Frage der Zeit, wann die Hilfe für Somalia endgültig abgezogen würde. Die letzte Verlängerung des UNOSOM-II-Mandats lief am 31. März 1995 aus.

Erfahrungen der Task Force Ranger

Die Erfahrungen der Task Force Ranger spiegelten im Kleinen auch die Erfahrungen der ganzen UN-Friedensmission in Somalia wider. Es waren UN-Kontingente zur Friedenserhaltung angekommen, die auch mit der Friedensstiftung beauftragt worden waren. Sie sollten die Mehrheit des somalischen Volkes vor ihren eigenen Landsleuten beschützen, die Hilfskonvois überfielen und auch anderweitig die Hilfsmaßnahmen störten. Trotz des menschlichen Leids, das sie umgab, konnten sich die Bürgerkriegsparteien nicht dazu überwinden, ihre endlose Rivalität und den Kampf um die Macht zu beenden. Daher konnten die Hilfsorganisationen ihre Arbeit nur noch unter dem Schutz von UN-Sicherheitskräften durchführen. Der Einsatz von Gewalt für die Friedenserhaltung in Somalia war anfangs beschränkt und auch die dafür nötigen Streitkräfte reagierten sehr zurückhaltend. Nach dem erfolgreichen Feldzug am Golf, bei dem Saddam Husseins Streitkräfte wieder aus Kuwait verdrängt worden waren, dachte Präsident Bush senior, den US-Streitkräften würde es in Somalia gelingen, die Sicherheit wiederherzustellen, sodass man auch das Hilfsprogramm fortsetzen könne. Er hatte jedoch kein längerfristiges Engagement vor. Die UN-Interventionen in Form der UNOSOM I und UNOSOM II verfolgten dieselben Ziele, jedoch sollten die Hilfsmaßnahmen Teil eines größer gesteckten UN-Plans sein, der die Schaffung einer lebensfähigen Regierung sowie die Wiederherstellung von Recht und Ordnung in Somalia zum Inhalt hatte.

Der verstärkte Einsatz bewaffneter Einheiten war anfangs erfolgreich, da sich die Milizen von ihrer Präsenz abschrecken ließen. Auch die internationalen Hilfsorganisationen konnten einige Fortschritte erzielen. Wenn auch bereits schreckliches menschliches Leid herrschte, so konnten die Hilfsorganisationen doch eine weitere Verschlechterung verhindern und retteten auf diese Weise Millionen von Menschenleben.

Bestehen blieb jedoch der ursächliche Hass der Bürgerkriegsparteien aufeinander, der sich aber auch gegen die UNO und die US-Sicherheitskräfte richtete. Obwohl die lokale Bevölkerung den Milizen gegenüber nicht besonders wohlgesonnen war, so war ihre Haltung gegenüber den UN-Sicherheitskräften zwiespältig und später sogar feindselig.

Den durch die Beschlagnahme ihrer Waffen herausgeforderten Kampfparteien gelang es schließlich, die UN- und US-Streitkräfte zu mehr Gewaltanwendung zu provozieren. Für die Sicherheitskräfte war es sehr schwierig, zwischen den Aufständischen und der lokalen Bevölkerung zu unterscheiden. Die Aufständischen nutzten jedoch jede Gelegenheit, sich in der Menge zu verstecken oder die Menge gegen die fremden Truppen aufzustacheln.

Als man General Aidid als einen der Hauptverantwortlichen für die Angriffe auf die Sicherheitskräfte identifizierte, konzentrierten sich die politisch und militärisch Verantwortlichen der Vereinigten Staaten auf seine Gefangennahme – als wenn dies der Schlüssel für die Lösung der Krise gewesen wäre. Aidid wurde zur Hassfigur der Amerikaner, ganz ähnlich wie es zuvor bei Saddam Hussein oder Gaddhafi der Fall gewesen war. Vielleicht gehört es zur menschlichen Natur, eine bestimmte Persönlichkeit zu dämonisieren und diese dann für die von einer bestimmten Region ausgehenden Bedrohungen verantwortlich zu machen. Als die Amerikaner glaubten, sie hätten 2003 im Irak Saddam Hussein besiegt, so war dies eine gefährliche Illusion.

Die Jagd nach Aidid war eine Ablenkung von den weiter gesteckten Aufgaben der gemeinsamen UN- und US-Präsenz in Somalia. Diese bestanden darin, Sicherheit für humanitäre Hilfsaktionen und Voraussetzungen herzustellen, in der die lokalen

Parteien ihre Differenzen beilegen und eine Grundlage für Frieden und Wiederaufbau schaffen könnten. Hier jagte man jedoch einem Trugbild nach. Die lokalen Parteien teilten nicht die hohen Ideale der UNO, sondern wollten um jeden Preis die Macht an sich reißen.

Die Jagd nach Aidid hatte zur Folge, dass zwischen den Sicherheitskräften, die gewaltsam Miliz-Mitglieder festnahmen, und der lokalen Bevölkerung eine tiefe Kluft entstand. Diese von Delta-Kommandos und Rangern mit Luftunterstützung des 160th SOAR-Regiments durchgeführten Paradeaktionen verliefen äußerst erfolgreich. Sie wurden jedoch in derartiger Regelmäßigkeit vorgenommen, dass es nicht lange dauerte, bis dem SNA einfache, aber sehr effektive Gegenmaßnahmen einfielen. Obwohl raketengetriebene Granaten (RPGs) eigentlich für die Panzerabwehr entworfen wurden, so war auch ein Black-Hawk-Hubschrauber ein geeignetes Ziel, das groß genug und vor allem, wenn es über einem Einsatzort schwebte, auch relativ leicht zu treffen war. Ungepanzerte Fahrzeuge wie Humvees oder Fünf-Tonner waren ebenfalls gute Ziele für RPGs, wovon die Aufständischen in Mengen auf Lager hatten.

Die US-Soldaten der Task-Force-Ranger-Gruppe waren im Land, um humanitäre Hilfsaktionen zu unterstützen und die Menschen von Somalia zu schützen. Unglücklicherweise war es jedoch den Aufständischen gelungen, das somalische Volk gegen diese Soldaten aufzuwiegeln. Obwohl die Operation am 3. Oktober anfangs korrekt und erfolgreich durchgeführt worden war, verwandelte sie sich im weiteren Verlauf in einen direkten Kampf gegen die Aufständischen und die in Mogadischu lebende somalische Bevölkerung.

Die lokale Bevölkerung hatte auch den Vorteil, alle kleinen Gässchen und Hintereingänge in ihrer Stadt wie ihre eigene Hosentasche zu kennen. Daher ist es nicht überraschend, dass die amerikanischen und malaysischen Kontingente während der Schlacht buchstäblich verloren gingen. Ein wichtiger Leitsatz für Spezialeinheiten ist es, sich nicht mit einer Überzahl feindlicher Truppen in einen Kampf verwickeln zu lassen. Diese bestens ausge-

Ein Soldat der 2. Brigade der 10. Gebirgsjägerdivision gibt Deckung, während ein C-130 Hercules des Luftkommandos der kanadischen Streitkräfte 1993 in Mogadischu abhebt.

bildeten und durchtrainierten Soldaten werden in den meisten militärischen Disziplinen einem normalen Soldaten überlegen sein. Ein einzelner Soldat – auch wenn er über jahrelange Erfahrung in Elite- oder Spezialeinheiten verfügt – kann jedoch nicht gegen eine Armee ankämpfen. Eine große Überzahl von feindlichen Soldaten wird auch den besten Mann überwältigen können.

Bei der zweiten Absturzstelle versuchten zwei Delta-Force-Mitglieder, den Hubschrauber zu verteidigen. Nicht zuletzt durch die begrenzte Munition waren sie bald ausgesuchte Ziele für den Mob, der nun gegen dieselben Menschen vorging, die

Somalische Milizionäre neben einem schwer bewaffneten Fahrzeug. Ihre beträchtlichen Waffenvorräte würden sie sehr bald auf die Streitkräfte der USA und der UNO richten.

gekommen waren, um Somalia zu schützen. Während sich die zwei Delta-Force-Männer angesichts dieser Probleme bemühten, ihre verwundeten Teamkameraden zu verteidigen, wurden sie selbst getötet.

Der Titel des Buches und des Films über die Ereignisse in Mogadischu, *Black Hawk Down*, hätte vielleicht in den Plural gesetzt werden sollen. Zwei Black-Hawk-Hubschrauber fielen vom Himmel. Sie konnten sich gegen gut gezielte RPGs und ähnliche Geschütze nicht wehren, die von einer Deckung oder von der Menge aus abgeschossen wurden.

Ein andere Möglichkeit bestand darin, sich mit Fahrzeugen auf der Straße zu bewegen. Dies war jedoch in ungepanzerten Fahrzeugen einem Selbstmord vergleichbar, nachdem die Aufständischen die Menge auf ihrer Seite hatten. Mit einem

unerschöpflichen Waffenarsenal konnte jeder Somali ein Held im Kampf gegen den gemeinsamen Feind aus dem Ausland werden, der gerade dabei war, somalische Landsleute festzunehmen.

Einige Kommentatoren haben gemeint, dass die Task Force Ranger, wäre sie besser ausgerüstet gewesen, weniger Opfer zu beklagen gehabt hätte. Dabei wurden schwerere Waffen erwähnt und die Verwendung von AC-130-Schützenflugzeugen, die mit ihrer Titanpanzerung von RPGs nicht hätten beschädigt werden können. Mit ihren Gatlingkanonen hätte man feindliche Aufrührer schnell unter Kontrolle gehabt. Auch die Bodentruppen hätten mit gepanzerten Fahrzeugen ausgerüstet werden sollen.

Einige dieser Kritikpunkte wurden auch zu Recht geäußert. Wenn die Trupps sich am Boden bewegen mussten, wäre es angesichts der Feindseligkeit der Aufständischen und der lokalen Bevölkerung auch wirklich klug gewesen, gepanzerte Fahrzeuge zu verwenden. Die AC-130-Schützenflugzeuge hätten zur Abschreckung eingesetzt werden können, Soldaten am Boden absetzen konnten sie natürlich nicht. Andererseits sind Flugzeuge wie AC-130 und

Ein amerikanischer UH-60-Black-Hawk-Hubschrauber bei einem gemeinsamen Manöver in Afrika. Bei Operationen in städtischem Gebiet erwies sich der Black Hawk als leicht angreifbar.

A-10 »Tankbuster« für größere Kampfhandlungen mit feindlichen militärischen Streitkräften gebaut und nicht, um Menschenmengen niederzumähen. Auch die Soldaten am Boden hätten nur ungern schwere, leistungsstarke Waffen gegen die Zivilbevölkerung eingesetzt.

Gepanzerte Fahrzeuge waren bereits schon früher für die Task Force Ranger angefordert worden, man wies jedoch diese Anfrage ab. Nach dem 3. Oktober wurden sie dann sehr schnell geliefert. Obwohl bereits klar war, dass die Task Force Ranger sich auf einen Angriff auf General Aidid und seine Berater vorbereitete, waren die Einheiten, die Aidid festnehmen sollten, nur mit Fahrzeugen ausgestattet, die den einfachsten Infanteriewaffen oder auch Handfeuerwaffen schutzlos ausgeliefert waren. Ein genauer Treffer einer RPG konnte zur vollständigen Zerstörung eines Humvee führen, dem Haupttransportmittel der Task Force Ranger.

Achillesferse

Die Erfahrungen der Task Force Ranger offenbarten eine Lücke bei der Ausbildung und Einsatzvorbereitung der US-Army-Einheiten. Diese trat vor dem Hintergrund der erfolgreichen Kampagne im Irak 1991 umso mehr ins Rampenlicht.

Im Irak hatten die Vereinigten Staaten gezeigt, wie sie ihren überwältigenden technologischen Vorsprung nutzen konnten, um einen starken, gut ausgerüsteten Gegner mit möglichst wenig eigenen Opfern zu besiegen. In Somalia war in Anbetracht der Verletzbarkeit von Hubschraubern und Fahrzeugen kaum eine technologische Überlegenheit der US-Einheit vorhanden.

Dazu kam noch, dass die US Army in Somalia, besonders bei der TFR-Operation, einen Fehler beging, den viele Armeen im Laufe der Geschichte immer zu vermeiden suchten, nämlich im Stadtgebiet zu kämpfen. Ein Häuserkampf ist bereits schwierig genug, wenn der Gegner Teil einer regulären Armee ist und in Uniform kämpft. Gegen eine aufständische Armee in einem Stadtgebiet voll von Zivilbevölkerung zu kämpfen, die von den Aufständischen vielleicht noch mit einbezogen wird, bedeutet eine Steigerung des Schwierigkeitsgrads ins Unermessliche.

Die US-Streitkräfte würden weiterhin auf der ganzen Welt präsent sein und Bodenkämpfe größeren Ausmaßes würden auch weiterhin gegen größere Armeen ausgefochten werden, wie etwa bei der Invasion im Irak 2003. Der Feind in Somalia war jedoch nicht wie ein Staat organisiert, der kapitulieren konnte – er verwandelte sich in eine Hydra, deren Köpfe nachwuchsen, sooft sie auch abgeschlagen wurden. Aufstände und asymmetrische Kriegsführung blieben lange Zeit Hauptkomponente von Befriedungsmaßnahmen. Wenn dabei kein Erfolg erzielt werden konnte, waren die Früchte des anfänglichen Sieges verloren.

Das taktische US-Handbuch für Operationen im bebauten Gebiet wurde nach Mogadischu und ähnlichen Herausforderungen, bei welchen sich der amerikanische Goliath dem aufständischen David auf Gedeih und Verderb ausgeliefert sah, umgeschrieben.

Viel Aufwand wurde in die Verbesserung der Ausrüstung gesteckt: Verbesserung der städtischen Tarnuniform, spezielle Ellbogen- und Knieschützer, um das Fortbewegen auf dem harten städtischen Pflaster zu erleichtern, spezielle Stiefel, die besseren Halt boten und Abschürfungen durch Asphalt und andere harte Oberflächen besser widerstanden. Man führte leichtere kugelsichere Westen ein, die eine größere Beweglichkeit gewährleisteten.

Beim Häuserkampf werden Geräusche von Explosionen und Schüssen noch verstärkt und Gebäude können auch den elektronischen Kontakt oder die Sichtverbindung unterbrechen. Daher versuchte man Gehörschutzgeräte zu entwickeln, die unerwünschten Krach wie etwa Schüsse oder Explosionen unterdrückten, während der Anwender sehr wohl Stimmen oder Funknachrichten hören konnte. Sowohl für die amerikanischen als auch für die britischen Streitkräfte war es dringend erforderlich, gepanzerte Fahrzeuge anzuschaffen, die unempfindlich gegen Sprengstoff und andere Gefahren sein würden und ungepanzerte Fahrzeuge wie Humvee und Land Rover zu ersetzen.

Auch die Ausrüstung von Hubschraubern musste verbessert werden. Mit relativ leicht gepanzerten Hubschraubern konnten es sich die Piloten ganz einfach nicht leisten, längere Zeit über möglicherweise feindseligem Stadtgebiet zu schweben.

Und das Wichtigste war, dass die Taktik geändert werden musste. Viel würde auch von im Geheimen gesammelten genauen Informationen abhängen, wobei man auch die enge Kooperation mit Geheimdiensten einschloss. Eingreifteams müssten auf eine Weise arbeiten, dass sie sich in und aus dem Zielgebiet bewegen konnten, ohne dass sie organisiertem oder improvisiertem Widerstand ausgesetzt waren.

Ergänzung

Wenn sich die Task Force Ranger (TFR) auch auf die Jagd eines bestimmten Milizführers konzentrierte, so handelte es sich dabei nur um einen Teil der Operation Restore Hope, die dem somalischen Volk eine Chance für die Zukunft geben sollte. 1993, einen Monat nach der Ankunft der US Marines in Somalia, wurde ein junger Brite, Sean Devereux, von einem der Milizmitglieder in den Rücken geschossen. Der Salesianer Sean Devereux war Lehrer und arbeitete für die UNICEF. Er protestierte offen gegen die Misshandlung des somalischen Volkes. Er versuchte zu verhindern, dass Lebensmittel und andere Versorgungsmittel gestohlen wurden und musste für seinen Einsatz sterben.

Gegenüberliegende Seite: US Marines führen eine routinemäßige Patrouille am Bakara-Markt durch, wo sie nach Waffen und Munition suchen.

BALKANKONFLIKT

Die Völker auf dem Balkan können auf eine lange, komplexe und oft gewaltvolle Geschichte zurückblicken. Je nach Laune des Zufalls waren sie abwechselnd einmal christlichen, einmal muslimischen Einflüssen ausgesetzt und wurden bei den Machtkämpfen zwischen Ost und West aufgerieben. So ist es auch kaum überraschend, dass sich hier der Funke, der den Ersten Weltkrieg auslöste, entzündete. Im Zweiten Weltkrieg fanden hier heftige Kämpfe zwischen den Partisanen und den deutschen Besatzern statt. Indirekt war hierbei auch Großbritannien involviert – der britische Agent Fitzroy Maclean sprang per Fallschirm über Jugoslawien ab, um die Versorgung und den Kampf der jugoslawischen Partisanen zu unterstützen und zu koordinieren. Mehrere deutsche Divisionen waren voll damit ausgelastet, ihre Gegner in der unwegsamen, bewaldeten Gegend zu bekämpfen.

Nach dem Krieg kontrollierte Marschall Tito mit eiserner Faust das Land und konnte mit seiner individuellen Form des Kommunismus eine gewisse Unabhängigkeit vom großen Bruder Sowjetunion erlangen. Titos Tod 1980 bedeutete für Jugoslawien einen Wendepunkt. 1992 hatten Slowenien, Kroatien, Makedonien und Bosnien ihre Unabhängigkeit erreichen können; Serbien und Montenegro erklärten sich zur Föderativen Republik Jugoslawien. Slobodan Milošević hatte 1986 die Kontrolle über die Kommunistische Partei Serbiens übernommen. Er wollte die verschiedenen serbischen Volksgruppen in einer großserbischen Republik vereinigen und war bereit, für die Verwirklichung seines Traums gegebenenfalls auch die Jugoslawische Volksarmee (JNA) einzusetzen. Als Slowenien sich von Jugoslawien abspalten wollte, versuchte Milošević, dies mit Gewalt zu unterbinden. Im zweiten Halbjahr 1991 begannen schwere Kampfhandlungen in Kroatien, als die Jugoslawische Volksarmee zur Unterstützung der Krajina-Serben intervenierte.

Da die Kämpfe andauerten, verfügten die Vereinten Nationen ein Waffenembargo gegen alle Republiken Ex-Jugoslawiens. Nachdem Serbien den Großteil der früheren jugoslawischen Armee und ihr Waffenarsenal übernommen hatte, war nun die Verteidigungsmöglichkeit der anderen Republiken gegenüber serbischen Angriffen beschränkt.

1992 erklärte Bosnien-Herzegowina seine Unabhängigkeit, woraufhin bosnisch-serbische Streitkräfte begannen, das Land zu besetzen. Die bosnischen Serben hatten bald 65% Bosniens und Herzegowinas unter Kontrolle und führten so genannte »ethnische Säuberungen« durch, versuchten also, durch Vertreibung und Mord rein serbisch besiedelte Gebiete zu schaffen.

Im Februar 1992 wurde das Mandat der UNO-Schutztruppe (UNPROFOR), die hauptsächlich in Kroatien stationiert war, auf Bosnien-Herzegowina ausgeweitet. Im August 1992 wurde UNPROFOR unter Kapitel VII der UN-Charta autorisiert, mit »allen erforderlichen Mitteln« sicherzustellen, dass die humanitären Hilfsmaßnamen ihre Ziele erreichen konnten.

An der Bevölkerung, die bereits durch den Krieg viel Leid zu erdulden hatte, wurden schreckliche Gräueltaten verübt. Die UNO bemühte sich vor allem, ihre Unparteilichkeit zu bewahren, um nicht als zusätzlicher Kampfteilnehmer gesehen zu werden. Der Krieg endete erst am 15. Dezember 1995 mit dem Dayton-Friedensabkommen.

Gegenüberliegende Seite: Ein in Bosnien eingesetzter Soldat einer Spezialeinheit erwidert das Feuer in Sarajevo. Bosnische Scharfschützen, die auf Zivilisten schossen, wurden später des Kriegsverbrechens angeklagt.

Radovan Karadžić wurde vom Internationalen Strafgericht für das ehemalige Jugoslawien aufgrund von Kriegsverbrechen angeklagt.

Internationales Strafgericht für das ehemalige Jugoslawien

Während des Jugoslawienkonflikts wurde eine Vielzahl von Gräueltaten begangen. 1993 wurde durch die Resolution 827 des UN-Sicherheitsrats ein Strafgerichtshof in Den Haag geschaffen, um die Kriegsverbrecher zur Rechenschaft ziehen zu können. Der Gerichtshof machte sich daran, mehrere Personen, die im Verdacht standen, Kriegsverbrechen begangen zu haben, und die von den Gerichten im ehemaligen Jugoslawien nicht verfolgt wurden, zur Rechenschaft zu ziehen. Ein Hauptziel

des Gerichtshofes war, die offensichtliche Straffreiheit für die Gräuel des Krieges zu durchbrechen und den Verbrechensopfern die Chance zu geben, bei einem neutralen Gerichtshof Gerechtigkeit zu finden.

Bis Anfang 2006 wurden mehr als 160 Personen angeklagt. 43 der Angeklagten wurden schuldig gesprochen, wovon sechs während der Haft entweder aufgrund von Krankheit oder Selbstmord starben. Der bekannteste Angeklagte war der serbische Präsident Slobodan Milošević, der in seiner Zelle einem Herzinfarkt erlag. Weitere prominente Angeklagte waren Radovan Karadžić, der frühere Präsident der Republika Srpska, und Ratko Mladić der frühere Befehlshaber der bosnisch-serbischen Armee. Karadžić wurde wegen Völkermords, Verbrechen gegen die Menschlichkeit und Verstößen gegen die Gesetze oder Gebräuche des Krieges gesucht. Beide Männer sind derzeit noch immer auf freiem Fuß.

Es ist nicht überraschend, dass viele der Angeklagten, die sich innerhalb ihrer Gesellschaft und ihrer Anhänger sicher fühlen, nicht nur den Vorladungen des Gerichtshofs nicht nachkamen, sondern sich versteckten oder sich einer Festnahme widersetzten.

Auftrag für Spezialeinheiten

Im Hinblick auf die traurige Berühmtheit der Angeklagten und ihre offensichtliche Gleichgültigkeit gegenüber Leben und Tod anderer Menschen war es klar, dass ein gewöhnlicher Polizeieinsatz zu wenig wäre, um sie vor Gericht zu bringen. Die eingesetzten Sicherheitskräfte würden sich selbst in höchste Gefahr begeben, da die Angeklagten vermutlich nahezu alle bewaffnet waren oder von Leibwächtern beschützt wurden.

Am 13. März 1997 wurden eine versiegelte Anklageschrift und ein geheimer Haftbefehl gegen Simo Drljaca und Milan Kovačević ausgestellt.

Simo Drljaca war Polizei- und Sicherheitschef in Prijedor, nachdem die Serben dort die Kontrolle übernommen hatten. Er errichtete im Gebiet mehrere Lager. Dazu gehörten Omarska, Keraterm und Trnopolje, wo nichtserbische Gefangene geschlagen, gefoltert und ermordet worden sein sollen. Als Polizeichef war Drljaca angeblich auch verantwortlich für das Verschwinden des katholischen Priesters Pater Tomislav Matanović und dessen Eltern. Dies war vermutlich Teil der fortgesetzten serbischen »ethnischen Säuberung«. Nach Aussagen von einigen der ehemaligen Lagerinsassen wurden viele Personen beim Transport in die Lager mit Ketten oder Metallschläuchen geschlagen und bekamen weder zu essen noch zu trinken. Einige der Festgenommenen sollen gar nicht erst in die Lager gebracht, sondern sofort ermordet worden sein. Simo Drljaca war auch Chef eines Verbrecherrings, der von den lokalen Betrieben Schutzgelder erpresste. Nach dem Ende des Krieges und der Unterzeichnung des Dayton-Friedensabkommens soll Drljaca seine unlauteren Geschäfte weiter betrieben haben. Als andere Angeklagte vor den Internationalen Strafgerichtshof für das ehemalige Jugoslawien (ICTY) gebracht und einige davon verurteilt wurden, verdichteten sich die Indizien für die Verbrechen Drljacas immer mehr. Auch Überlebende aus den Lagern konnten viele Hinweise geben.

Der zweite Haftbefehl war auf Dr. Milan Kovačević, den ehemaligen Bürgermeister von Prijedor, ausgestellt. Er war dafür verantwortlich, moslemische Gefangene an das Konzentrationslager in Omarska ausgeliefert zu haben.

Der Narkosefacharzt Kovačević war auch Leiter des Krankenhauses von Prijedor. Angeblich fanden auch Subventionen für das Krankenhaus den Weg in seine eigene Tasche. Dazu gehörte ein Teil einer Spende von 350.000 DM vom UN-Flüchtlingskommissariat (UNHCR). Zudem soll Treibstoff, der ebenfalls dem Krankenhaus gespendet worden war, in den Straßen von Prijedor verkauft worden sein.

Nichtserben berichteten, dass sie das Krankenhaus mit großer Bangigkeit betreten hätten, da sie eine nicht-adäquate Behandlung befürchteten, nicht zuletzt von einem Anästhesisten, der auch ein Konzentrationslager leitete. Aber nicht nur die Patienten hatten begründete Angst. Die Organisation Ärzte für Menschenrechte und die UN-Expertenkommission bestätigten, dass eine Anzahl nichtserbischer Ärzte aus dem Krankenhaus »verschwunden« wären. Sie waren vermutlich in Kovačevićs Konzentrationslager Omarska gebracht worden.

SFOR

Nach dem Abschluss des Dayton-Friedensabkommens wurde eine von der NATO geleitete internationale Friedenstruppe (SFOR) in Bosnien und Herzegowina aufgestellt. Die SFOR sollte die Streitparteien von weiteren Feindseligkeiten abhalten, den Frieden sichern und sowohl eine technische als auch politische Infrastruktur aufbauen. Das SFOR-Mandat bezog sich auch auf Personen, die wegen Kriegsverbrechens angeklagt waren. Die

SFOR-Soldaten waren autorisiert, im Zuge ihres Einsatzes Personen, die aufgrund von Kriegsverbrechen angeklagt waren, festzunehmen. Dies war umso wichtiger, da die lokalen Behörden trotz der internationalen Haftbefehle nichts unternahmen, um die Angeklagten dem Gericht zuzuführen. Aus diesem Grund wurden nun geheime Haftbefehle ausgegeben.

Der Wortlaut »*normal course of its duties*« (während des normalen Verlaufs des Einsatzes) im Zusammenhang mit der Festnahme von Kriegsverbrechern war etwas zwiespältig, man konnte ihn aber auch so auslegen, dass er auch sorgfältig geplante Sondereinsätze des SAS oder anderer Spezialeinheiten mit einbezog. Die Verantwortungsbereiche des SFOR-Mandats waren unter den verschiedenen teilnehmenden Nationen aufgeteilt,

Ein Soldat der US Special Forces, eingesetzt unter der von der NATO geführten SFOR-Truppe in Bosnien und Herzegowina, gibt seinen Kameraden ein Zeichen.

wie etwa Großbritannien, Vereinigte Staaten und Frankreich. Das Hauptquartier des britischen Sektors war Banja Luka. Es lag etwa 113 km von Prijedor entfernt, dem Wohnort der berüchtigten Kriegsverbrecher Simo Drljaca und Milan Kovačević.

Operation Tango

Die Einstellung gegenüber den gesuchten Kriegsverbrechern war in den verschiedenen Sektoren unterschiedlich. Am aktivsten beim Aufstöbern nach den vom Haager Tribunal gesuchten Angeklagten waren die Briten.

Am 10. Juli 1997 wurde ein 10-Mann-Team des 22. SAS-Regiments mittels Chinook-Hubschrauber der 47. RAF-Staffel in einem abgelegenen Gebiet Bosnien-Herzegowinas abgesetzt. Die SAS-Soldaten hatten während ihres langen Einsatzes in Nordirland viel Erfahrung im Beschatten von gefährlichen Personen gewonnen. Techniken zum Errichten von Straßensperren und verdeckte Beobachtung waren hinlänglich geübt und auch tatsächlich ausgeführt worden.

Gegenüberliegende Seite: ein Kind vor einer zerbombten Moschee in Ahmici in Bosnien.

Britische SAS-Soldaten und ein Pilot eines Hawker-Siddely-Harrier-Kampfflugzeugs der Royal Navy während des Bosnienkriegs. Sie warten im Wald auf einen französischen Hubschrauber, der sie abholen soll.

Die Erlebnisse der amerikanischen Streitkräfte in Somalia hatten allerdings auch gezeigt, dass die Verhaftung von Verdächtigen auch für die örtliche Bevölkerung, wenn diese miteinbezogen wurde, äußerst gefahrvoll war. Obwohl die in Somalia angewandten Techniken in vielerlei Hinsicht effizient und korrekt waren, so hatte doch cie Reaktion der Menschenmassen nicht vorhergesehen werden können.

Auch auf dem nunmehrigen Schauplatz konnten Kovačević und Drljaca, die nach vielen Berichten als Unmenschen beschrieben wurden, sich in Gesellschaft von Leibwächtern und anderen serbischen Extremisten befinden, die sicherlich nicht gezögert hätten, auf die Sicherheitskräfte zu schießen. Obwohl die britischen SFOR-Truppen das Gebiet kontrollierten, wurden die Angeklagten von ihren Landsleuten geschützt, sodass sie, falls Truppen auftauchten, jederzeit Widerstand leisten oder sich verstecken konnten.

Ein gut getarnter Scharfschütze einer niederländischen Spezialeinheit in Bosnien-Herzegowina im September 1995. Er hält von einem Versteck aus Wache.

Um Kovačević zu fangen, gaben sich die Soldaten der Eingreiftruppe als Mitglieder des Roten Kreuzes aus, um Zugang zum Krankenhaus in Prijedor zu erhalten. Im Krankenhaus stellte das Team Kovačević zur Rede, der sich daraufhin festnehmen ließ. Er wurde aus dem Krankenhaus geführt und rasch weggebracht.

Kovačević hatte bei der Festnahme im Krankenhaus nicht viel Gelegenheit, Widerstand zu leisten. Bei Simo Drljaca lag sie Sache jedoch anders.

Aus Drljacas Vorgeschichte war herauszulesen, dass er äußerst rücksichtslos vorgehen konnte. Als früherer Polizeichef konnte er zudem sicherlich über ein Netzwerk ebenso skrupelloser wie gut bewaffneter Anhänger verfügen. Die Aufklärungsarbeit vor den Festnahmen diente dazu, alle Schritte der Verdächtigen genau zu beobachten und Gelegenheiten für eine Gefangennahme auszukund-

schaften, bei welchen das Risiko für die Eingreiftruppe gering gehalten werden konnte.

Man hatte beobachtet, das Drljaca gelegentlich mit seinem Sohn und seinem Schwager fischen ging, ohne dass er von Anhängern oder Leibwächtern begleitet wurde. Vier SAS-Männer beschatteten Drljaca vom nahe gelegenen Wald aus. Am 10. Juli war er mit seinem Sohn und seinem Schwager am Ufer des Gradina-Sees fischen. Sohn und Schwager waren gerade dabei, in der Nähe des Fahrzeugs das Frühstück anzurichten, als ein 10-Mann-SAS-Team in drei PKWs und einem Lieferwagen die Straße herunter kam. Die mit kugelsicheren Westen bekleideten Soldaten stiegen aus. Vier Männer warfen Drljacas Sohn und seinen Schwager zu Boden, die anderen sechs ergriffen Drljaca.

Dabei soll ein Kampf stattgefunden haben, wobei sich Drljaca losreißen konnte und ein Gewehr ergriff. Die SFOR-Soldaten berichteten, dass er schoss und dabei einen der Soldaten verletzte, woraufhin die Soldaten das Feuer eröffneten und ihn töteten. Manche Indizien weisen darauf hin, dass Drljaca in die Seite und in den Rücken geschossen wurde, während er zu seinem Boot lief. Der Schuss in die Seite könnte auch daher rühren, dass er sich umdrehte, um zu schießen und daraufhin selbst getroffen wurde.

Aus Aufzeichnungen von anderen Festnahmen durch den SAS im Laufe des SFOR-Einsatzes ergibt sich ganz klar, dass man eindeutig vorhatte, die Verdächtigen festzunehmen und nicht sie zu verletzen oder zu töten.

Ankunft der Niederländer

Die nächste Operation zur Festnahme gesuchter Kriegsverbrecher durch britische Spezialeinheiten fand fünf Monate später statt. Dieses Mal war der Gesuchte Vlatko Kupreškić. Kupreškić war angeklagt, am 16. April 1993 mit anderen Soldaten auf muslimische Zivilisten im Dorf Ahmici geschossen zu haben. Bei diesem Vorfall waren mehr als 100 Moslems getötet und alle Häuser moslemischer Familien und Moscheen in Brand gesteckt und dem Boden gleich gemacht worden. Der Angriff – er begann um 05:30 Uhr am Morgen – soll von Soldaten der kroatischen Streitkräfte (HVO) durchgeführt worden sein. Dabei sollen Männer, Frauen und Kinder getötet worden sein. Dieser Überfall stand im Zusammenhang mit anderen Angriffen auf die Stadt Vitez und die Dörfer Donja Vecenska, Sivrino Selo, Santici, Nadioci, Stava Bila, Gacic, Pirici und Preocica, die alle nicht weiter als 10 km von Ahmici entfernt liegen.

Nach dem von Simo Drljaca aufgebotenen Widerstand waren die SFOR-Kräfte nun auf alles vorbereitet. Kupreškić hatte sich nicht, wie einige seiner angeklagten Cousins, selbst gestellt und es war daher möglich, dass er erbitterten Widerstand gegen eine Festnahme leisten würde.

NIEDERLÄNDISCHES 108. KORPS *COMMANDOTROEPEN*

Nach der Invasion der Niederlande durch deutsche Truppen im Zweiten Weltkrieg wurde in Achnacarry, Schottland, ein niederländisches Streitkräftekommando als Teil des No. 10 Inter-Allied Commando aufgestellt. Die niederländische Kommandoeinheit beteiligte sich bei den Hauptkampfhandlungen, auch bei der Landung der Alliierten in der Normandie. Die Einheit wurde anfangs in sechs Gruppen – 1st, 2nd, 3rd, 4th, 102nd und 103rd Troop – unterteilt. 1953 wurden diese Gruppen aufgelöst und durch die Kommandokompanien 104, 105 und 108 ersetzt. 1965 ernannte man Kommandokompanie 104 zum Fernspähregiment, während die beiden anderen Kompanien Reserveeinheiten wurden. Nach einer Neuorganisation 1993 war Kommandokompanie 108 wieder eine aktive Einheit und wurde offiziell als »Commandotroepencompagnieën 108« geführt.

Die 108. Kompanie hat grundsätzlich die gleichen Aufgaben wie der britische SAS. Sie ist auch für das Training anderer niederländischer Armee-Einheiten in speziellen Techniken verantwortlich. Sie ist dazu befähigt, bei friedenserhaltenden Aktionen mitzuwirken und eine breite Palette verschiedener Sondereinsätze durchzuführen. Terrorismusbekämpfung ist ein weiterer bedeutender Punkt im Training der niederländischen Spezialkräftekommandos. Ähnlich wie in anderen Ländern stehen auch die niederländischen Spezialtruppen in enger Verbindung mit einer speziellen Luftwaffeneinheit, in diesem Fall mit der 11. luftbeweglichen Brigade. Auswahl und Training sind für die niederländischen Korps-Kommandotruppen ebenso streng wie für eine Eliteeinheit. Rekruten, die vorher noch keine militärische Ausbildung hatten, erhalten eine 12-monatige Truppenausbildung. Das Basistraining umfasst Waffenübungen, sportliches Training inklusive Gewaltmärsche und eine Reihe weiterer Trainingskurse.

Zur allgemeinen Ausbildung für dieses Kommando gehört auch ein Auswahl-Trainingskurs ähnlich jenem der britischen Royal Marine Commandos, bei dessen Bestehen dem Soldaten ein grünes Barett überreicht wird. Die Kurse umfassen auch eine Ausbildung in E&E-Taktiken (Escape and Evasion) und Aufklärungsarbeit.

Die weiterführende Truppenausbildung soll jeden Rekruten über seinen gewählten Spezialbereich hinaus zu weiterem Können und besonderer Geschicklichkeit befähigen. Jeder Rekrut wird daher in Fallschirmspringen, Häuserkampf, Nachrichtenwesen, medizinischer Erstversorgung, aber auch in der Sprengung etwa von Häusern und Brücken trainiert. Die Ausbildung ist äußerst hart und nur wenige Anwärter halten bis zum Schluss durch.

Um die Palette globaler Operationen, für welche die Korps-Kommandotruppen einsetzbar sein sollen, zu vervollständigen, werden auch arktische Kriegsführung sowie Gebirgs-, Dschungel- und Wüstenkampf trainiert. Das Terrorismusbekämpfungs-Team wird im Besondern für Aktionen in bebautem Gebiet ausgebildet, die eventuell auf die Rettung von Geiseln oder auf die Gefangennahme von Verdächtigen abzielen.

Wie bei allen solchen Operationen wurden der Angeklagte sorgfältig beschattet und seine Schritte bis ins letzte Detail überwacht. Als HVO-Soldat war er vermutlich bewaffnet und daher gefährlich. Man wusste auch, dass mindestens ein Leibwächter in der Nacht bei seinem Haus Wache hielt. Die Beschattung wurde vermutlich von Mitgliedern der niederländischen 108. Spezialkompanie durchgeführt, die mit Fallschirmen in der Nähe von Vitez abgesprungen waren.

Die 108. Spezialkompanie arbeitete mit einem SAS-Team zusammen, das bereits für den abschließenden Teil des Einsatzes bereitstand.

Am Donnerstag, den 18. Dezember drang das Team kurz nach Mitternacht in das Haus Kupreškićs ein. Einigen Berichten zufolge stand eine Wache bei der Haustür, die von den Soldaten überwältigt und geknebelt wurde. Kupreškić hatte seinen Leibwächter sicherlich sorgfältig ausgewählt, es war jedoch unwahrscheinlich, dass er Soldaten einer der weltbesten Spezialeinheiten hätte Paroli bieten können. Die nächste Aufgabe war nun, Kupreškić selbst lebend zu fangen.

Es gab viele Gründe für den Zeitpunkt und die Vorsicht, mit welcher dieser und ähnliche Einsätze ausgeführt wurden. Ein offensichtlicher Grund bestand darin, das Verletzungsrisiko für die Soldaten und auch das Risiko, Unbeteiligte miteinzubeziehen, zu verringern. Es schien, dass manche Gemeinschaften – ganz gleich was für Gräueltaten geschehen waren – sich darin übten, ganz einfach die Augen zuzumachen. Deshalb war die Festnahme der mutmaßlichen Kriegsverbrecher in den Augen der Menschen ihrer Umgebung, als würde ihnen einer ihrer engsten Angehörigen entrissen. Der Hauptgrund für die Umsicht war jedoch, dass man den Angeklagten lebend gefangen nehmen wollte, sodass er vor Gericht gestellt werden konnte. Jeder Angeklagte, der vor das Tribunal kam, konnte mit seinen Angaben mithelfen, die gesamte Indizienkette auszubauen, was wiederum Auswirkungen auf die Verfolgung der Kriegsverbrechen im ehemaligen Jugoslawien insgesamt haben würde. Viele Hinweise, die eine Verfolgung des Völkermords und anderer Kriegsverbrechen beschuldigter Personen erst ins Rollen brachten, waren den Aussagen früherer Angeklagter zu verdanken. Damit das Puzzle von Indizien vervollständigt werden konnte, war es wichtig, dass jeder Angeklagte auch vor Gericht gebracht wurde.

Die niederländischen Soldaten stellten also Wachen an den Eingang, drangen in das Gebäude ein und isolierten Kupreškićs Frau und seine Kinder.

Berichten zufolge versuchte Kupreškić sich zu wehren und schoss mit einer Maschinenpistole auf die Soldaten, die das Feuer erwiderten. Die Soldaten blieben unverletzt, Kupreškić wurde an Arm und Bein getroffen. Danach konnte er schnell überwältigt werden.

Zweifellos verdankte Kupreškić sein Leben der guten Ausbildung der niederländischen Spezialeinheit, denn die Soldaten hätten ihn auch zu ihrer eigenen Sicherheit leicht töten können. Schüsse auf den Rumpf und in den Kopf wären sehr wahrscheinlich tödlich gewesen. Die Soldaten hatten allerdings auf die Gliedmaßen gezielt, um ihn zwar kampfunfähig zu machen, jedoch nicht zu töten.

Am 14. Januar 2000 wurde Vlatko Kupreškić zu sechs Jahren Gefängnis verurteilt. Am 23. Oktober 2001 wurde er nach Berufung freigesprochen und sofort auf freien Fuß gesetzt.

Festnahme von Stanislav Galić

Am 21. Dezember 1999 nahm der britische SAS im Namen von SFOR und dem Haager Tribunal General Stanislav Galić fest.

Galić war von September 1992 bis August 1994 einer der Befehlshaber des bosnisch-serbischen Romanija-Korps. Während dieser Zeit wurde die Stadt Sarajevo besetzt. Die Militärstrategie des Romanija-Korps zielte bewusst auf eine Terrorisierung der Bevölkerung ab. Es wurden Bombardierungen, Schüsse aus dem Hinterhalt, Angriffe mit Mörsern und andere Arten von Übergriffen auf die Bewohner der Stadt verübt, obwohl auch die Streitkräfte von Bosnien und Herzegowina zugegen waren.

Die Absicht, die Stadt in Angst und Schrecken zu versetzen, war offensichtlich. Schulen, Wohnhäuser und Krankenhäuser wurden angegriffen und es gab zahlreiche Plätze und Straßen in der Stadt, die man nur unter Lebensgefahr betreten konnte. Man zielte auf Zivilisten in den Straßenbahnen, um den öffentlichen Verkehr zum Stillstand zu bringen. Auch Menschen, die sich um Wasser oder Lebensmittel anstellten, wurden beschossen. Viele Straßen konnten nicht mehr überquert werden, da, sobald dies jemand versuchte, auf diese Person entweder mit Scharfschützengewehren oder automatischen Waffen gefeuert wurde. Hochhausblocks im vom Romanija-Korps kontrollierten Grbavica-Bezirk boten den Scharfschützen ideale Standorte. Die Scharfschützen waren mit modernsten Gewe-

Gegenüberliegende Seite: General H. Shelton vom Special-Forces-Kommando der US Army kommt am Flughafen in Sarajevo an.

ren mit Teleskopvisieren und Infrarot-Zielvorrichtungen bewaffnet. In einem Fall wurde ein vierjähriger Junge in der Straßenbahn von einer Kugel getroffen. Bei einer anderen Gelegenheit wurde eine Frau erschossen, als sie die Straße mit ihrem Schwiegersohn überquerte. Eine Frau wurde in ihrer Wohnung vor den Augen ihres Ehemanns getötet, da sie eine Kerze angezündet hatten – der Scharfschütze, der wahrscheinlich ein Infrarotvisier verwendete, hatte vermutlich auf die Kerze gezielt.

Im Juli 1993 wurde auf Menschen, die sich in einer Schlange vor einer Notwasserversorgung anstellten, um ihre Kanister anzufüllen, eine Granate geworfen. Dabei kamen elf Menschen ums Leben und 13 weitere wurden verwundet. Einer der Zeugen musste mit ansehen, wie seine Frau und zwei seiner Töchter starben.

Am 22. Januar 1994 wurden drei Granaten in ein Wohngebiet, Alipasino Polje, gefeuert und dabei sechs Kinder getötet und viele weitere verwundet.

Der Gerichtshof fand erdrückende Beweise, dass in all diesen Fällen das Romanija-Korps mit voller Absicht Zivilisten angegriffen hatte. General Van

Schwedische und dänische Soldaten in einem UN-Schützenpanzer. Sie sollen von den Regierungstruppen die Kontrolle des Flughafens in Tuzla übernehmen.

Baal, der UNPROFOR-Stabschef in Bosnien und Herzegowina von 1994, bestätigte, dass die vorwiegenden Ziele für die Scharfschützen Frauen und Kinder gewesen waren. Andere UNPROFOR-Offiziere und weitere Zeugen berichteten, dass die Scharfschützen oft ein Opfer absichtlich verwundeten, sodass Menschen dem Verwundeten zu Hilfe eilen würden. Dann wurden auch die Retter angegriffen.

Zwischen 1992 und 1994 wurden mindestens 1399 Menschen durch Scharfschützen, Granaten und andere Angriffe getötet und 5093 verletzt. Es wurden nicht weniger als 670 Frauen, 295 Kinder und 85 alte Menschen getötet sowie mindestens 2477 Frauen, 1251 Kinder und 179 alte Menschen verwundet.

Während dieser Zeit unterstanden die Soldaten, die mit Scharfschützengewehren und Granatwerfern gegen die Zivilbevölkerung vorgingen, direkt General Galić. Die Gräueltaten wurden absichtlich verübt, um die lokale Bevölkerung zu terrorisieren und die Streitkräfte Bosniens und Herzegowinas zu beeinflussen. Aufgrund des strengen Aufbaus des Romanija-Korps hatte General Galić direkten Einfluss auf die Geschehnisse. Der Beschuss hätte sofort aufgehört, wenn die Leitung des Romanija-Korps dies veranlasst hätte. Die Scharfschützen waren nicht irgendwelche marodierende Söldner, sondern unterstanden dem Kommando des Romanija-Korps.

Ein französischer Soldat einer Spezialeinheit (rechts) führt einem Flieger einer US-amerikanischen Special Tactics Group das FAMAS-Sturmgewehr vor, als 1995 gemeinsame Aktionen in Bosnien vorbereitet werden.

General Galić war ein sehr einflussreicher Politiker und lebte in der Gegend von Banja Luka etwa 65 km südöstlich von Prijedor. Nachdem sich Galić von der Armee zurückzog, wurde er Militärberater von Nikola Poplasen, dem gewählten Präsidenten der Republika Srpska. Es gibt jedoch auch Hinweise, dass Galić im Bewusstsein, dass er auf der Liste der vom Haager Tribunal gesuchten Kriegsverbrecher stand, in die Föderative Republik Jugoslawien übersiedeln wollte. Auf diese Weise hätte er bessere Chancen gehabt, einer Gefangennahme zu entgehen. Er hatte dort großen Einfluss und konnte auf tatkräftige Hilfe zählen. Aufgrund dieser Tatsachen war den Männern, die ihn festnehmen sollten, bewusst, dass die Gefangennahme Galićs für alle Beteiligten mit großen Gefahren verbunden war und auch misslingen konnte.

Einmal mehr wurde ein in Den Haag Angeklagter aufmerksam beobachtet und alle seine Schritte genauestens aufgezeichnet. Galić wusste, dass er auf der Liste der gesuchten Kriegsverbrecher stand und hatte sich nicht selbst gestellt. Daher mussten die mit seiner Festnahme beauftragten Soldaten damit rechnen, dass er zu fliehen versuchen oder aktiv Widerstand leisten würde. Wenn die Festnah-

me längere Zeit in Anspruch nähme, wären aggressive Reaktionen seiner Anhänger oder Leibwächter zu erwarten.

In allen Fällen berieten sich Geheimdienstmitarbeiter und die Sondereinsatz-Teams über die Vorgehensweise, bei welcher der geringste Widerstand zu erwarten war und die sich natürlich von Fall zu Fall änderte.

Der Plan, der bei der Festnahme Galićs durchgeführt wurde, war vielleicht der waghalsigste von allen. Denn man würde Galić am helllichten Tag in einer der belebtesten Straßen von Banja Luka stellen. Als Galić am Morgen sein Haus verließ und zur Arbeit fuhr, war ihm nicht bewusst, dass er von Zivilfahrzeugen – einem PKW und einem Lieferwagen – verfolgt wurde. In diesen beiden Fahrzeugen saßen 20 Angehörige des britischen SAS.

Die Mannschaft im Lieferwagen, der sich hinter Galićs Fahrzeug befand, machte sich bereit. Nach einem vereinbarten Zeichen stellte der Fahrer den SAS-PKW vor Galićs Fahrzeug quer, sodass dieses anhalten musste. Die Soldaten ließen Galić nicht viel Zeit, zu reagieren. Obwohl Galić nach seiner Waffe gegriffen haben soll, schlug ein SAS-Soldat das Fenster der Fahrertür mit dem Gewehrkolben ein und zog Galić ohne Umschweife aus dem Fahrzeug. Man stülpte ihm einen Sack über den Kopf und legte ihm Handschellen an. Dann wurde er einer Leibesvisitation unterzogen und zum britischen Militär-Hauptquartier gebracht. Nicht viel später war Galić auf dem Flug nach Den Haag, wo er bald darauf vor Gericht gestellt wurde. Am 5. Dezember 2003 wurde er in einem Fall aufgrund von Verstößen gegen die Gesetze und Gebräuche des Krieges und in vier Fällen wegen Verbrechen gegen die Menschlichkeit verurteilt.

Festnahme eines Arztes

Am 17. Juni 1997 wurde Slavko Dokmanović von Mitgliedern der UN-Übergangsverwaltung für Ostslawonien (UNTAES) verhaftet.

Der ehemalige jugoslawische Staatspräsident Slobodan Milošević nimmt während seines Verfahrens vor dem Haager Tribunal eine zuversichtliche Haltung ein.

Slavko Dokmanović war 1990/91 Präsident der Stadtverwaltung von Vukovar gewesen und hatte seine Tätigkeit auch nach dem Fall Vukovars fortgesetzt. Die Anklageschrift gegen Dokmanović basierte auf seiner angeblichen Beteiligung bei den Vorfällen, die nach der Besetzung Vukovars am 18. November 1991 stattfanden. Damals waren während der Belagerung mehrere hundert Menschen in das Krankenhaus von Vukovar geflüchtet. Als die jugoslawische Volksarmee und serbische Milizen ankamen, wurden mindestens 400 Personen (Nichtserben) gewaltsam vom Hospital auf einen Bauernhof in Ovčara verschleppt, wo sie mehrfach geschlagen wurden. Danach wurden die Gefangenen in Gruppen von 10 bis 20 Personen an einen anderen Ort gebracht, hingerichtet und in einem Massengrab verscharrt. Es sind Morde an 198 Männern und zwei Frauen nachgewiesen.

Vor seiner Festnahme lebte Dokmanović in der Föderativen Republik Jugoslawien und befand sich daher nicht im Zuständigkeitsbereich der UNTAES.

Es gab jedoch etwas, womit man ihn über die Grenze locken konnte. Mitarbeiter des Haager Tribunals hatten ihn bereits an seinem Wohnort in der Föderativen Republik Jugoslawien zu anderen Personen in der Liste der aufgrund von Kriegsverbrechen Angeklagten befragt. Man sagte ihm jedoch nicht, dass er ebenfalls gesucht wurde.

Schließlich kam Dokmanović in einem UN-Fahrzeug über die Grenze, um mit UNTAES-Beamten Dinge bezüglich seines Besitzes zu besprechen. Sobald man über der Grenze war, fuhr der Wagen an den Straßenrand und Dokmanović wurde rasch überwältigt, bevor er nach seiner in einer Aktentasche mitgeführten Waffe greifen konnte.

Dokmanović wurde in Den Haag vor Gericht gestellt. Am 29. Juni 1998 fand man ihn erhängt in seiner Zelle.

Die Festnahmen wurden fortgeführt, und zwar von britischen, französischen und US-amerikanischen Soldaten. Am 22. Januar 1998 verhaftete ein Trupp unter amerikanischer Leitung Goran Jelisić. Die Anklage gegen ihn betraf angebliche Vorfälle, die sich bei der Einnahme von Brčko, Bosnien-Herzegowina, durch serbische Soldaten ereignet haben sollten. Von Mai bis Juli 1992 hatten die Serben Hunderte von moslemischen und kroatischen Männern und Frauen unter unmenschlichen Bedingungen im Lager von Luka gefangen gehalten. Jelisić soll jeden Tag in das Lager gekommen sein und Lagerinsassen zum Verhör ausgesucht haben, die dabei nahezu immer geschlagen und oft sogar getötet worden waren.

Die Sondereinsatz-Gruppe, die Jelisić fassen sollte, musste darauf vorbereitet sein, dass er eine Schusswaffe bei sich trug und auch bereit war, diese zu seiner Verteidigung zu verwenden. Man versuchte, möglichst viel über seinen Tagesablauf in Erfahrung zu bringen und nahm ihn am frühen Morgen, nachdem er in Bijeljina aufgetaucht war, fest.

Im Gebiet von Prijedor waren wiederum britische Spezialeinsatzkräfte aktiv, als sie Dragoljub Prcać verhafteten. Prcać war 1992–1995 Leiter des Konzentrationslagers Omarska in der Nähe von Prijedor gewesen. Von April bis August 1992 hatte man mindestens 6000 Moslems, Kroaten und andere Nichtserben zusammengetrieben und auf die Konzentrationslager Omarska, Trnopolje und Keraterm aufgeteilt. Dort war es regelmäßig zu Verhören, Folterungen und Morden gekommen.

Die Festnahme von Prcać, die vermutlich von Mitgliedern des britischen SAS ausgeführt wurde, erfolgte ähnlich wie jene von Galić. Als Prcać gemeinsam mit seiner Frau und seinem Nachbarn im Auto unterwegs war, wurde er von drei Zivilfahrzeugen verfolgt. Beim vereinbarten Signal wurde Prcaćs Wagen von den Verfolgerfahrzeugen eingeklemmt. Soldaten schlugen die Autoscheiben mit ihren Gewehrkolben ein und Prcać wurde herausgezerrt. Danach zog man ihm vermutlich einen Sack über den Kopf, legte ihm Handschellen an und brachte ihn an einen sicheren Ort, um ihn dem Internationalen Strafgerichtshof für das ehemalige Jugoslawien zu übergeben.

Am 3. April 2000 waren französische SFOR-Soldaten an der Gefangennahme von Momčilo Krajišnik beteiligt, dem ehemaligen Sprecher des bosnisch-serbischen Parlaments und engen Vertrauten Radovan Karadžićs. Er stand unter Anklage, mit anderen (eingeschlossen Slobodan Milošević) ein weitreichendes Verfolgungsprogramm gegen bosnische Moslems und andere Nichtserben in vielen Gemeinden Bosniens und Herzegowinas durchgeführt zu haben. Die betroffenen Menschen wurden verfolgt, festgehalten, geschlagen, gefoltert, getötet oder es wurden andere unmenschliche Akte an ihnen verübt.

In diesem Fall erfolgte die Verhaftung um 03:30 Uhr morgens, als Krajišnik und seine Familie vermutlich schliefen. Die Soldaten sprengten die Tür auf, fesselten die Mitglieder von Krajišniks Familie und nahmen Krajišnik fest, der dann dem Haager Tribunal überstellt wurde.

Karadžić und Mladić

Die zwei bekanntesten Angeklagten, die sich noch auf freiem Fuß befinden und noch immer gesucht werden, sind Radovan Karadžić und Vlatko Mladić. Karadžić war Gründungsmitglied und erster Vorsitzender der Serbischen Demokratischen Partei. Er war einer der Befehlshaber der Streitkräfte der serbischen Republik. Zudem war er ab 17. Dezember 1992 Präsident der Republika Srpska. Die Anklageschrift gegen Karadžić lautet auf Völkermord, Beihilfe zum Völkermord, Mord, geplante Tötung, Verfolgung, Deportation, Unmenschlichkeit, unrechtmäßige Terrorisierung von Zivilpersonen und Geiselnahme. Er wurde zweifach aufgrund von Beihilfe beim Völkermord in Srebrenica angeklagt, bei welchem 7000 Bosnier getötet wurden.

Es wurden mehrere Versuche unternommen, Karadžić festzunehmen, der sich derzeit (2007) noch immer auf freiem Fuß befindet. Nach einem dieser gescheiterten Anläufe im Jahr 2002 sagte NATO-Generalsekretär Lord Robertson: »Dies ist nicht der erste Versuch, Karadžić zu verhaften, und es wird nicht der letzte sein.«

US Navy SEALs 1999 in der Adria. Sie trainieren das Entern eines feindlichen Schiffes.

Nach Berichten der SFOR hatte man zweimal in der Nähe von Celebici eine Festnahme Karadžićs versucht. Bei diesem Einsatz waren Spezialeinsatzkräfte, weitere Soldaten und Luftunterstützung beteiligt. Am 28. Februar bereitete man in der Morgendämmerung eine Razzia vor, die durch mehrere Hubschrauberstaffeln unterstützt wurde. Das gesamte Dorf Celebici wurde durchkämmt und man verwendete auch Sprengstoffe, um versperrte Türen aufzusprengen. Karadžić war jedoch nirgends zu finden. Am nächsten Tag wurden erneut per Hubschrauber Trupps eingeflogen, welche die Hügel rund um Celebici ohne Erfolg durchkämmten.

Im Januar 2004 versuchten NATO-Soldaten erneut seine Verhaftung zu erreichen – diesmal in Pale, wo in Karadžićs Haus, in einer serbisch-orthodoxen Kirche und in anderen Gebäuden eine überraschende Durchsuchung stattfand. Man berichtete, dass britische, amerikanische und italienische Trupps die Gegend abgesucht hätten. Aber wieder einmal gab es kein Lebenszeichen von Karadžić.

Am 1. April 2004 führten britische Soldaten im Haus eines serbisch-orthodoxen Priesters eine Razzia durch, wobei sie, um einzudringen, Sprengstoff verwendeten. Der Geistliche und sein Sohn sollen bei dieser Aktion schwer verletzt worden sein. Man fand Waffen, aber von Karadžić fehlte jede Spur. Am nächsten Tag wurde die Suche fortgesetzt, aber auch dieses Mal ohne Erfolg.

Man vermutete, dass sich Karadžić in den Bergen in der Nähe der Grenze zu Montenegro aufhielt. Wahrscheinlich wurde er, immer wenn Sicherheitskräfte auftauchten, gewarnt, um sich jenseits der Grenze in Sicherheit zu bringen.

Ratko Mladić war 1992–1996 Oberkommandierender der Armee der Serbischen Republik (VRS). Die Anklage gegen ihn lautet auf Völkermord in mehreren Gemeinden in Bosnien und Herzegowina, einschließlich Prijedor und Srebrenica. Man vermutet auch, dass er gemeinsam mit anderen die Verantwortung für die fortgesetzten Angriffe auf Sarajevo und den Beschuss der Zivilbevölkerung mittels Scharfschützengewehren und Granaten trägt.

Wie Karadžić wird vermutlich auch Mladić von einer großen Anzahl treuer Anhänger unterstützt, die ihm bei der Flucht helfen, sobald SFOR-Soldaten in der Gegend auftauchen. Man nimmt an, dass er sich unbehelligt über die Grenze in die Republik Serbien-Montenegro begeben kann, wo er vor einer Festnahme relativ sicher ist.

Mladić soll bei den Soldaten, die unter ihm dienten, sehr beliebt gewesen sein und es gibt sicherlich eine große Anzahl sicherer Häuser, in welche er jederzeit flüchten kann. Im Februar 2006 kündigte die serbische Regierung unter dem Druck mehrerer internationaler Behörden, wie UNO und EU, die baldige Verhaftung von Mladić an. Bis zum heutigen Tag gibt es jedoch keine weiteren Informationen über seine Festnahme.

Die Vereinigten Staaten haben berichterweise viel Zeit und Geld aufgewendet, um nach Karadžić und Mladić zu suchen. Die National Security Agency soll ein hochentwickeltes Abhörprogramm angewendet haben, während FBI-Agenten und US-Soldaten versuchten, in Bosnien potenzielle Verstecke auszukundschaften und allen möglichen Spuren zu folgen. Da beide Personen in der Bevölkerung teilweise nach wie vor als Helden gesehen werden, befürchtete man auch Vergeltungsakte durch die Bewohner, wenn einer der beiden festgenommen würde. Der Tod unschuldiger Zivilisten würde die NATO in große Verlegenheit bringen.

Als weitere Schwierigkeit erwies sich die mangelnde Kooperation, besonders zwischen französischem und US-amerikanischem Kaderpersonal. Karadžić und Mladić wohnten im von französischen Truppen kontrollierten Sektor und es gab Kritik an den Franzosen, dass sie die Verhaftung nicht energisch genug vorantrieben. Wenn auch von vielen Versuchen einer Festnahme Karadžićs berichtet wurde, so wurden jedoch nicht alle bestätigt. Es ist nicht überraschend, dass die Militärbehörden misslungene Aktionen nicht veröffentlichen wollen.

Aus einigen Quellen wurde gemeldet, dass der britische SAS am 13. Juli 2001 in der Nähe von Foca im Südosten der Republika Srpska eine Festnahme einleitete. Die Zeitschrift *The Observer* gab an, dass dabei zwei SAS-Soldaten durch die Leibwächter Karadžićs verwundet worden waren. Die serbische Presse ging weiter ins Detail und behauptete, dass mindestens 10 britische Soldaten bei diesem Festnahmeversuch getötet wurden. Briten und SFOR bestreiten, dass die Aktion überhaupt stattgefunden hat.

DER SAS IM KOSOVO

Nach aggressiven Aktionen der Serben im Kosovo führten 1999 NATO-Einheiten Luftschläge gegen serbische Einrichtungen in diesem Gebiet aus. Um die Ziele zu identifizieren, wurden SAS-Teams eingesetzt. Sie verwendeten Lasergeräte, um die Ziele zu markieren. Das Laserlicht wurde vom Ziel reflektiert, sodass eine Art Kegel zu sehen war, in welchen die Bombe abgeworfen wurde. Eine derartige Laserbombe sucht das reflektierte Laserlicht und »reitet« auf das Ziel zu.

Legende
1 Die Tornados der Royal Air Force fliegen heran.
2 SAS-Soldaten markieren das Ziel.
3 Die lasergesteuerte Bombe wird abgeworfen.
4 Sie folgt dem »Kegel« zum Ziel.
5 Die SAS-Soldaten ziehen sich zurück.

DROGENJAGD IN SÜDAMERIKA

Etwa 5% der Weltbevölkerung nehmen mindestens einmal im Jahr Drogen zu sich und etwa $2^1/_2$% verwenden regelmäßig Drogen. Auf der ganzen Welt gibt es etwa 25 Mio. Drogenabhängige. Das am weitesten verbreitete Rauschgift ist Cannabis – es wird von etwa 162 Mio. Menschen eingenommen – gefolgt von Amphetaminen, Ecstasy und Opiaten. Von 1996–2006 war der größte Anstieg im Suchtgiftverbrauch bei Cannabis zu verzeichnen. Nach Behandlungsstatistiken ist das in Südamerika am meisten verbreitete Rauschgift Kokain. Diese Zahlen geben jedoch vielleicht nicht den tatsächlichen Anteil des Cannabis-Verbrauchs wieder, da der Konsum von Cannabis nicht so oft ärztliche Behandlung erfordert wie jener von Kokain.

Bemühungen von staatlicher Seite sollen zwischen 2004 und 2006 zu einer Reduktion von 50% beim Anbau von Schlafmohn in Südamerika geführt haben. Die Hauptanbaugebiete des Kokastrauchs sind Kolumbien, Peru und Bolivien. In Bolivien sollen die Koka-Anbauflächen 2006 etwa 86.000 ha eingenommen haben – ein sehr großes Gebiet, das aber immerhin um 47% kleiner als im Jahr 2000 war. In Bolivien wiederum wurde die Anbaufläche gegenüber 2000 um 74% und in Peru um 11% vergrößert.

Die Herstellung von Kokain ist in Südamerika während des letzten Jahrzehnts relativ gleich hoch geblieben, wobei 2005 allein in Peru etwa 180 t produziert wurden.

Gegenüberliegende Seite: eine kolumbianische Schnelleingreiftruppe bei einer Flusspatrouille auf der Suche nach Drogenschmugglern.

KOLUMBIEN

Die Handelsrouten für Kokain aus Südamerika führen hauptsächlich von Kolumbien und anderen Andengegenden entweder in die Vereinigten Staaten (gewöhnlich über Mexiko) oder nach Europa (gewöhnlich über die Karibik oder über Afrika). Die beschlagnahmten Kokainmengen haben beständig zugenommen, wobei der größte Anteil auf Kolumbien entfällt. Kolumbien ist noch immer einer der Cannabis-Hauptexporteure und Brasilien ist der weltweit größte Produzent von pflanzlich gewonnenem Cannabis.

Der Rauschgifthandel in Kolumbien und anderen südamerikanischen Staaten wird seit Jahrzehnten weitgehend von professionell organisierten Drogenkartellen kontrolliert. Einige der in der Vergangenheit berüchtigtsten derartigen Kartelle hatten ihren Sitz in Kolumbien. Dazu gehörten das Medellín-Kartell und die Drogenringe von Norte del Valle und Cali. Um einen größeren Anteil am Profit aus dem weltweiten Drogenhandel, der zu dieser Zeit mindestens 400 Milliarden Dollar betrug, zu erlangen, scheuten diese Kartelle auch vor der Anwendung größter Gewalt nicht zurück.

Das Medellín-Kartell mit Sitz in der Stadt Medellín in Kolumbien wurde von Pablo Escobar gegründet und geführt. Während seiner größten Aktivität im Jahr 1980 sollen die Einnahmen in der Region 60 Mio. US-Dollar pro Monat betragen haben. Als Kolumbien und die Vereinigten Staaten eine Vereinbarung zur Auslieferung der Drogenbosse unterzeichneten, wurden einige kolumbianische Richter und Politiker, die bei der Ausarbeitung des Vertrages mitgewirkt hatten, ermordet. Der kolumbianische Justizminister Rodrigo Lara Bonilla wurde von

Pablo Escobar, der Boss des Medellín-Kartells, versucht mit einem Helfer zu entfliehen. Kurz darauf wird er von der kolumbianischen Polizei erschossen.

Motorradfahrern erschossen, als sein Wagen in einem Verkehrsstau stecken geblieben war. Zu einem späteren Zeitpunkt besetzte eine Guerillagruppe den Justizpalast und nahm Geiseln. Viele der Geiseln kamen beim Schusswechsel der Guerilleros mit der Polizei ums Leben.

Die US-amerikanische Strafverfolgungsbehörde DEA war stark in den Kampf gegen das Drogenkartell involviert und es gelang ihr, einen der erfolgreichsten Drogenschmuggler, Barry Seal, zur Aus-

sage zu bewegen. Seine Informationen führten zur erfolgreichen Unterbrechung mehrerer Drogenkanäle, woraufhin Seal von der Drogenmafia gejagt und ermordet wurde. Mit der Gefangennahme Pablo Escobars brach das Medellín-Kartell zusammen. Allerdings standen einige der Mitglieder vermutlich auch mit anderen Kartellen in Verbindung. Der Drogenring von Cali wurde in den 1970er-Jahren von Gilberto Rodriguez Orejuela gegründet und kontrollierte vermutlich zu seiner besten Zeit 80% der Kokainexporte Kolumbiens. Cali- und Medellín-Kartell waren Rivalen und kämpften erbittert um die Kontrolle der Drogenmärkte.

Wie fast alle Drogenringe verfügte das Cali-Kartell über ein professionelles Netzwerk von Drogenhändlern, die das Kokainpulver von Kolumbien – oft über Mexiko – in die Vereinigten Staaten brachten. Aufgrund des hohen Geldflusses konnte das Kartell Flugzeuge und Schiffe erwerben, abgeschiedene Flugplätze errichten, Guerillatruppen aufstellen und korrupte Beamte bestechen.

Durch die ständige Verfolgung des Kartells durch kolumbianische und US-amerikanische Drogenbehörden konnten viele der Hauptakteure vor Gericht gestellt werden. Das Cali-Kartell konnte vermutlich deshalb nicht zerschlagen werden, da es weiterhin über andere Mitglieder operieren soll.

Der Drogenring Norte del Valle profitierte vom Geschäftsrückgang der Kartelle Medellín und Cali und entwickelte sich in den 1990er-Jahren zu einem der mächtigsten Drogenkartelle. Der von Diego Leon Montoya und Hernando Gomez Bustamente geleitete Drogenring Norte del Valle nutzte eine Guerilla-Organisation, um das Verteiler-Netzwerk auszuweiten und zu schützen. Wer sich in den Weg stellte, wurde terrorisiert – auch rivalisierende Kartelle.

Der Norte-del-Valle-Ring begann sich selbst zu zerstören, als einige seiner Mitglieder mit den Behörden Verhandlungen aufnahmen, um im Gegenzug nicht an die Vereinigten Staaten ausgeliefert zu werden. Es entwickelte sich ein Bandenkrieg, bei dem etwa 1000 Menschen den Tod fanden. Die Behörden nutzten das Chaos, um einige der rücksichtslosesten Kartell-Mitglieder festzunehmen und die Vermögenswerte des Kartells zu beschlagnahmen. Dazu gehörte ein 8 m langes Unterseeboot aus Fiberglas, das speziell für den Drogenschmuggel in die Vereinigten Staaten hergestellt worden war.

Fuerzas Armadas Revolucionarias de Colombia (FARC)

Die größte bewaffnete Rebellengruppe Kolumbiens FARC ist eine kommunistische Organisation, die sich angeblich zum Ziel gesetzt hat, die Ärmsten zuungunsten der Reichen zu unterstützen. Ein großer Anteil ihrer Finanzmittel entstammt dem Drogenhandel. Die Gruppe soll von etwa 10.000–15.000 bewaffneten Rebellen – darunter befinden sich etwa 20–30% Kinder – unterstützt werden. Kinder, die sich nicht anschließen wollen oder zu fliehen versuchen, werden nicht selten gefoltert und getötet. Die FARC ist verantwortlich für Attentate, Entführungen sowie Bombardierungen und hat in der Vergangenheit mehrere Ausländer gekidnappt, die zum Teil ebenfalls getötet wurden. Die FARC finanziert sich auch durch Schutzgelderpres-

sung und stellt Straßensperren auf, um Durchfahrende zu berauben.

Bei Friedensverhandlungen mit der kolumbianischen Regierung wurde der FARC ein 42.000 km² großes Gebiet in Südkolumbien zur Verfügung gestellt. In diesem offiziell neutralen Gebiet, das die FARC unter Kontrolle hielt, sollten weitere Verhandlungen stattfinden. Dieses Friedensangebot war jedoch nicht von Erfolg gekrönt, da Entführun-

Eine Ansammlung von Kräften der Sicherheitspolizei bei der Festnahme des Anführers des Cali-Kartells im Juni 1995 in Bogotá.

Mitglieder der kolumbianischen paramilitärischen Gruppe Auto-Defensa Campesina (AUC) bereiten eine Razzia in der Nähe von La Hormiga, Kolumbien, vor.

gen und andere kriminelle Handlungen fortgeführt wurden. Daraufhin erklärte die Regierung die Friedensverhandlungen für gescheitert und begann eine Militäroffensive in der Verhandlungszone.

Die FARC konnte nicht zum Gewaltverzicht überredet werden, sondern richtete auch noch ein Massaker an 34 Bauern an, denen Sympathien für rechtsgerichtete Parteien nachgesagt wurden.

Autodefensa Unidas de Colombia (AUC)

Diese paramilitärische Gruppierung wurde im April 1997 gegründet, um ihre Anhänger vor anderen Rebellengruppen zu schützen und das in Teilen Kolumbiens bestehende Machtvakuum zu füllen. Wie viele paramilitärische Gruppierungen Südamerikas finanziert sich auch die AUC großteils durch den Drogenhandel.

Die AUC ist jedoch weit von ihrem Anspruch, Menschen »zu schützen« entfernt. Ganz im Gegenteil wurden von dieser Gruppierung 804 Personen ermordet, weitere 500 in zahlreichen Massakern getötet und mehr als 200 Personen entführt. Die Organisation hat ihre eigenen Gesetze und vermeidet direkte Konfrontation mit den Regierungsstreit

kräften. Stattdessen richtet sie sich gegen jedermann, der als Feind betrachtet wird, meist die Zivilbevölkerung und indianische Gemeinden. Der Führer der AUC, Carlos Castano, versucht zwischen angeblicher Zusammenarbeit mit den kolumbianischen Sicherheitskräften und einer nachhaltig verteidigten Unabhängigkeit zu jonglieren. Die brutale Realität dabei ist, dass das Leben der Zivilbevölkerung durch derartige Gruppierungen ruiniert wurde und wird.

Ejército de Liberación Nacional (ELN)

Die ELN gilt in den Vereinigten Staaten und Europa als Terrororganisation. Sie ist eine kommunistische Rebellengruppe ähnlich der FARC, jedoch nur viel kleiner. Die Gruppierung führt Entführungen durch, um Lösegeld zu erpressen, macht aber auch vor Massakern und anderen kriminellen Handlungen nicht Halt. Es sind auch Fälle von Erpressungen größerer internationaler Firmen bekannt. Einige der früheren ELN-Führer fühlten sich sowohl dem Christentum als auch dem Marxismus verbunden, wie etwa der Priester Camillo Torres.

Ejército Popular de Liberación (EPL)

Diese marxistisch-leninistische Gruppierung wurde 1967 gegründet. Ihr Programm ist angeblich die Förderung der sozialistischen Revolution. Die Hauptaktivitäten sind jedoch wie bei anderen der

artigen Gruppierungen Erpressungen, Entführungen und Drogenkriminalität.

Die Gruppierung kam in erbitterte Rivalität zur FARC und im Laufe der Jahre wurden mehrere EPL-Mitglieder von der FARC ermordet.

KOLUMBIANISCHE SPEZIALEINHEITEN
Agrupación de Fuerzas Especiales Anti-Terroristas Urbanas (AFEAU)

Kolumbien wird weiterhin durch die Aktivitäten zahlreicher Terroristengruppen erschüttert, die vielfach in Verbindung zur Drogenkriminalität stehen. In den 1970er-Jahren machte die Guerilla-Organisation M-19 mit mehreren medienwirksamen Überfällen auf Banken und andere wirtschaftliche Institutionen auf sich aufmerksam. Zudem versuchte sie durch spektakuläre Aktionen die Verantwortlichen zu schockieren, wie etwa durch den Raub von Simon Bolivars Schwert aus einem Museum.

Soldaten kolumbianischer Spezialeinheiten in Facatativá, im Westen von Bogotá. Im Hintergrund hebt ein Black-Hawk-Hubschrauber ab.

1980 landete die M-19-Gruppierung ihren größten Coup, als sie während einer Cocktail-Party die Botschaft der Dominikanischen Republik in ihre Gewalt brachte. Mitglieder dieser Gruppierung nahmen 14 Diplomaten und mehrere hochrangige Beamte als Geiseln. Die Geiselnahme wurde durch Verhandlungen beendet, wobei den Geiselnehmern freies Geleit nach Kuba zugesagt wurde. Einigen Berichten zufolge sollen die Rebellen zwischen 1 und 2 Milliarden Dollar von der kolumbianischen Regierung verlangt haben.

Die terroristische Tätigkeit der M-19 war jedoch damit nicht beendet. Im November 1985 nahm das Kommando im Justizpalast von Bogotá etwa 300 Richter, Beamte und Rechtsanwälte als Geiseln. Obwohl einige Versuche einer Verhandlung zwischen Regierung und Terroristen unternommen wurden, griff schließlich die Armee ein und versuchte den Justizpalast zu stürmen. Im Zuge der heftigen Kämpfe wurden mehr als 100 Menschen getötet und das Gebäude ging in Flammen auf. Der Vorfall zeigte, dass Kolumbien dringend eine auf Terrorismusbekämpfung spezialisierte Einheit schaffen musste, die behutsamer auf solche Krisen reagieren konnte und dabei das Leben der Geiseln weniger gefährdete.

Wie viele Spezialeinheiten dieser Art ist die AFEAU (*Agrupación de Fuerzas Especiales Anti-Terroristas Urbanas*) relativ klein und besteht aus etwa 100 Mitgliedern, die von den Streitkräften oder der Polizei kommen. Die Einheit ist in sechs Kommandos zu je 15 Soldaten unterteilt. Für die Rekrutierung der Mitarbeiter wird in einem siebentägigen Trainings- und Testkurs eine Vorauswahl getroffen. Dann geht es nach Facatativá in der Nähe von Bogotá, wo die Rekruten verschiedenen Spezialtrainingskursen für die Terrorismusbekämp-

PLAN COLOMBIA

Als »Plan Colombia« bezeichnete die US-Regierung zahlreiche Initiativen, die 1998 und 1999 unternommen wurden, um den ausgedehnten Drogenanbau in Kolumbien einzudämmen. Dazu gehörten sowohl Militär- als auch Entwicklungshilfe sowie Konzepte zur Zerstörung von Drogenplantagen durch Begasung aus der Luft oder durch Ausreißen der Pflanzen.

2000 boten die Vereinigten Staaten Kolumbien an, 500 Mann der amerikanischen Armee zu stationieren, um die lokalen Streitkräfte in Rebellions- und Drogenkriminalitätsbekämpfung zu unterrichten.

2004 bauten die Vereinigten Staaten das Programm, das nunmehr unter der Bezeichnung »Andean Counter-Drug Initiative« lief, aus und erhöhten die Anzahl der US-Militärs auf 800.

Auf diese Initiativen reagierten Organisationen wie die FARC mit Gewalt. Als die von der Polizei begleiteten Landarbeiter ausrückten, um Kokasträucher auszureißen, verlegten FARC-Mitglieder Antipersonenminen an den Zugangswegen oder versuchten, die Arbeiter auf andere Weise zu töten.

2005 wurden zwar Kokasträucher auf mehr als 30.000 ha Land ausgerissen, wodurch man jedoch ein Nachwachsen nicht unbedingt verhindern konnte. Außerdem zogen viele Pflanzer, während ihre Plantagen zerstört wurden, ganz einfach in andere Andenregionen, um neue Pflanzungen anzulegen.

fung unterzogen werden. Dazu gehören Rettung von Geiseln auf Schiffen, Flugzeugen oder in Gebäuden, Fast Roping, Fallschirmspringen und andere Disziplinen.

Fuerzas Especiales de Infanteria de Marina

Die Idee einer kolumbianischen Marineeinheit, die verschiedene Aktionen zur Terrorismusbekämpfung durchführen könnte, wurde erstmals 1966 erwähnt. Seitdem wurden eine Marine-Infanteriebrigade in Sincelejo an der Atlantikküste und eine weitere Marine-Infanteriebrigade in Buenaventura an der Pazifikküste aufgestellt.

Der Marinestützpunkt Cartagena ist auch die Basis der *Grupo de Comandos Anfibios* (GCA). Diese Einheit soll von US Navy SEALs ausgebildet worden sein. Auch ihr Einsatzprofil ist jenem der US Navy SEALs oder dem britischen SBS sehr ähnlich: Seelandungsaktionen zur Zerstörung gegnerischer Anlagen, Kampfschwimmen und Geiselrettung. Die kolumbianischen Sicherheitskräfte konzentrieren sich besonders auf den Kampf gegen die Drogenkriminalität.

2003 führten marine Spezialeinheiten erfolgreich eine gemeinsame Operation gegen Drogenschmuggler im Canal del Dique in der kolumbianischen Region Atlantico durch.

Um die Drogenschmuggler, die den Kanal zum Transport ihrer Ware nutzten, zu fangen, riegelten Flottenverbände der Einheit Yati Combate Fluvial 30-30 die Kanalabschnitte von Calamar und Estanislao ab. Dann schritten die GCA-Amphibienkommandos ein und entdeckten drei Schnellboote, die gerade ablegen wollten. Weiter landeinwärts konnten sie vier im Unterholz versteckte Geländefahrzeuge finden. Bei der weiteren Suche stießen die Spezialkommandos auf Verstecke mit insgesamt etwa 3,5 t Kokain. Zudem fand man große Mengen an Waffen und Munition und es wurden mindestens vier Personen verhaftet.

Eine ähnliche Operation fand am 19. Oktober 2006 statt, bei der von Flotte, Polizei und weiteren Einheiten zur Drogenbekämpfung 8,5 t Kokain sichergestellt wurden. Die Kokainladung mit einem Wert von mindestens 170 Mio. Dollar befand sich an Bord von drei »Go-Fast«-Schnellbooten nicht weit von der Mündung des San-Juan-Flusses an der Pazifikküste Kolumbiens.

Gegenüberliegende Seite: Training eines kolumbianischen Kommandos für den Flusseinsatz, 2003.

Lanceros

Um eine leistungsfähige Einheit zur Bekämpfung von Aufständen zu schaffen, gründete man im Dezember 1955 die *Escuela de Lanceros*. Die Lanceros, benannt nach einer berühmten Einheit des Unabhängigkeitskampfes 1819, richteten ihren Blick auf irreguläre Kriegsführung und wurden zum Teil in Fort Benning in den Vereinigten Staaten ausgebildet. Die Offiziere, die mit den US-Rangern trainiert hatten, kehrten nach Kolumbien zurück, um Männer der verschiedensten Dienstgrade für die Aufgaben der Terrorismusbekämpfung auszubilden. 1966 wurden Elitetruppen zur Aufstandsbekämpfung gebildet, die nun, obwohl die Teams kleiner waren, durch ihre besondere Ausbildung und Spezialkenntnisse besser dafür gewappnet waren als zuvor.

Kommandobataillon der kolumbianischen Armee (BACOA)

Das neue BACOA-Kommandobataillon wurde von den US-amerikanischen Green Berets in verschiedenen Techniken ausgebildet, wie verdeckte Aufklärung oder Operationen mit Nachtsicht- und Laser-Zielbestimmungsgeräten.

Die von den Green Berets (die selbst bei Kampfeinsätzen in Kolumbien nicht teilnehmen dürfen) speziell geschulten Sicherheitskräfte des 600 Mann starken Kommandobataillons werden auch eingesetzt, um die konventionellen Streitkräfte bei

den Razzien im Gebiet der Rebellengruppen zu begleiten.

Bei der Operation Liberty-1 in der kolumbianischen Region Cudinamarea waren Soldaten des Kommandobataillons und der 5. Armeedivision zugegen. Bei diesem fünf Monate dauernden Einsatz wurden 165 FARC-Guerilleros getötet, weitere 155 wurden gefangen genommen und mindestens 8 t Sprengstoff beschlagnahmt. Bei den Gefechten kamen auch vier FARC-Kommandeure ums Leben.

Training

In der Region Arauca erhält auch die 18. Elitebrigade eine Ausbildung durch Soldaten US-amerikanische Spezialeinsatzkräfte. Die US-Amerikaner dürfen die Brigade zwar nicht in den Kampf begleiten, die kolumbianischen Soldaten werden jedoch in der Anwendung neuer Waffen unterrichtet und können beim Training ihre Reaktion noch verbessern. Die amerikanischen Ausbilder helfen vielleicht auch bei der Umorganisierung der Streitkräfte mit, um ihre Effektivität zu erhöhen. So wurde beispielsweise zusätzlich zu den Angriffstruppen eine Aufklärungseinheit geschaffen, um im Dschungel noch bessere »Augen und Ohren« zur Verfügung zu haben.

Die auszubildende Spezialeinheit schließt auch eine PSYOPS-Abteilung mit ein – denn der »Winning Hearts and Minds«-Aspekt kann bei Sondereinsätzen 80% des Kampfes ausmachen. Zu der Arbeit gehört auch, junge Menschen, welchen die Ideologie der Rebellen eingetrichtert wurde, die kolumbianischen Sicherheitskräfte und deren Verbündete als Todfeinde zu sehen, umzuerziehen.

Ein weiterer Trainingsaspekt, der von den US-Amerikanern eingeführt wurde, ist die Veränderung der Kommandostruktur in den kolumbianischen Streitkräften. Da die rangniedrigeren Soldaten in Kolumbien aus einer anderen sozialen Schicht als die Ranghöheren kommen, tendieren sie dazu, auf Befehle der »Offiziersklasse« zu warten.

Bei Sondereinsätzen ist es jedoch notwendig, dass jeder einzelne Mann bereit ist, auch selbst Entscheidungen zu fällen und dass jeder Unteroffizier fähig ist, Befehle zu erteilen, ganz gleich ob ein ranghöherer Offizier anwesend ist oder nicht.

Gegenüberliegende Seite: Bolivianische Fallschirmjäger warten während der »Fuerzas Unidas Bolivia« bezeichneten gemeinsamen Übung mit US-Einheiten darauf, an Bord einer C 130 Hercules gehen zu können.

US ARMY CIVIL AFFAIRS AND PSYCHOLOGICAL OPERATIONS COMMAND (AIRBORNE) USACAPOC

Das USACAPOC hat sein Hauptquartier in Fort Bragg, North Carolina. Unter seinem Kommando stehen etwa 10.000 Personen, die zum Teil Reservisten sind und einen bürgerlichen Beruf ausüben. Der Zweck psychologischer Operationen ist die Herstellung von Kontakten zwischen den stationierten militärischen Einheiten mit den staatlichen Behörden und der Zivilbevölkerung eines bestimmten Landes. Die berufliche Erfahrung der Reservisten ist vor allem deswegen sehr nützlich, da sie aufgrund ihres zivilen Berufes den entsprechenden Behörden, seien es Gerichte, Gesundheitseinrichtungen, Ämter oder etwa Energieversorger, nützliche Hilfestellung leisten können.

Durch den Dialog und durch die Bereitstellung von Hilfe oder Beratung können die PSYOPS-Teams eine gute Atmosphäre für die Zusammenarbeit mit der Bevölkerung schaffen. Die Maßnahmen können von medizinischer Unterstützung, wie etwa der Behandlung von Wunden und Krankheiten, bis zu großen technischen Projekten wie etwa Straßenbau oder Straßensanierung gehen.

PSYOPS-Soldaten beschäftigen sich intensiv mit den Medien und allen Formen von Publikationen, klären die Bevölkerung über Falschinformationen auf und informieren sie über politische und sonstige Geschehnisse.

Sprachkenntnisse gehören zu den ersten Voraussetzungen eines erfolgreichen PSYOPS-Mitarbeiters.

BOLIVIEN

Es gibt zwar fortwährende Versuche, die Anbaumenge von Kokasträuchern in Südamerika zu reduzieren; diese treffen jedoch auf erbitterten Widerstand der traditionellen Kokabauern und jener, welche die Ernte aus triftigen Gründen verkaufen wollen.

Die Wahl des ehemaligen Kokabauern Evo Morales zum bolivianischen Präsidenten wurde von vielen als Zeichen gesehen, dass die vermehrte Zerstörung von Kokasträuchern bald beendet werden könnte. Dies wird sicherlich von den kleinen Kokabauern begrüßt. Aber auch die Drogenkartelle werden um die besten Ausgangspositionen ringen, um ihren Gewinn zu sichern. Nachdem sich die Drogenringe in Ländern wie Kolumbien bereits in ihrer Aktivität behindert fühlten, suchten sie andere Einkommensquellen. Als beunruhigende Folge begannen

GRUPO DE FUZILEIROS NAVAIS

Innerhalb des Hauptkorps der Grupamento de Fuzileiros Navais gibt es ein Bataillon als Spezialeinheit, das Batalhão de Operações Especiais de Fuzileiros Navais (Tonelero). Das Bataillon ist auch unter der Bezeichnung Comandos Anfibios, oder kurz COMANF, bekannt.

Zu den Aufgaben des Bataillons gehören Aufklärung, Patrouillen und Razzien. Die Einheit ist in verschiedene Kompanien unterteilt: zwei amphibische Aufklärungs-Kompanien (ReconAnf), eine Kommando- und Instandsetzungskompanie, eine territoriale Aufklärungs-Kompanie (ReconTer) und zwei Landungsflotten-Kompanien. Es gibt auch eine eigens für Geiselrettungsaktionen und ähnliche Einsätze vorgesehene Kompanie, Grupo Especial de Retomada e Resgate (GERR) genannt.

Die für das Toneleros-Bataillon ausgewählten Rekruten erhalten ein zweijähriges Training. Zu den Trainingseinheiten gehören der Spezialkurs für amphibische Kommandos Cursos Especiais de Comandos Anfibios (CESCOMANF), ein Kurs für Sondereinsätze (CESOPESP) und der Kurs für Fallschirmspringen mit freiem Fall Curso Expedito de Salto Livre (CEXSAL). Die angehenden Spezialeinsatzkräfte trainieren auch das Einschleusen mittels U-Boot und die Zerstörung von Einrichtungen unter Wasser. Des Weiteren gehören Klettern und Dschungeltraining zur Ausbildung. Schließlich werden einige Toneleros noch zu Spezialkursen ins Ausland geschickt, wie etwa dem All-Arms-Commando-Kurs der Royal Marines, dem Comando-de-Operaciones-Especiales-Kurs der spanischen Marine, dem US-Ranger-Kurs oder zum Amphibious-Reconnaissance-Kurs des US-Marinekorps. Im eigenen Land führen die COMANFs Übungen in verschiedenen Regionen durch, die Trainingseinheiten bei großer Kälte, im Gebirge, in Sümpfen und auf Flüssen mit einschließen.

---

mexikanische Kartelle ihre Präsenz in Bolivien aufzubauen und brachten ihr professionelles Netzwerk und ihre rücksichtslosen Methoden mit.

Die bolivianische Drogenbekämpfungsbehörde FELCN, die eng mit der US-amerikanischen DEA (Drug Enforcement Administration) zusammenarbeitet, ist dabei, dem immer schwungvolleren Drogenhandel mit starken, effektvollen Aktionen zu begegnen. Im Unterschied zu den großen kolumbianischen Kartellen sind die bolivianischen Drogenhändler meist in kleineren Gruppen organisiert, die leichter aufgedeckt und bekämpft werden können.

Bolivien ist der weltweit drittgrößte Produzent von Kokablättern. Seine Sicherheitskräfte stehen vor der großen Herausforderung, die Kokaproduktion einzudämmen. Neben dem Einsickern mexikanischer Drogenhändler gibt es vermutlich enge Verbindungen zwischen bolivianischen Drogenhändlern und den FARC-Guerilleros in Kolumbien. Tatsache ist jedoch, dass, während die Maßnahmen zur Bekämpfung der Drogenkriminalität und gegen aufständische Guerillagruppierungen effektiver werden, die Drogenringe anderswohin ausweichen und das Drogenproblem nur umso größer wird.

Bolivianische Spezialeinheiten

In der Ausbildung von Soldaten aller Dienstgrade für die bolivianischen Boden-, See- und Luftstreitkräfte bestehen enge Verbindungen zu den Vereinigten Staaten.

Truppenoffiziere erhalten eine Spezialausbildung durch die Escuela de Especialización de Armas, während die Weiterbildung des Stabes in der Escuela de Comando y Estado Mayor Mariscal Andres Santa Cruz in Cochabamba erfolgt. In Cochabamba befindet sich auch das Centro de Instrucciòn de Tropas Especiales, wo das Fallschirmjäger-Bataillon beheimatet ist.

Weitere Ausbildungsstätten für Sondereinsätze sind das Centro de Instrucciòn de Operaciones en la Selva, eine Schule für Dschungeltraining in Riberalta, und die Schule für Spezialeinheiten in Santa Cruz, in der auch US-amerikanische Ausbildner unterrichten.

Die bolivianische Luftwaffe besitzt Stützpunkte in La Paz, Cochabamba, Santa Cruz, Robore, Tarija und Trinidad.

Die bolivianische Flotte ist, da das Land keinen Zugang zum Meer besitzt, natürlich nur sehr klein. Ihr Hauptaufgabengebiet sind Flusspatrouillen, da das Flussnetz wie überall in Lateinamerika einen schnellen Verbindungsweg für den Drogenhandel darstellt. Stützpunkte für Patrouillenfahrzeuge sind Riberalta, Trinidad, Puerto Guayaramerin, Tiquina, Puerto Suarez und Cobija. Tiquina an der Westgrenze Boliviens ist auch die Basis des Marineinfanterie-Bataillons.

Militärische Anti-Drogen-Einheiten sind die zur Infanterie gehörigen »Diablos Verdes«, die »Diablos Rojos« der Luftstreitkräfte und die »Diablos Azules« des Flottenverbands.

Die Diablos Verdes arbeiten mit der Polizei zusammen und sorgen für den Transport und den Schutz jener Einheiten, die mit der Zerstörung von Kokasträuchern betraut sind. Die Diablos Rojos werden ebenfalls für den Transport von Eingreiftruppen zur Drogenbekämpfung eingesetzt. Sie fliegen amerikanische Hubschrauber und Transportflugzeuge wie die C-130 Hercules. Die Diablos Azules sind an den Flottenstützpunkten Trinidad, Puerto Villaroel, Riberalta und Guayaramerin stationiert.

Die Kontrollen durch diese und weitere Drogen-bekämpfungs-Einheiten führten dazu, dass die Produktion von reinem Kokain von 255 t Mitte der 1990er-Jahre auf möglicherweise nur noch 70 t im Jahr 2006 reduziert wurde. Die Kokasträucher wurden jedoch nicht in allen Regionen erfolgreich ver-

Soldaten der brasilianischen Dschungel-brigade, die während einer als »Operation Timbo« bezeichneten Übung zur Verteidigung der Amazonas-Region von Bord einer Heeres-transportmaschine gehen.

nichtet – vor allem in der Region Yungas erhöhte sich die Kokaproduktion 2005 und 2006 sogar. Die Region Yungas besteht aus gebirgigem Gelände und ist sehr schwer zugänglich. 2005 konnte die bolivianische Drogenbekämpfungs-Behörde FELCN 11,5 t Kokainbase, 31,4 t Cannabis, 540.774 l flüssiges Kokain und 298.815 t Kokainprodukte in Pulver- oder Pastenform (zum Beispiel Kokainsulfat oder Kokainhydrochlorid) beschlagnahmen. Sie zerstörte bei mehr als 6294 Einsätzen 2619 Kokainlabors und nahm 4376 Personen fest. Das Ausmaß der Drogengeschäfte ist jedoch

Brasilianische Elitesoldaten bereiten einen Einsatz vor, im Zuge dessen sie illegale Goldsucher im Gebiet des Pic de Neblina, Brasilien, umzingeln wollen.

derart hoch, dass der Drogenhandel weiterhin blüht und sich der Kokainverbrauch in den bolivianischen Städten zwischen 2000 und 2005 mehr als verdoppelt hat.

BRASILIEN

Seine Grenzen, seine riesigen Dschungelgebiete und das vor allem in der Amazonasregion besonders ausgedehnte Netz von Wasserwegen machen Brasilien zum idealen Unterschlupf und zum idealen Durchgangsland für Drogenhändler. Zudem kommen auch Rebellen aus anderen Ländern wie etwa Kolumbien gelegentlich über die Grenze nach Brasilien, um sich vor den Regierungsbehörden zu verstecken. Daher ist eine Hauptaufgabe Brasiliens, die Grenzen besser zu bewachen, um illegale Grenzübergänge hintanzuhalten. Zur Verfolgung

1ST BATALHÃO DE FORCES ESPECIAIS

Das 1. Spezialeinsatzkräfte-Bataillon ist Teil der Fallschirmjäger-Infanteriebrigade und wurde 1957 als eine auf Dschungel-Rettungsaktionen spezialisierte Fallschirmjäger-Rettungseinheit gegründet. Die Einheit arbeitete bei der Ausarbeitung des Trainingsprogramms eng mit dem US Army Special Forces Mobile Training Team (MTT) zusammen. 1968 hatte sich die Einheit zu einer modernen Spezialeinsatzkräfte-Abteilung mit einer breiten Palette von speziellen Kenntnissen und Fähigkeiten entwickelt, die sie auch zur Terrorismusbekämpfung befähigten.

Beim 14-tägigen Aufnahmekurs gibt es eine sehr hohe Ausfallsquote, wobei meist nur 10% der Bewerber für den nächsten Ausbildungsschritt übrig bleiben. Danach kommt ein 13-wöchiger Kurs zur Terrorismusbekämpfung, zu dem Fallschirmspringen, Einschleusen mittels Hubschrauber, Fast Roping, Schießübungen und Close Quarter Combat (CQB) gehören. Die brasilianische Heeres-Dschungelschule CIGS stellt auch ein Training für Landeoperationen, Gebirgskampf, HAHO/HALO-Fallschirmspringen und Fernaufklärung bereit.

Die Fernaufklärung ist in dieser Einheit, die oft im weiten Amazonasdschungel eingesetzt wird, besonders wichtig. Die Stärke der für solche Operationen eingesetzten Einheiten ist meist größer als bei sonstigen Sondereinheiten, da in derart abgelegenen Gebieten Versorgung und Kommunikation gesichert werden müssen.

---

dieser Ziele schuf man das Nationale Sekretariat für Öffentliche Sicherheit (SENASP), das eng mit den Sicherheitskräften der Kommunen, der Bundespolizei und den Polizeieinheiten der Länder zusammenarbeitet. Die brasilianische Luftwaffe ist bereit, jegliches Fluggerät im Luftraum von Brasilien, das im Verdacht steht, Drogen zu transportieren, abzuschießen.

Die brasilianische Flotte hat Stützpunkte in Belem an der Mündung und in Manaus am Mittellauf des Amazonas. Zu den Eliteeinheiten der Flotte gehört die *Grupamento de Fuzileiros Navais*.

Das brasilianische Flottenkommando der Amazonasregion, *Comando Naval da Amazônia Ocidental* (CNAO) baute in den vergangenen Jahren seine Präsenz aus. Dazu gehört auch eine Helikoptereinheit (DAeFlotAM), die den Schiffen aus der Luft Unterstützung geben kann.

Die *Grupo de Fuzileiros Navais* am Stützpunkt Manaus wird derzeit in ein 900 Mann starkes Einsatzbataillon (*Batalhão de Operações Ribeirinhas* – BtlOpRib) umgewandelt, das dem Flusskommando-Hauptquartier *Centro de Adestramento de Operações Ribeirinhas* (CADOR) untersteht.

Ab 1985 wurde ein Programm verfolgt, die Präsenz an den nördlichen Grenzregionen des Amazonas und an den Grenzen zu Kolumbien, Venezuela, Guyana, Surinam und Französisch-Guayana auszubauen. Bis 1999 wurden wenigstens 36 Flugplätze errichtet oder ausgebaut, sodass auch C-130-Maschinen landen und somit rasch Truppen abgesetzt werden konnten. Zu diesem Programm gehörten auch die Errichtung von Kasernen, während von fünf Grenzeinsatz-Spezialbataillons 19 Grenzposten eingerichtet wurden.

Dschungelbrigaden

Es gibt im Amazonasgebiet vier Dschungelbrigaden – die 1., 16., 17. und 23. Dschungelbrigade – die aus 14 Bataillons bestehen und von der 4. Luftstaffel unterstützt werden. Sie arbeiten auch mit Fallschirmjägerbrigaden oder Spezialeinheiten wie den Marinefüsilieren zusammen.

Eine Großeinsatzübung wurde in der Amazonasgrenzregion 1999 ausgeführt, um FARC-Guerilleros und Drogenterroristen abzuschrecken. Die Haupteinheit, die diese Operation durchführte, kam von den Dschungelbrigaden und war bereits vor Ort. Beim Einsatz, der die gesamte 1644 km lange Grenze zu Kolumbien abdeckte, nahmen 5000 Mann teil. Der Einsatz ging über eine Übung hinaus – es gab Berichte, dass kolumbianische Spezialeinheiten bei dieser Gelegenheit die brasilianischen Flugplätze nutzten, um die Aktivität der FARC-Guerilla in den angrenzenden Teilen Kolumbiens zu bekämpfen.

Im Zuge der brasilianischen Übung wurden in zwei C-130-Hercules-Maschinen mindestens 240 Spezialeinsatzkräfte eingeflogen. Mindestens 120 Kommandos landeten, um eine Start- und Landebahn in Querari an der kolumbianischen Grenze zu beschützen. Sie wurden schnell vom 5. Bataillon einer der Dschungelbrigaden unterstützt.

Diese Machtdemonstration mag vielleicht vorübergehend gewesen sein, war jedoch nicht weit von der Realität entfernt. 1991 griffen FARC-Guerilleros einen brasilianischen Außenposten im Gebiet des Traira-Flusses an, wobei sie drei Männer töteten und weitere verwundeten. Die Brasilianer reagierten schnell. Nur 48 Stunden später waren brasilianische Spezialeinheiten auf kolumbiani-

Chilenische Spezialeinheiten im März 2004, knapp bevor sie ein Flugzeug nach Haiti besteigen, um dort einen Teil der internationalen Friedenstruppe zu bilden.

schem Gebiet, töteten sieben FARC-Guerilleros und entdeckten Waffen und Munition, die beim Überfall auf den Außenposten geraubt worden waren.

Grupo de Mergulhadores de Combate (GRUMEC)

Diese Taucher-Spezialeinheit wurde 1970 gegründet. Ihre Spezialeinsatzkräfte müssen den brasilianischen Kampftaucherkurs absolvieren und werden in einer Reihe weiterer Spezialtechniken wie HALO- und HAHO-Fallschirmspringen oder auch im Umgang mit Sprengstoff ausgebildet. Sie trainieren Einsätze im Fluss und im Dschungel, wo sie wie die US Navy SEALs oder der britische SBS Landeoperationen mit Überraschungsangriffen ausführen. Die Rekruten erlernen auch spezielle

Fertigkeiten wie Klettern, sodass sie in jedem Gelände eingesetzt werden können.

Durch ihre Spezialkenntnisse und die Fertigkeiten ihrer Männer ist die GRUMEC ein wirksames Mittel im Kampf gegen die Drogenkriminalität. Sie arbeitet vor allem in jenen Fluss- und Küstenregionen, die von den Rauschgifthändlern häufig als Transportrouten genutzt werden. Die Einheit kann sich mit ihren CRRC-Booten (speziellen Schlauchbooten für Gefechts- und Stoßtruppeinsätze) sehr schnell bewegen.

Centro de Instrução de Guerra na Selva (CIGS)

Die brasilianische Militärschule für Dschungelausbildung befindet sich in Manaus. Sie bietet je nach Rang verschiedene Trainingskurse an, und zwar COS Cat A für ranghöhere Offiziere, COS Cat B und COS Cat B1 für Offiziere der diversen Teilstreitkräfte und COS Cat C sowie COS Cat C1 für Unteroffiziere. Die Kurse werden von den Mitgliedern verschiedener Sicherheitskräfte, auch von

Marine und Polizei, besucht. Die Ausbildung umfasst eine breite Palette von Fertigkeiten und Kenntnissen, die im Zusammenhang mit dem Dschungeleinsatz stehen. Dazu gehören auch Bekleidung, Ausrüstung, Nachrichtenwesen, Beschaffungswesen, Taktiken und Logistik.

CHILE

Die Drogen-Anbauflächen Chiles haben einen vergleichsweise nur geringen Umfang und es werden auch keine bedeutenden Drogenmengen produziert. Aufgrund der sehr langen Küste, des ausgezeichneten Straßennetzes und der Tatsache, dass die Festlandgrenzen nur schwer zu kontrollieren sind, ist das Land jedoch ein wichtiger Umschlagplatz für Heroin und Kokain. Große Rauschgiftmengen kommen von Peru und Bolivien und ein gewisser Teil auch von Argentinien über die Grenze. Grenzbeamte, Geheimdienst (PICH) und Küstenwache (DIRECTEMAR) spielen bei der Drogenbekämpfung eine Schlüsselrolle. Oft werden Einsätze in Zusammenarbeit mit der US-amerikanischen Strafverfolgungsbehörde gegen den Missbrauch von Drogen, DEA (Drug Enforcement Administration), durchgeführt.

2005 konnten 2777 kg Kokainhydrochlorid, 2173 kg Kokain, 5,4 kg Heroin, 5846 kg Marihuana und 122.740 Marihuana-Pflanzen beschlagnahmt werden.

Buzos Tacticos

Diese Einheit steht unter dem Kommando der Fuerzas Especiales der chilenischen Kriegsflotte (Armada de Chile). Die *Buzos Tacticos* besteht aus etwa 200 Mann und hat ihre Stützpunkte in Viña del Mar und Valparaiso. Die Mitglieder der Einheit werden für Aufklärungseinsätze, für Zerstörungsaktionen bei Tauchgängen und für schnelle Razzien ausgebildet.

Der Auswahlprozess für die Rekruten ist äußerst streng, nur 10% bestehen die Aufnahmsprüfung.

Ecuadorianische Kommandos überqueren bei der Übung »Blue Horizon«, die gemeinsam mit den Vereinigten Staaten durchgeführt wird, mittels Seil einen Fluss.

Während des Trainings besteht ein System absoluter Gleichberechtigung und die Teilnehmer kennen sich nicht beim Namen, sondern nur über eine Nummer. Ein großer Teil der Ausbildung wird im Zusammenhang mit der Marine ausgeführt. Sowohl im Schwimmen als auch im Tauchen gibt es Ausdauertrainingskurse. Dazu gehört, eine Distanz von 50 m unter der Wasseroberfläche zu schwimmen, ohne zum Luftschöpfen auftauchen zu müssen.

Bei einer anderen Übung müssen die Rekruten am Boden eines Pools zwischen Sauerstoffflaschen hin- und hertauchen, wobei sie aus jeder Flasche Luft nehmen; dann müssen sie kontrolliert auftauchen. Manche Übungen im Wasser müssen von den Rekruten mit gefesselten Händen und Füßen ausgeführt werden.

Grupo de Operaciones Policiales Especiales (GOPE)

Diese Gruppe ist eine Eliteeinheit der chilenischen Grenzpolizei (Carabineros de Chile). Ihre Mitglieder werden sehr ähnlich jenen militärischer Spezialeinheiten trainiert, welche für Einsätze zur Terrorismusbekämpfung, zur Geiselbefreiung, zur Bekämpfung des Drogenhandels und anderer Verbrechen vorgesehen sind. Die GOPE-Einheit arbeitet mit den *Patrullas de Acciones Especiales* (PAES) bei Sonderpatrouillen zusammen. Das Training umfasst eine breite Palette von Disziplinen, wie Bergrettung, Seeoperationen und Einsätze im städtischen Bereich.

Die Drogenkontrolle rangiert bei den GOPE-Einsätzen unter der breiten Rubrik der Terrorismusbekämpfung. Solche Einsätze trainiert die GOPE

Gegenüberliegende Seite: Peruanische Spezialeinheiten bewachen den Präsidentenpalast in Lima (Oktober 2000), nachdem Rebellen die Bergwerksstadt Toquepala besetzt haben.

mit der C-Kompanie der US 7th Special Forces Group. Zu den gemeinsamen Übungen gehören Scharfschützentraining, Fallschirmspringen sowie Taktiken für Überraschungsangriffe und Rettungsaktionen wie etwa für eine Befreiung von Geiseln in Flugzeugen, Schiffen oder Gebäuden.

ECUADOR

Ecuador liegt an der Pazifikküste Südamerikas. Da es an die Staaten Kolumbien und Peru, in denen weltweit die größten Drogenmengen erzeugt werden, grenzt, ist Ecuador auch ein bedeutendes Transitland für den Drogenhandel. Da viele kolumbianische Schiffe mit Drogen an Bord abgefangen wurden, verwendeten die Drogenringe mehr und mehr Schiffe mit ecuadorianischer Flagge. Ein weiteres Problem besteht darin, dass sich gleich hinter der Nordgrenze zu Kolumbien jene Region befindet, in der die linksgerichtete Guerillabewegung FARC ihren größten Einfluss hat.

Die US-Regierung hat mit der Regierung von Ecuador bei verschiedenen Operationen gegen die Drogenkriminalität zusammengearbeitet. 2005 wurden 2438 Ecuadorianer und 314 Ausländer wegen Drogenhandels festgenommen.

Die US Naval Special Warfare Unit 4 trainiert auf den Stützpunkten Guayaquil und Quito mit dem ecuadorianischen Cuerpo Infanteria de Marina (Marine-Korps), um deren Einsätze an den Flüssen zu perfektionieren. Das US Marine Corps hilft

7TH SPECIAL FORCES GROUP (AIRBORNE)

Diese Spezialeinheit wurde im Juli 1942 als gemeinsames Kommando der Vereinigten Staaten und Kanadas gegründet. Sie sollte gegen eventuelle Abschusseinrichtungen für Raketen und Nuklearwaffen in Skandinavien vorgehen, die Gruppe wurde jedoch dann in den Aleuten eingesetzt. Danach wurde sie nach Südfrankreich und Italien geschickt. Zu dieser Zeit bekam die Einheit den Namen »Devil's Brigade«. 1945 wurde sie aufgelöst und im September 1953 in Fort Bragg reaktiviert. 1960 bekam sie die offizielle Bezeichnung 7th Special Forces Group (Airborne), 1st Special Forces. 2005 wurde die 7th Special Forces nach Florida verlegt.

In den 1960er-Jahren wurden der 7th-Special-Forces-Einheit die Ausbildung und Beratung ausländischer militärischer Streitkräfte übertragen. Mit einem derartigen Auftrag wurden Mitglieder dieser Einheit 1961 nach Südvietnam, Laos und Thailand entsandt. Zur gleichen Zeit kamen auch Teile der Gruppe als 3rd Battalion, 7th Special Forces Group nach Lateinamerika. Hier setzten sie in Ländern wie El Salvador und Honduras Aktivitäten zur Bekämpfung des Kommunismus. Seit dem Ende der 1980er-Jahre traten Operationen zur Drogenbekämpfung in der Andenregion in den Mittelpunkt der Aktivitäten der 7th Special Forces Group, die in Panama bei der Operation *Just Cause* im Januar 1990 auch direkt ins Geschehen eingriff.

Ein Soldat der US Navy SEALs springt im Zuge einer Übung aus einer Transportmaschine ab.

beim Training der ecuadorianischen Spezialeinheiten und der Polizei, während der 16th Special Operations Wing und die 720th Special Tactics Group den ecuadorianischen Ala de Combate (Kampfflügel) ausbilden.

PERU
Sendero Luminoso – Leuchtender Pfad

Diese peruanische revolutionäre Gruppierung versuchte den Menschen den maoistischen Kommunismus näher zu bringen, übte jedoch Terror auf die lokale bäuerliche Bevölkerung aus. Wie viele derartige Organisationen finanziert sich der Leuchtende Pfad über den Handel von Drogen, insbesondere von Kokain. Sein Führer, Abimael Guzman Reynoso, wurde 1992 festgenommen und zu lebenslänglicher Freiheitsstrafe verurteilt. Die Gruppierung besteht jedoch nach wie vor, wenn auch in kleinerem Maßstab.

Nach einem vorübergehenden Nachlassen der Aktivitäten hat der Leuchtende Pfad 2004 wieder auf sich aufmerksam gemacht. In jenem Jahr gab es mindestens 291 Zwischenfälle, die durch diese Gruppe verursacht wurden. 2005 stiegen die Zwischenfälle auf 426 an – eine Zunahme von 46% im Jahr. Dabei wurden innerhalb von zwei Wochen mindestens 13 Polizeioffiziere getötet.

Der Leuchtende Pfad rekrutiert sich aus Freiwilligen. Die Mitglieder gehen ihren normalen täglichen legalen Berufen nach, bis sie zum Einsatz gerufen werden. Um bestimmte Aktionen auszuführen, treffen sie sich an vorher verabredeten abgelegenen Orten, wo sie Zugang zu Waffen, Munition und weiteren Ausrüstungsgegenständen haben.

Die Operationen des Leuchtenden Pfads werden weitgehend von Drogenhändlern finanziert. Die Morde an Polizisten und andere Verbrechen stehen in engem Zusammenhang mit den Zielen der Drogenmafia.

Die von den Vereinigten Staaten geförderte Zerstörung der Kokaplantagen traf nicht nur die Drogenhändler, sondern auch die kleinen Bauern, die Kokasträucher für den traditionellen und auch legalen Gebrauch angebaut hatten und ihre Existenzgrundlage verloren. Der Leuchtende Pfad, der in der Vergangenheit die bäuerliche Bevölkerung terrorisiert hatte, ist nun schlau genug, die Unzufriedenheit der Bauern über ihre missliche Lage zu nutzen. Im Hinblick auf eine der Hauptregeln für die Bekämpfung von Rebellen, welche »Winning Hearts and Minds« heißt, sind die Sicherheitskräfte der Regierung nun im Nachteil.

Mitglieder des 16th Special Operations Wing (SOW) setzen Soldaten einer Spezialeinheit und ihre Ausrüstung bei einem Nachteinsatz ab.

Einsatz der US-amerikanischen Spezialeinheiten

Die meisten Militärs, die in die Andenregion entsandt wurden, waren Mitglieder von Spezialeinheiten. Sie hatten eine Ausbildung, die ihnen erlauben würde, im Dschungel und in hohen Gebirgsregionen zu überleben und gleichzeitig noch die Initiative ergreifen zu können. Sie hatten eine besondere Sprachausbildung und hatten auch Techniken erlernt, freundlichen Kontakt mit der Bevölkerung anzuknüpfen und sie vor den verlockenden Versprechungen der Rebellen zu warnen.

Die Spezialeinsatzkräfte konnten die südamerikanischen Soldaten in professionellen Techniken zur Aufstandsbekämpfung und Aufklärung sowie in taktischen Manövern ausbilden. Sie halfen auch bei der Beschaffung modernster Waffen und Ausrüstungsgegenstände mit, mit denen die Regierungsstreitkräfte über einen gewissen Materialvorteil verfügen würden. Dazu gehörten auch Hubschrauber und Schnellboote.

Allein 1984 wurden 2700 Spezialeinsatzkräfte des US Southern Command (SOUTHCOM) nach Südamerika entsandt, unter anderem Mitglieder der Green Berets, US Rangers, Special-Operations-Aviation-Einheiten, Psychological-and-Civil-Affairs-Einheiten, US Navy SEALs, Special-Boat-Einheiten und Spezialstaffeln der US Air Force.

Joint Combined Exchange Training (JCET)

Das JCET-Programm war hauptsächlich dafür gedacht, US-amerikanische Spezialeinheiten und andere militärische Einheiten mit der Landschaft in jenen Ländern vertraut zu machen, in denen sie eingesetzt wurden. Zudem sollen die Soldaten die jeweiligen politischen, militärischen, sozialen und humanitären Gegebenheiten kennen lernen und mit den zuständigen militärischen und politischen Einheiten sowie anderen Stellen Kontakte knüpfen.

United States Southern Command (USSOUTHCOM) und Special Operations Command South (SOCSOUTH)

Die Basis des SOCSOUTH ist die Naval Station Roosevelt Roads in Puerto Rico. Zu diesem Sondereinsatzkommando gehören noch drei kleinere Einsatzgruppen an vorgezogenen Stützpunkten: C Company, 3rd Battalion, 7th Special Forces Group (Airborne); Naval Special Warfare Unit 4; und schließlich D Company, 160th Special Operations Aviation Regiment (Airborne).

US SEABORNE SPECIAL FORCES – MITTEL- UND SÜDAMERIKA

Küstenpatrouillenboote der Cyclone-Klasse

Diese Schiffe sind für Patrouillenfahrten gedacht und werden gegen Schmuggler, illegale Einwanderer usw. eingesetzt, aber auch zum Transport von SEAL-Teams oder Einheiten der Küstenwache. An Bord können auch ein CRRC-Schlauchboot (Combat Rubber Raiding Craft) mit starkem Außenbordmotor und ein Festrumpfschlauchboot Platz finden. Das Schiff ist mit einer 25-mm-Mk96-Kanone, einem 40-mm-Granatwerfer und zwei 12,7-mm-Maschinengewehren bewaffnet.

Patrol Boat Light (PBL)

Dieses leichte Patrouillenboot basiert auf dem Boston Whaler und wird aus Fieberglas mit verstärkten Querträgern und Kanonenbefestigungen hergestellt. Es ist 7,62 m lang und eignet sich aufgrund des geringen Tiefgangs sehr gut für den Einsatz auf Flüssen. Es kann mit 12,7-mm- oder 7,62-mm-Maschinengewehren bewaffnet werden und hat keine Panzerung.

Naval Special Warfare Group 2

Die NSWG 2 mit Hauptquartier in Little Creek, Norfolk, Virginia, wird in Europa, auf dem Atlantik und in Südamerika eingesetzt. Unter ihrer Kontrolle stehen SEAL Team 2, SEAL Team 4, SEAL Team 8, SEAL Delivery Vehicle Team 2 und die Naval Special Warfare Unit (NSWU) 8, die in Panama stationiert ist. Die Gruppe umfasst auch zwei SEAL-Züge und die Special Boat Unit 26. Die NSWU 8 führt Spezialkampfeinsätze auf See aus, wird jedoch vor allem für weltweite Beratereinsätze und Lehrgänge herangezogen.

Special Boat Squadron 2

Die in Little Creek, Virginia, stationierte SBS 2 umfasst Special Boat Unit 20, Special Boat Unit 22 und neun Küstenpatrouillenboote, wie *USS Whirlwind, USS Thunderbolt* und *USS Shamal.*

Die Special Boat Unit 22 besitzt zwei Abteilungen für Flusspatrouillen, zwei sehr kleine Abteilungen mit gepanzerten Truppentransportern und zwei Patrol-Boat-Light-Abteilungen, die aus je zwei Patrouillenbooten und Crews bestehen.

Es gibt jährlich etwa 200 Einsätze dieser Einheiten, die in mindestens 16 Ländern operieren. Die Aktivitäten dieser Spezialkommandos werden mit den Hauptproblemen der jeweiligen Länder abgestimmt. Meist geht es um Aufruhrbekämpfung, Drogenhandel, Naturkatastrophen oder andere menschliche Notsituationen.

Im Fall, dass zwischen den mitwirkenden Nationen Rivalitäten bestehen, müssen die US-Einsatzkräfte darauf achten, vollkommen neutral zu handeln, damit nicht der Eindruck entsteht, sie würden einen bestimmten Staat in seinen Ambitionen gegen andere Länder unterstützen.

Die Spezialeinsatzkommandos versuchen natürlich, den humanitären Aspekt ihrer Einsätze zu betonen. Daher weisen sie eher auf Rettungsaktionen nach einer Flutwellenkatastrophe hin als auf

Die Special Boat Unit 26 (SBU-26) der US Special Forces verwendet während der Operation »Unitas 39-96«, einem gemeinsamen Einsatz mit panamesischen Sicherheitskräften, ein PBL-Boot (Patrol Boat Light).

heiklere Angelegenheiten wie militärisches Training oder Beratung im Hinblick auf Aufruhrbekämpfung. Da besonders im Dschungel die Flüsse als rasche Transportwege für den Großteil der Drogen genutzt werden, spielen im Kampf gegen die Drogenkriminalität Einheiten wie US Navy SEALs und Special Boat Units eine besonders wichtige Rolle. Es besteht eine enge Zusammenarbeit mit den küstennahen Patrouillen, ob sie nun von Spezialeinheiten, der US Coast Guard oder der nationalen Flotte durchgeführt werden.

SPEZIALEINHEITEN IN SÜDAMERIKA

Zahlen von 2004

Land	Bezeichnung des Trainingskurses	Anzahl der Auszubildenden	Ort	Auszubildende Einheiten	US-Einheiten
Kolumbien	Weiterführende Ausbildung CSAR	100	Tolemaida, Apiay, Melgar, Bogotá, Rio Negro	COLAF CATAM, COLAR Helikopter Baon, COLAF CACAM 2/4/5	16th SOW
Kolumbien	Weiterführende Ausbildung leichte Infanterie	510	El Espinal, Larandia, Tolemaida	CNP, DIRAN	7th SFG
Kolumbien	Weiterführende Ausbildung leichte Infanterie	557	Tolemaida, Apiay, San Jose de Guiviare	COESE, SF Commando	7th SFG
Kolumbien	Weiterführende Ausbildung leichte Infanterie	560	Larandia, Bogotá, Tolemaida, Sibate, Tres Esquinas, Melgar, Apiay, Espinal, Cartagena, Cali, Tumaco	CD Bde, Cadre, BACNA Baon	7th SFG
Kolumbien	Weiterführende Ausbildung leichte Infanterie	510	Espinal, Larandia, Tolemaida, Bogotá, Melgar, Sibate, Santa Maria, Tulua, Arauca, Barrancon	CNP Carabineros	7th SFG
Kolumbien	Weiterführende Ausbildung leichte Infanterie	797	Espinal, Larandia, Tolemaida, Bogotá	COESE HQ, Cdo Baon, Lancero Baon, SF Bde, FUDRA, Mobile Bdn	7th SFG
Kolumbien	CNT	25	Tumaco, Bahia Malaga, Buenaventura, Cali, Covenas, Cartagena, Barrancon, Tolemaida	Naval Special Dive Unit, Submarine Cdos, Army SF Comd, Marine SF Baon 1, Army SF School, Army SF Bde, Army Aviation Bde, Lancero Baon, Marine Riverine Baon 50	Special Boat Team, NSWG 2, Combat Baon 1, Army SF School, Service Support Team
Kolumbien	CNT	300	Tolemaida, Larandia	Kolumbianische mobile Brigaden	7th SFG
Kolumbien	CNT Stab	857	Tres Esquinas, Tumaco, Tulua	COESE, Kommando-Baon, Lancero Baon und SF Bde, FUDRA oder Mobile Bdn	7th SFG
Kolumbien	CNT Kontrolle von Wasserstraßen	60	Barrancon, Tolemaida, Cali, Medellín, Cartagena, Covenas, Santa Marta, Corozal, La Pita	Marine SF Baon 1, Army SF Bde, Army Aviation Bde, Army SF Command, Navy Urban Anti-Terrorist SF Unit, Marine Riverine Baon 50	SWD South, Special Boat Team, ST, NSWG 2
Kolumbien	CNT Fluss-Training	60	Barrancon, Tolemaida, Cali, Medellín, Cartagena, Covenas, Santa Marta, Corozal, La Pita	Marine SF Baon 1, Army SF Bde, Army Aviation Bde, Army SF Command, Navy Urban Anti-Terrorist SF Unit, Marine Riverine Baon 50	NDW Detachment South, Special Boat Team, NSWG 2
Kolumbien	JPAT	0	Bogotá, Arauca, Barrancon, Cano-Limon, Espinal, Facatativá, Fortul, La Esmeralda Larandia, Saravena, Tame, Tolemaida, Yati, Cartagena, Cali, Tres Esquinas	1. Cdo Bde, 12. Bde, SF Bde, 18. Bde, kolumbianische Polizei (Carabineros und DIRAN) und andere Einheiten	Naval Special Warfare
Kolumbien	JPAT	k. A.	Arauca, Barrancon, Cano-Limon, La Esmeralda, El Espinal, Facatativá, Fortul	1. Cdo Bde, 12. Bde, SF Bde, 18. Bde, kolumbianische Polizei (Carabineros und DIRAN)	7th SFG, USACAPOC Tactical CA Component NTE USASCO
Kolumbien	Leichte Infanterie	500	Bogotá, Arauca, Apiay, Saravena, Fortul, Tame, La Esmeralda	Kolumbianische Armeesoldaten	7th SFG, 96th CA BN, 12th AF, 4th PSYOPBN, 112th Signal Bn, 16th SOW, USAOC
Kolumbien	Leichte Infanterie	615	Bogotá, Espinal	CNP, DIRAN	7th SFG
Ecuador	JPAT	0	Quito, Coca, Machachi, Lago Agrio, Latacunga, Santa Cecilia, Puyo, Tulcan, Puerto El Carmen, La Esmeralda	k. A.	US Army SOC, 7th SFG
Panama	Leichte Infanterie	80	Panama City, Cerro Tigre, Colon City	Darien-Kuna Yala Grenz-Sicherheits-Polizei (DARKUN)	7th SFG, USACAPOC, US Army SOC
Paraguay	Flusseinsatz/Häuserkampf	40	Asuncion, Ciudad Del Ester, Puerto Rosario	SENAD, Marine Cdos	NSWD South
Peru	Weiterführende Ausbildung leichte Infanterie	35	Lima, Satipo, Huanuco, Tacna	1. SF Bde	7th SFG
Peru	Flusseinsatz	6	Lima, Ica, Tacna, Loreto	Fuerzas de Operaciones Especiales	NSWD South, NSWD Central
Peru	Flusseinsatz, Taktiken für Landeoperationen	30	Loreto, Ucayali, Madre De Dios	Escuela de Operaciones Riverenas (EOR)	NSWD South, NAVSCIATTS

Zahlen von 2003

Land	Bezeichnung des Trainingskurses	Anzahl der Auszubildenden	Ort	Auszubildende Einheiten	US-Einheiten
Bolivien	Flusseinsatz	20	Chimore	Spezialeinheit Diablos Azules	USMC
Bolivien	Flusseinsatz	30	La Paz	Fuerza Contra Terrorista Conjunctas (FCTC)	NSWU 4, NSWG 2
Bolivien	Flusseinsatz	100	La Paz	Bolivianische Marine- und Spezialeinheiten der Polizei	NSWU 4
Bolivien	Stabsausbildung	40	Chimore	9. Division - Chipiriri Baon	7th SFG
Chile	JCET	50	Santiago	Grupo Operaciones de Policia Especial (GOPE) der Carabineros De Chile	7th SFG
Kolumbien	Huey II Training	30	Melgar	COLAR	Contractor (Lockheed Martin) und Aviation Training Technical Assistance Field Team

Land	Bezeichnung des Trainingskurses	Anzahl der Auszubildenden	Ort	Auszubildende Einheiten	US Einheiten
Kolumbien	Leichte Infanterie	80	Espinal	DIRAN Dirección Antinarcóticos	7th SFG
Kolumbien	Leichte Infanterie	80	Facatativá und Sibate	DIRAN Dirección Antinarcóticos	7th SFG
Kolumbien	Leichte Infanterie	195	Espinal	Kolumbianische Polizei	7th SFG
Kolumbien	Leichte Infanterie	450	Arauca	18. SF Bde	7th SFG
Kolumbien	Leichte Infanterie	450	Saravena und Arauca	18. SF Bde	1st Op Det, 7th SFG, 96th Civil Affairs Bn, 16th SOW, 4th PSYOPS Gp
Kolumbien	Leichte Infanterie	450	Tolemaida	1. SF Bde	7th SFG
Kolumbien	Leichte Infanterie	550	Larandia	1. Cdo Bde	7th SFG
Kolumbien	Leichte Infanterie	1500	Espinal – Larandia – Tolemaida und Sibate	CNP Carabineros-Grupppe 1 und DIRAN	7th SFG
Kolumbien	Planung und Unterstützung	200	Bogotá – Barancon	BAFLIM 60 - 70 - 80 - 90	NSWU 4
Kolumbien	Planung und Unterstützung	50	Bogotá	COLMIL	7th SFG
Kolumbien	Flusseinsatz	200	Arauca – Yati	COLMAT Eingreiftrupppe der Binnenflotte	US Marines
Kolumbien	Flusseinsatz	30	Cartagena	Kolumbianische Marine-Spezialeinheit Baon 1	NSWU 4
Kolumbien	Flusseinsatz	31	Puerto Carreno	Binnenflotte Baon 40	NSWU 4, NSWG 2, Special Boat Team
Kolumbien	Flusseinsatz	40	Yati	Baon der kolumbianischen Binnenflotte	NSWU 4
Kolumbien	Flusseinsatz	40	Puerto Inidria	Marine Baon 50	NSWU 4, NSWG 2
Kolumbien	Flusseinsatz	45	Bogotá und Yati	Baon der kolumbianischen Binnenflotte	NSWU 4
Kolumbien	Flusseinsatz	50	Cartagena – Covenas und Barrancon	Kolumbianische AFEAU, Marine SF Baon	NSWTT (NSWU 4, Combat Service Support Team, TCS Element)
Kolumbien	Flusseinsatz	50	Cartagena	Kolumbianische Spezialtaucher-Einheit - U-Boot-Kommando	NSWU 4
Kolumbien	Flusseinsatz	60	Cartagena	Kolumbianische Flotte, Marine SF Baon 1	NSWU 4
Kolumbien	Flusseinsatz	60	Cali	Ausgewählte Mitglieder kolumbianischer Kommandos	NSWU 4
Kolumbien	Flusseinsatz	100	Cartagena	Kolumbianische Küstenwache am Atlantik	NSWU 4, Special Boat Team Detachment CARIB
Kolumbien	Flusseinsatz	200	Cartagena – Covenas – Barrancon del Ejército (CEE)	Kolumbianische Comandos Especiales	NSWU 4, NSWG 2
Kolumbien	Suchen und Retten	126	Tolemaida – Apiay – Melgar	COLAR Heli Baon/COLAF CACOM 2 & 4	16th SOW & 720th Special Tactics Gp
Kolumbien	Stabsausbildung	80	Larandia – Tres Esquinas – Cali	Kolumbianische 12. Bde	7th SFG, US Army SOC, 116th SOW, 720th Special Tactics Gp, 96th Civil Affairs Bn
Kolumbien	Stabsausbildung	550	Larandia – Tres Esquinas	1. CN Bde, BACNA Stab, Unterstüzungs-Baon, 2. Cdo Baon	7th SFG
Costa Rica	Küstenpatrouille	35	Murcielago	Nationale Küstenwache Costa Ricas	NSWU 4
Dominikan. Republik	Küstenpatrouille	50	Salinas	Comandos Navales	NSWU 4
Ecuador	Flusseinsatz	40	Guayaquil	Ecuadorianische Marine - Cuerpo Infantería de Marina	NSWU 4
Ecuador	Flusseinsatz	50	Guayquil	Ecuadorianische Polizei und Sonder-einsatzkräfte	USMC Riverine Operations Seminar Team
Ecuador	Suchen und Retten	100	Quito	Ecuadorianische Ala de Combate	720th Special Tactics Gp
Honduras	JCET	50		Honduranische Flotte, Puerto Castilla, und 15. Bde der honduranischen Armee	SEAL Team 4, NSWU 4, NSWG 2
Nicaragua	JCET	47		Brigada de Fuerzas Especiales	SEAL Team 4, NSWU 4
Panama	JCET	36	Panama	Panamesische Polizei (PNP) Panamesischer Flottendienst (SMN), Servicio de Protección Institucional (SPI)	NSWU 4, 160th SOAR, NSWG 2
Panama	JCET	40	Fort Sherman	Panamesische Grupo de Operaciones Especiales (GOE)	NSWU 4, SEAL Team 8
Panama	Leichte Infanterie	60	Panama City, Colon	Panamesische Polizei	7th SFG
Panama	Flusseinsatz	60	Panama City, Colon	Sondereingreiftruppe des SPI	NSWG 4, NSWG 2
Panama	Stabsausbildung	100	Frühere Howard Air Force Base und Fort Sherman	Panamesische Polizei	7th SFG
Paraguay	JCET	100	Asunción	CIMOE, SENAD, Flottenkommandos	7th SFG
Paraguay	Flusseinsatz	30	Asunción – Ciudad del Este	SENAD und Flottenkommandos	NSWU 4
Peru	JCET	32		Fuerzas de Operaciones Especiales (FOES), peruanische Flotten-Spezialeinheiten	7th SFG
Peru	Leichte Infanterie	40	Santa Lucia	Directiva Nacional Antidrogas	7th SFG
Peru	Flusseinsatz	30	Loreto	Ausbilder der Riverine Operations School	NSWU 4
Peru	Flusseinsatz	100	Lima – Pucallpa – Contamana	Peruanische Polizei – peruanische Küstenwache	NSWU 4, Special Boat Unit

Operation Palliser (Britischer Angriff auf RUF-Kämpfer)
Operation Khukri (Operation, um die Gurkha Rifles in Kuiva zu befreien)
Operation Basilica (Unterstützungsaktion, um die Armee, die Flotte und die Luftstreitkräfte Sierra Leones aufzustellen, auszubilden und auszurüsten)
Operation Barras (Rettungsoperation für britische Soldaten)

SIERRA LEONE

Sierra Leone liegt an der westafrikanischen Atlantikküste und besitzt in der Nähe seiner Hauptstadt Freetown einen der weltweit größten natürlichen Häfen. Die Berge auf der Halbinsel rund um Freetown wurden von den portugiesischen Seefahrern des 16. Jh.s Serra Leoa (Löwengebirge) getauft. Der Großteil der Küste besteht aus Sümpfen und Lagunen, wobei die Berge auf der Halbinsel eine Ausnahme bilden.

Der nördliche Teil des Binnenlandes ist großteils Savanne, die Landschaft im Süden besteht aus sanften, bewaldeten Hügeln und ist durch einige größere Erhebungen durchbrochen, die sich schroff vom Waldland abheben. Im Nordosten gibt es Savannen, Hügelland und einige höhere Berge.

Das Land ist von neun größeren Flüssen durchzogen, die weiter landeinwärts nicht schiffbar sind. In den Flüssen tummeln sich Krokodile, Alligatoren, Seekühe und Flusspferde.

Die Regenzeit dauert von Mai bis Oktober, die trockene Jahreszeit von November bis April. Das Klima ist im Allgemeinen warm und feucht.

Die meisten Dörfer liegen heute entlang der Straßen und sind meist nicht mehr wie früher in einem Kreis angeordnet. Freetown selbst besitzt eine römisch-katholische und eine anglikanische Kathedrale sowie mehrere Moscheen. Ansonsten gibt es in Freetown die für eine Hauptstadt typischen öffentlichen Bauten, wie Regierungsgebäude, Gerichtshöfe, eine Universität und mehrere Botschaften.

Es gibt mehrere Stammesgruppen und auch Kreolen – Nachkommen freigekommener Sklaven, die im 19. Jh. den Küstenstreifen bewohnten.

Gegenüberliegende Seite: ein Soldat des 1. Bataillons des Fallschirmjägerregiments bei einer Patrouille in der Nähe der Insel Yeliwor, Sierra Leone, im Mai 2000.

Sierra Leone erlangte 1961 die Unabhängigkeit von Großbritannien. Das Land behielt seine Unterteilung in vier Verwaltungseinheiten, nämlich die Nord-, Süd, West- und Ostprovinz. Die Provinzen sind in Distrikte und diese wiederum in Chiefdoms (Kommunalvolksgebiete) unterteilt. Obwohl die legale Gewalt den Stadtbehörden übertragen wurde, übten die Stammesältesten weiterhin einen traditionellen Einfluss im kulturellen, aber auch im administrativen Bereich aus.

1971 wurde das Land zur Republik erklärt, blieb aber in das Commonwealth eingebettet. Siaka Stevens' Volkspartei (APC) gewann zwar 1967 die Wahlen, dann übernahm jedoch die Armee die Macht und stellte eine Militärregierung unter Lieutenant Colonel Andrew Juxon-Smith auf. Später wurden die Armeeoffiziere abgelöst und Stevens übernahm wieder die Führung des Staates.

Die Korruption in der Stevens-Regierung griff immer mehr um sich und 1978 führte Stevens den Einparteienstaat ein. 1985 übernahm Joseph Saidu Momoh die Regierung, was jedoch nicht von einer Abnahme der Korruption begleitet war. 1992 übernahm nach einem Staatsstreich der NPRC (National Provisional Ruling Council) die Macht und Captain Valentine E. M. Strasser wurde Staatsoberhaupt.

Die Revolutionary United Front (RUF), die in den 1980er-Jahren in Liberia gegründet worden war, begann vom benachbarten Liberia aus eine Kampagne gegen die korrupte Regierung Momohs. Die RUF fand auch in Sierra Leone unter der enttäuschten arbeitslosen Bevölkerung viele Rekruten. Unter anderem wurden auch Kinder angeworben oder zwangsrekrutiert. Aufgrund der starken Zunahme von Handfeuerwaffen in Afrika gehörten diese zu den wenigen Dingen, an welchen kein Mangel herrschte.

Im Januar 1996 wurde Strasser von Brigadier Julius Maada Bio gestürzt. Nachdem die Volkspartei

Sierra Leones unter Ahmad Tejan Kabbah über Verhandlungen eine Rückkehr zur Zivilgesetzgebung erreichen hatte können, versuchte die Regierung vergeblich einen Waffenstillstand mit der RUF auszuhandeln.

Im Mai 1997 stürzten Lieutenant Colonel Johnny Paul Koroma und der Armed Forces Revolutionary Council (AFRC) die Kabbah-Regierung. Die RUF wurde zu einer Regierungsbeteiligung eingeladen. Nun griff die internationale Gemeinschaft ein. Die Vereinten Nationen beschlossen mittels Sicherheitsrats-Resolution 1132 Sanktionen, das Commonwealth kündigte die Mitgliedschaft Sierra Leones und Kabbah konnte im März an die Macht zurückkehren.

Am 13. Juli 1998 wurde die United Nations Observer Mission in Sierra Leone (UNOMSIL) eingesetzt. Zu ihren Aufgaben gehörte, gemeinsam mit der Economic Community of West African States Monitoring Group (ECOMOG) die Kampfparteien zu entwaffnen und die militärische Macht wieder den nationalen Sicherheitskräften zu übertragen. Kämpfe und Verbrechen hörten jedoch nicht auf. RUF-Milizführer ließen Überfälle in Freetown und an anderen Orten durchführen. Wer sich ihnen entgegenstellte, wurde verstümmelt, vergewaltigt oder getötet. Die RUF-Milizen fanden immer mehr Zulauf, sodass sie bald das halbe Land kontrollierten und im Dezember 1998 einen großangelegten Angriff auf Freetown durchführen konnten.

Im Januar 1999 fielen RUF-Kämpfer in Freetown ein und zwangen viele der UNOMSIL-Vertreter, abzureisen. ECOMOG-Streitkräfte führten im selben Monat einen Gegenangriff durch und konnten die Kontrolle über Freetown wiedererlangen. Die RUF-Führungsmitglieder blieben jedoch auf freiem Fuß. Nach Verhandlungen mit den Rebellen wurde in Lomé am 7. Juli eine Vereinbarung unterzeichnet, die eine Regierung der nationalen Einheit vorsah.

Am 23. September 1999 wurde die UNOMSIL durch eine Friedensmission ersetzt, die mit mehr Befugnissen ausgestattet war – die United Nations Mission in Sierra Leone (UNAMSIL). Dafür sollten 6000 Soldaten eingesetzt werden. Im Februar 2000 wurde die Truppenstärke auf 11.100 Soldaten ausgeweitet.

Im Mai 2000 brach die RUF die Waffenruhe und kidnappte einige hundert UNO-Soldaten, wodurch die gesamte Mission zum Scheitern verurteilt schien. Zu diesem Zeitpunkt griff Großbritannien mit eigenen Streitkräften ein, um die Rebellen abzuschrecken und die lokalen Sicherheitskräfte besser auszubilden.

Operation Palliser

Am 8. Mai 2000 sandte Großbritannien die schnelle Eingreiftruppe der Joint Rapid Reaction Force nach Sierra Leone. Vier Chinook-Hubschrauber der Royal Air Force und eine amphibische Angriffsflotte verließen auf dem Hubschrauberträger *HMS Ocean* Marseille und nahmen über Gibraltar Kurs nach Sierra Leone. Neben der *HMS Ocean* umfasste die Flotte auch die Fregatte *HMS Chatham*, den Zerstörer *HMS Fearless* und für die logistische Unterstützung die Schiffe *RFA Sir Bedivere*, *RFA Sir Tristram*, *RFA Fort Austin* und *RFA Fort George*.

Die britische Eingreiftruppe bestand aus Elitesoldaten des Bataillons 1 PARA (1st Battalion, The Parachute Regiment). Gleich nach der Landung in Senegal machte sich das Bataillon daran, den Lungi-Flughafen in Sierra Leone zu sichern, sodass Staatsbürger Großbritanniens, des Commonwealth und der EU evakuiert werden konnten. Nach erfolgter Evakuierung sicherte man den Flughafen weiter, um humanitäre Hilfsgüter einfliegen zu können.

Auf der *HMS Ocean* befand sich eine 600 Mann starke Kommandogruppe der Royal Marines, zu der das 42. Kommandobataillon, die 20. Kommandobatterie Royal Artillery, SBS-Abteilungen und das 539 Assault Squadron gehörten.

Da auch Luftnahunterstützung notwendig sein würde, dirigierte man den Flugzeugträger *HMS Illustrious* von Lissabon nach Sierra Leone um. An Bord befanden sich sechs Harrier FA.2 der 801 Naval Air Squadron, Sea-King-ASW- und AEW-Hubschrauber, zwei Lynx-ASW-Hubschrauber der 847 Naval Air Squadron und zwei AH-Mk-1-Westland-Gazelle-Hubschrauber der Royal Marines.

Die schnelle Eingreiftruppe wurde mit Lockheed-Tristar- und Hercules-C-130-Maschinen befördert. Vier Chinook-Hubschrauber des gemeinsamen Hubschrauberkommandos wurden ebenfalls losgeschickt und acht C-130-Flugzeuge blieben in Bereitschaft. Der erste Truppentransport erfolgte mit dem Großraumflugzeug L-1011-TriStar des Royal-Air-Force-Luftstützpunktes Brize Norton in Oxfordshire nach Dakar in Senegal. Der Weiterflug nach Sierra Leone fand mit C-130-Hercules-Maschinen statt.

Obwohl im Gefechtsbefehl keine offizielle Bestätigung zu finden ist, kamen, nach der üblichen Vorgangsweise bei der britischen Armee zu schließen, zu diesem frühen Zeitpunkt vermutlich SAS-Einheiten zum Einsatz. Jedenfalls wurden der Flughafen und seine Umgebung ab dem 8. Mai gesichert.

Die Royal Marines Commando Group, die mit schwereren Waffen und zusätzlicher Ausrüstung versehen war, sollte ab dem 26. Mai den Flughafen übernehmen.

Vor der Ankunft des Fallschirmjägerregiments war bereits das 16 Air Assault Brigade Pathfinder Platoon im Aufklärungseinsatz. Diese Einheit wurde auch in Kämpfe mit RUF-Rebellen verwickelt. Die Aufgaben des Pathfinder Platoon bestehen in verdeckter Aufklärung und im Markieren geeigneter Absprung- und Landezonen sowie von Hubschrauberlandeplätzen.

Lieutenant Colonel Johnny Paul Koroma, der Anführer des Armed Forces Revolutionary Council (AFRC) bei einer Pressekonferenz 1997.

Die Angehörigen des Pathfinder Platoon sind eine Elite innerhalb des elitären Parachute Regiment. Sie kommen fast zur Gänze vcm 2. und 3. Bataillon dieses Fallschirmjägerregiments.

Die Pathfinder arbeiten in 4-Mann-Teams und haben eine Spezialausbildung ir HALO- und HAHO-Fallschirmspringen – eine Ausbildung, die sehr an jene des SAS erinnert. Tatsächlich werden auch immer wieder Pathfinders zum SAS verlegt.

In der Nacht auf den 17. Mai machten sich RUF-Rebellen auf einen Überfall auf das etwa 60 km vom Lungi-Flughafen entfernte Dorf Lungi Loi bereit. Ihre Absicht war es, das britische Kontingent im Dorf zu überraschen und auszulöschen. Die Rebellen bemerkten nicht, dass Angehörige des Pathfinder Platoon bereits rund um das Dorf Verteidigungspositionen eingenommen hatten. Sie wussten auch nicht, dass die britischen Soldaten mit Nachtsicht-

113

Sea-King-Hubschrauber der Royal Navy landen in Aberdeen Beach, Sierra Leone, nordwestlich von Freetown, um Soldaten des 42. Kommandobataillons der Royal Marines abzusetzen.

brillen (NVGs) ausgestattet waren und daher den sich nähernden Gegner gut sehen konnten. Die RUF-Rebellen sahen sich plötzlich mitten im Feuer von britischen Handfeuerwaffen und Universalmaschinengewehren. Bis zu 30 Rebellen sollen getötet worden sein. Bei den Briten gab es weder Tote noch Verwundete. Der Ausgang hätte für die Rebellen noch schlimmer sein können, wenn nicht einige der britischen Soldaten Probleme mit ihren Sturmgewehren der SA80-Serie gehabt hätten. In einigen Fällen sollen Sicherungshebel geklemmt haben, sodass die Waffen nicht abgefeuert werden konnten.

Einsatz der Spezialeinheiten

Während das britische Verteidigungsministerium den Einsatz des Pathfinder Platoon offiziell bestätigt hat, schweigt man über einen weiteren größeren Einsatz, der etwa zur selben Zeit statt-

fand. Beteiligt waren zwei Sabre Squadrons des 22 SAS, ein Trupp des SBS und der Joint Special Forces Aviation Wing. Sie flogen Chinook-Hubschrauber und C-130-Hercules-Transportflugzeuge. Die Ortsveränderung vom temperierten britischen Klima in das subäquatoriale Dschungelgebiet wird in vielen Fällen eine gewisse Zeit der Akklimatisation erfordern, besonders wenn große Mengen an Ausrüstung mitgeführt werden. Bei Schnelleingreiftruppen muss die Zeit der Akklimatisation auf ein Minimum verringert werden, damit das Element der Überraschung nicht verspielt wird. Zu diesem Zweck werden diese Einheiten einem ständigen Training in verschiedenen Klimazonen unterzogen. Dazu gehört die Vorbereitung für Dschungeleinsätze beim British Army Jungle Warfare Wing in Brunei auf der Insel Borneo.

Landung der Royal Marines

Am 25. Mai landete die amphibische Angriffsflotte der Royal Marines im Zustand äußerster Konzentration. Der Schusswechsel zwischen den Pathfinders und der RUF bei Lungi Loi hatte gezeigt, dass in und um Freetown ständig die Gefahr eines Angriffs durch die Rebellen bestand. Außerdem gab

es weiter im Hinterland große Miliztruppen, die sich zum damaligen Zeitpunkt immer wieder Feuergefechte mit Sicherheitskräften der UNAMSIL und der Westafrikanischen Wirtschaftsgemeinschaft (ECOWAS) lieferten.

Am 19. Mai autorisierte der UNO-Sicherheitsrat mit Resolution 1299 die Aufstockung des UNAMSIL-Kontingents auf 13.000 Mann. Am 1. Mai waren nigerianische ECOWAS-Soldaten in der Nähe von Porto Loko von Rebellen überfallen worden. Ein nigerianischer Unteroffizier war in das Bein geschossen worden und die Patrouille konnte vom Glück sprechen, lebend entkommen zu sein. Am 2. Mai umzingelten RUF-Kämpfer einen ECOWAS-Stützpunkt in Makeni und verlangten die Freilassung von 10 festgenommenen Rebellen. Als dies zurückgewiesen wurde, griff die RUF das Militärlager in Makeni und ein weiteres in der Nähe an, wobei vier kenianische Soldaten getötet wurden. Am 3. Mai kidnappte die RUF 49 UNO-Soldaten.

Bei dieser Gelegenheit fiel eine sambesische Fahrzeugkolonne mit nicht weniger als 13 Schützenpanzern in die Hände der Rebellen.

Am 11. Mai kam die Quick Reaction Company (QRC) der indischen Armee den durch die RUF ge-

kidnappten kenianischen Soldaten zu Hilfe. Die indische QRC war 290 km in BMP-Schützenpanzern durch den Dschungel gefahren und konnte den Ausbruch der Kenianer, aber auch von vier britischen Militärbeobachtern, darunter auch ein Offizier des Fallschirmjägerregiments, erfolgreich unterstützen.

Am 7. Mai waren Hubschrauber der indischen Luftwaffe im Einsatz, um drei verletzte Kenianer in Makeni zu evakuieren. Die UNAMSIL- und ECOWAS-Truppen rund um Makeni wurden weiterhin hart bedrängt. Am 11. Mai wurden wieder UNAMSIL-Streitkräfte, dieses Mal Truppen aus Guinea, in Kämpfe verwickelt.

Um den Rebellen klar zu machen, dass sie entschlossenen Streitkräften gegenüberstanden, führten die Royal Marines am 19. Mai eine Landeoperation durch, die von Harrier-Kampfflugzeugen und mehreren Hubschraubern unterstützt wurde. Der Anführer der RUF, Foday Sankoh, wurde von einer britischen Einheit gefangen genommen und an einen sicheren Ort gebracht. Höchstwahrscheinlich wurde die Gefangennahme durch den SAS durchgeführt.

Als 42. Kommandobataillon, 20. Kommandobatterie der Royal Artillery, 539 Assault Squadron und Special Boat Squadron in Sierra Leone einlangten, umfasste ihr Aufklärungsgebiet auch die Insel Pepel. Hier fand ebenfalls ein Schusswechsel statt, in den von den UNO-Soldaten hauptsächlich die

WESTLAND LYNX HELICOPTER

Der erste Lynx-Hubschrauber wurde 1971 von Westland entworfen. Das Modell wurde für den militärischen Gebrauch adaptiert und es gibt seegestützte und landgestützte Versionen. Derzeit wird an die Royal Navy Fleet Air Arm eine Mark-8-Version als Hubschrauber zur Abwehr von Schiffen und U-Booten ausgeliefert. Der Mark 8 verfügt über modernste Bordtechnik, Radar und passive RFID (automatische Identifikation mittels Funkerkennung). Beim British Army Air Corps wird der Lynx als Kampfhubschrauber eingesetzt. Die Fleet Air Arm verwendet den Lynx AH Mk 7 als Kampfhubschrauber zur Unterstützung der Royal Marines. Seegestützte Versionen können vier Sea-Skua-Seezielflugkörper mitführen und Kampfversionen mit acht TOW-Panzerabwehrraketen bestückt werden. Auch eine Bewaffnung mit Universalmaschinengewehren ist vorgesehen. Bei den Operationen Palliser und Barras wurde die Version Lynx HAS Mk 3 eingesetzt.

20. Kommandobatterie der Royal Artillery involviert war. Dabei konnten 15 der so genannten »West Side Boys«, Mitglieder einer hochkriminellen Gang, gefangen genommen werden.

Operation Khukri

Der Überraschungsangriff der indischen QRC zur Rettung der kenianischen Soldaten war zwar erfolgreich, zwei Kompanien der 5/8 Gurkha Rifles Infantry Battalion Group der indischen Armee blieben jedoch nach wie vor in Kailahun eingeschlossen. Ziel der Operation Khukri war, den 5/8 Gurkha Rifles einen Ausbruch zu ermöglichen, sodass sie sich wieder dem Hauptbataillon in Daru anschließen konnten.

Eine 5/8-Gurkha-Rifle-Patrouille unter dem Kommando des 2. Bataillons war in Kuiva von etwa 200 Rebellen festgehalten worden. Nach Verhandlungen und diplomatischem Druck waren die Patrouillen-Mitglieder freigelassen worden, woraufhin sich das Hauptaugenmerk auf die Kompanien in Kailahun richtete.

Die indische Armee verstärkte ihr Kontingent um die Artilleriebatterie INDBATT-2, eine Kompanie von Spezialkräften und mehrere Kampfhubschrauber. Bei der Rettungsaktion nahmen verschiedene indische Armee- und Luftwaffeneinheiten, zwei Kompanien der ghanaischen Armee, zwei Kompanien der nigerianischen Armee, zwei Chinook-Hubschrauber, eine C-130-Hercules-Maschine der No. 7 Squadron Royal Air Force und Soldaten des D Squadron SAS teil. Am 13. und 14. Juli 2000 rückten die Kampfeinheiten am Boden und in der Luft von Freetown und Hastings in Sierra Leone aus.

Man hatte den Kontakt mit den noch immer kampfbereiten Gurkha-Kompanien aufrechterhalten können, sodass ihr Ausbruch mit der Ankunft der Rettungskräfte koordiniert werden konnte. Am 15. Juli sicherten Bodentruppen einen Landeplatz in dem bis dahin von den Rebellen kontrollierten Gebiet. Die beiden Chinooks der RAF landeten genau zeitgerecht um 06:20 Uhr und setzten 44 Soldaten und deren Ausrüstung ab.

Die weiteren Aktionen wurden erfolgreich ausgeführt, wobei die Koordination weitgehend in den Händen der indischen Armee lag. Zur Operation gehörte auch ein Vorstoß auf das Dorf Pendembu,

Gegenüberliegende Seite: Ein Soldat des Fallschirmjägerregiments beobachtet einen Chinook der Royal Air Force, der über dem Dorf Lungi Loi fliegt.

HMS OCEAN

Dieser amphibische Hubschrauberträger wurde am 11. Oktober 1995 vom Stapel gelassen und am 30. September 1998 in Betrieb genommen. Hauptsächlich steht die *HMS Ocean* zum Transport von Truppen, Landungsbooten, Fahrzeugen und Fluggeräten zur Verfügung. Meist gehören dazu 12 mittelgroße Hubschrauber (EH101 Merlin oder Sea King), sechs Lynx-Kampfhubschrauber und vier Mark-5-Sturmboote. Das Schiff kann auch als Basis für Operationen zur Terrorismusbekämpfung eingesetzt werden, oder kurz – als Plattform für Spezialeinsätze. Ansonsten besteht die übliche Besatzung aus 480 Royal Marines und 206 Personen der Aircrew zusätzlich zur eigenen Schiffsbesatzung von 255 Mann. Die *HMS Ocean* kann auch Kampfflugzeuge vom Typ Hawker Siddeley Harrier transportieren. Aufgrund eines fehlenden Skijumps, wie ihn die Flugzeugträger der Invincible-Klasse haben, können die Harriers allerdings nur mit leichter Bewaffnung starten.

Die Reichweite der *HMS Ocean* ist 12.900 km, ihre Höchstgeschwindigkeit 18 Knoten.

wo Waffenlager der RUF gefunden wurden. Nach weiteren Schusswechseln mit dem Gegner verband sich das Rettungskommando mit den 5/8 Gurkha Rifles und zog sich nach Daru zurück.

Auf dem Weg zurück nach Daru versuchte die RUF mehrmals – in Kuiva, Bewabu und Mobai – den Zug zu überfallen. Diese Angriffe konnten erfolgreich abgewehrt werden. Die Operation wurde deshalb als bedeutender Erfolg gefeiert, der aufgrund der guten Zusammenarbeit zustande gekommen war.

Das Kommando umfasste Soldaten der indischen Armee, der indischen Luftwaffe, der UNAMSIL-Mission, der britischen Armee und der britischen Luftwaffe.

Operation Basilica

Die Präsenz des Fallschirmjägerregiments und der Royal Marines, die von Kontingenten der Royal Navy und der Royal Air Force unterstützt wurden, führte in Freetown und Umgebung zu einer raschen Stabilisierung. Die britischer Militäreinheiten standen nicht unter UN-Kommando. Die RUF entdeckte sehr bald, dass Versuche, die Soldaten einzuschüchtern, wie es ihnen bei verschiedenen UN-Kontingenten erfolgreich gelungen war, bei den britischen Einheiten eine prompte und entschiedene Antwort zur Folge hatten.

ENTWAFFNUNG, DEMOBILISIERUNG UND REINTEGRATION

Ein wichtiger Teil der UNAMSIL-Mission war die Entwaffnung, Demobilisierung und Reintegration der Rebellenkämpfer. Ziel des Programms war es, die Rebellen einschließlich der RUF-Mitglieder zu überreden, ihre Waffen niederzulegen. Im Gegenzug dafür sollten sie nicht nur Geld, sondern auch Schulbildung, Training für weitere Qualifikationen, Werkzeuge und Unterstützung für unternehmerische Tätigkeiten erhalten.

Bis Ende 2005 hatten sich aufgrund dieses Programms 75.490 ehemalige Kämpfer von ihren Einheiten getrennt und ihre Waffen abgegeben, darunter 6845 Kindersoldaten und 4651 Frauen.

Mehr als 12.000 nahmen die Ausbildungskurse an, obwohl durch den schlechten Zustand der Wirtschaft Sierra Leones auch dies keine Garantie für einen Job bieten konnte.

Der Schlüssel zum Erfolg war, dass der finanzielle Anreiz des von der Friedensmission angebotenen Programms stärker war als die Verlockungen Alkohol und Drogen, die das Leben der Rebellen charakterisierten.

Dieses Programm und die Präsenz eines entschlossenen militärischen Kontingents konnten großteils den Bann brechen, den die Rebellenführer über ihre Leute verhängt hatten. Je mehr ihre Mitglieder zu schwinden begannen, desto rücksichtsloser wurden die Rebellenführer.

Die britischen Offiziere koordinierten ihre Operationen mit dem UNAMSIL-Kommando und die UN-Operation profitierte zweifellos von ihrer Expertise. Ziel der Operation Palliser war gewesen, unmittelbar in die in Sierra Leone herrschende Krise einzugreifen, Sicherheit für ausländische Staatsbürger zu schaffen sowie die Zivilbevölkerung und die Regierung Sierra Leones zu schützen. Diese Ziele waren erreicht worden und am 30. Mai bereitete die amphibische Angriffsflotte ihren Abzug vor.

Bei der Abreise dieser Angriffsflotte blieb ein Military Advisory and Training Team (MATT) zurück. Das bedeutete, dass die Briten nicht die Absicht hatten, die Bevölkerung Sierra Leones über eine unbefristete Zeitspanne zu schützen. Denn, nachdem die ärgste Krise überwunden war, wollte man das Volk Sierra Leones dazu befähigen, alles Weitere selbst in Angriff zunehmen.

Armee, Luftflotte und Marine Sierra Leones sollten aufgestellt, ausgebildet und ausgerüstet werden. Dazu sollten Lieferungen von grundsätzlichen Din-

gen wie Schuhen, Stiefeln und Uniformen gehören, aber auch von leistungsstarken 7,62-mm-L1A1-Selbstladegewehren, die bis Mitte der 1980er-Jahre Standardausrüstung der britischen Armee waren. Das MATT-Team von Militärexperten sollte auch bei der Schaffung zukunftsfähiger Organisationsstrukturen behilflich sein und sich um Befehlsstrukturen, Verwaltung, Versorgung, Instandhaltung und Personalmanagement kümmern. Vieles hing natürlich davon ab, fähige, unbestechliche, gut ausgebildete Fachleute zu finden, wenn eine derartige Struktur nicht gleich wieder wie ein Kartenhaus zusammenfallen sollte. Deswegen begann man in Zusammenarbeit mit britischen Institutionen mit Ausbildungsprogrammen, beispielsweise für Staatsbeamte. Solche Prozesse brauchen jedoch ihre Zeit.

Das britische Kontingent sollte seine Einsatzmöglichkeiten sowohl für Offensiv- als auch für Defensivmaßnahmen aufrechterhalten, sei es aus eigener Kraft oder mithilfe der bereits durch sie ausgebildeten lokalen Streitkräfte. Die RUF-Rebellen sollten sich demnach motivierten, entschlossenen Sicherheitskräften gegenübersehen.

Anfangs wurde das Training vom 2. Bataillon des Royal Anglian Regiment durchgeführt. Dieses wurde am 22. Juli 2000 vom 1. Bataillon des Royal Irish Regiment (RIR) abgelöst.

West Side Boys

Die »West Side Boys« oder »West Side Soldiers« waren eine abtrünnige Rebellengruppe, die mit dem AFRC (Armed Forces Revolutionary Council) in Zusammenhang stand. Die Gruppe war 2000 bereits in mehrere Anschläge involviert gewesen, darunter auch eine Geiselnahme von Soldaten der UNO-Friedensmission.

Zur Aufstockung der West Side Boys wurden Kinder zwangsrekrutiert, von denen manche sogar gezwungen wurden, an der Folter oder Ermordung der eigenen Eltern teilzunehmen. Ihr Gewissen betäubte man mit Palmwein, Marihuana und Heroin. Die Gruppe finanzierte sich großteils durch den Verkauf illegal geschürfter Blutdiamanten. Obwohl sie nahezu ständig unter dem Einfluss von Alkohol oder Drogen oder beidem standen, waren die West Side Boys sehr effektive Dschungelkämpfer und in jeder Hinsicht sehr impulsiv und gefährlich.

Gefangennahme

Am 25. August 2000 war eine Patrouille, bestehend aus drei Land Rovern des 1. Bataillons des Royal Irish Regiment, zum Dorf Magbeni unterwegs, darunter ein Land Rover WMIK (Weapons

Mounted Installation Kit) mit einem schweren 12,7-mm-Maschinengewehr. Die RIR-Patrouille stand unter dem Kommando Major Alan Marshalls. Obwohl Magbeni ursprünglich nicht Ziel der Patrouille und bekannt war, dass es von den West Side Boys kontrolliert wurde, soll sich Marshall entschlossen haben, das Dorf aufzusuchen. Berichten zufolge erwähnte er dies bei einer Unterhaltung mit einem Major des jordanischen UNAMSIL-Kontingents.

Das Programm zur Entwaffnung, Demobilisierung und Reintegration schien sich gut zu entwickeln und der britische Kommandant wollte vermutlich nachsehen, ob ein derartiger Fortschritt auch in Magbeni zu sehen wäre.

Unter normalen Umständen wären die 11 mit SA80-Sturmgewehren bewaffneten britischen Soldaten einer doppelt so großen Rebellengruppe mehr als ebenbürtig gewesen. Es handelte sich jedoch hier nicht um etwas, was militärisch als »feindlicher Kontakt« bezeichnet wird, sondern um eine abschließende Erkundungsfahrt, die sich zu etwas anderem entwickelte.

Im Dorf befanden sich etwa 25 Mitglieder der West Side Boys, die der Patrouille entgegenkamen. Anfangs sollen sie sich begrüßt haben und die Stimmung soll sehr gut gewesen sein. Als der Kommandant der West Side Boys ankam, änderte sich die Situation jedoch mit einem Schlag. Ihr Anführer, Brigadier Foday Kallay, war 24 Jahre alt und für seine Rücksichtslosigkeit bekannt. Ein Bedford-LKW mit montiertem schwerem Maschinengewehr tauchte auf, blockierte die Straße nach Süden und die Laune der West Side Boys schlug um.

Obwohl die britischen Soldaten schwer bewaffnet waren, hatten sie nun wenig Kontrolle über das Geschehen. Sie befanden sich in der Mitte einer nunmehr feindselig eingestellten Menge, der sie viel zu nahe waren, um die eigenen Waffen effektiv einsetzen zu können, da es keinen Raum für taktische Manöver gab. Das Feuer zu eröffnen hätte in einem Blutbad geendet. Major Marshall wurde angegriffen und die britischen Soldaten hatten kaum eine andere Wahl als ihre Waffen zu übergeben und die Demütigung zu ertragen.

Die von den Rebellen überwältigten britischen Soldaten wurden in Kanus flussaufwärts nach Gberi Bana, einem Stützpunkt der West Side Boys, gebracht.

Die West Side Boys stellen in Masiaka eine Palette von Waffen zur Schau, darunter befindet sich ein raketengetriebener Granatwerfer und ein 12-mm-Maschinengewehr. Die West Side Boys erwiesen sich als sehr impulsive und gefährliche Gegner.

Die auch als Mitglieder des AFRC/ex-SLA bekannten West Side Boys hatten ihre Stützpunkte vorwiegend im Occra-Bergland. In den Dörfern des von ihnen kontrollierten Gebietes, das sich in etwa mit den Distrikten Port Loko und Masiaka deckte, führten sie eine Herrschaft des Terrors und der Gewalt. Nach der Berichterstattung von Human Rights Watch bestand ihre tägliche Routine aus »Vergewaltigung, Mord, Folter, Entführung, Versklavung, massiven Plünderungen und willkürlichen Überfällen an Hauptstraßen. Der AFRC/ex-SLA ermordete zahlreiche Zivilisten, entweder weil diese nicht genug Geld hatten, weil sie zum Transportieren der erbeuteten Gegenstände zu schwach waren oder weil sie sexuelle Beziehungen mit einem der Kämpfer ablehnten.«

Bei ihren Geiselnahmen zeigten die Rebellen eine besondere Vorliebe für christliche Missionare. Viele wurden dann gegen Lösegeld wieder frei gelassen, eine Gruppe von Nonnen wurde jedoch von einem der Gangleader ermordet.

Soldaten des 1. Bataillons des Royal Irish Regiment in einem Land Rover WMIK. Als sie später inmitten der West Side Boys standen, konnten sie ihren taktischen Vorteil nicht mehr nutzen.

Mit ihren eigenen Mitgliedern waren die West Side Boys kaum rücksichtsvoller. Das durch die UNAMSIL-Mission geschaffene Klima der Versöhnung und die Tatsache, dass viele Gangmitglieder sich wieder für ein bürgerliches Leben entschieden hatten, machte die Anführer der Rebellen misstrauisch und rachsüchtig. Derselbe Rebellenführer, der die britischen Soldaten gefangen genommen hatte, führte auch eine Massenexekution von eigenen Leuten durch, die er für potenzielle Abtrünnige hielt.

Da die UN-Kontingente bei ihren Einsätzen nach wesentlich komplexeren Regeln vorgehen mussten als konventionelle Streitkräfte, und da nicht alle Kontingente einen gleichermaßen hohen Ausbildungsgrad hatten, waren ihre Chancen, gegen die Verbrecher vorzugehen, beschränkt. Die indische Armee hatte gezeigt, dass durch entschlossenes Handeln und Professionalismus auch etwas erreicht werden konnte. Die britische Armee hatte den zusätzlichen Vorteil, nicht unter dem UN-Kommando zu stehen.

Nun war der Spieß jedoch offensichtlich umgedreht worden. Die Briten mussten dieselbe Demütigung hinnehmen, die einige UN-Kontingente bereits hatten erdulden müssen. Man nahm ihnen ihre Waffen und Fahrzeuge und sogar persönli-

Soldaten der ECOWAS Monitoring Group (Kontingent der Westafrikanischen Wirtschaftsgemeinschaft) bei einer Patrouille in Freetown, Sierra Leone.

che Wertgegenstände wie Eheringe ab und prahlte damit.

Die Demütigung und die Gefangennahme von Angehörigen der britischen Armee zog in der britischen Öffentlichkeit eine Resonanz nach sich, die sogar noch jene bei der Besetzung der iranischen Botschaft in London übertraf. Die West Side Boys und andere Rebellen hatten jahrelang unschuldige Zivilisten gefoltert und gedemütigt, aber auch Mitglieder der Friedenstruppen, die sich oft aufgrund ihrer genau definierten Mission kaum wehren durften. Die britische Armee hatte ihr Gesicht verloren. Das Leben ihrer Soldaten war in Gefahr. Wie würde die britische Antwort ausfallen?

Auftakt

Die Briten nahmen sofort Kontakt mit den Rebellen auf. Auf britischer Seite verhandelte der befehlshabende Offizier des 1. Bataillons des Royal Irish Regiment, Colonel Simon Fordham. Er konnte bald die Freilassung von fünf der gefangenen Soldaten gegen Versorgungsgüter und technische Ausrüstungsgegenstände erreichen. Damit waren noch sechs Soldaten in der Gewalt der West Side Boys, welche die Gelegenheit nutzten, sich im

Rampenlicht der Öffentlichkeit zu sonnen. Es stellte sich heraus, dass die verrückt gekleideten Männer mit Duschhauben auch bei früheren versuchten Anschlägen in Sierra Leone mitgewirkt hatten. Es war jedoch unklar, wie sie von dieser letzten Geiselnahme profitieren wollten.

Während immer mehr Zeit verstrich und die Verhandlungen fortgesetzt wurden, machte sich Kompanie A des 1. Bataillons des Fallschirmjägerregiments für den Einsatz bereit; zu ihrer Ausrüstung gehörten Signalbaken, Scharfschützengewehre und Mörser. Viele Männer kannten Sierra Leone bereits von ihrem Einsatz während der Operation Palliser. Inzwischen wurden die West Side Boys in Sierra Leone genauestens überwacht. Die Beobachter informierten das Hauptquartier über alle Schritte der West Side Boys, über ihre Ausrüstung und über mögliche Angriffslinien. SAS und SBS übernahmen die Koordination des britischen Einsatzes.

**Soldaten des 1. Bataillons des Fallschirm-
jägerregiments patrouillieren im Mai 2000
auf dem Gelände der Vereinten Nationen
in Freetown.**

Aktion der Spezialeinheiten

Gleichzeitig mit dem 1. Bataillon des Fallschirmjägerregiments kehrten auch jene Mitglieder der
D Squadron SAS wieder nach Sierra Leone zurück,
die bereits einen Großteil des Kontingents
während der Operation Palliser gestellt hatten. Als
die amphibische Angriffsflotte abgezogen war, blieben vermutlich Spezialeinheiten im Land, die nun
sicherlich ebenfalls verstärkt wurden.

Die geplante Rettungsaktion hatte den Namen
Operation Barras. Aufgrund der besonderen Umstände bei einer solchen Operation und dem hohen Risiko, das man dabei eingehen musste, war
zweifellos der Oberbefehlshaber der Operation
Barras gleichzeitig Kommandeur der Spezialeinsatzkräfte. Eine Kompanie des 1. Bataillons des

Fallschirmjägerregiments übernahm zuerst in England und dann in Sierra Leone vermutlich das
Kommando der Spezialeinsatzkräfte. Dieses Arran-
gement wurde später, und zwar am 3. April 2006,
formell mit der Schaffung der Special Forces Support Group bestätigt. Zu dieser neuen Einheit
gehören Mitglieder des Fallschirmjägerregiments,
der Royal Marines und der Royal Air Force.

Die Spezialeinsatzkräfte bei der Operation in Sierra Leone waren Mitglieder des D Squadron SAS
und Männer des SBS. Auch eine amphibische Einheit wurde eingesetzt, da die beiden Camps der
Rebellen durch einen Fluss getrennt waren und die
umliegende Landschaft aus Mangrovensümpfen
bestand.

Der SBS hatte bereits bei Nacht und mit Schlauchbooten SAS- und SBS-Aufklärungsteams eingeschleust. Dabei stellte man fest, dass ein Angriff
vom Fluss aus nicht sinnvoll war, da der Fluss zu
viele Sandbänke enthielt. Die Beobachter informierten die Basis darüber, dass aufgrund des dichten
Unterholzes auch ein Angriff von Land aus nicht

möglich war. Die Kompanie A des 1. Bataillons des Fallschirmjägerregiments musste später zu ihrem Unbehagen feststellen, wie das Terrain rund um das Dorf und das Camp wirklich beschaffen war. SAS und SBS sollten mit den Aufklärungseinheiten am Boden zusammenarbeiten und würden durch Spezialeinsatzkräfte, die in einem CH-47-Chinook-Hubschrauber gebracht würden, verstärkt. Das Hauptkontingent für die Operation Barras kam am Donnerstag, den 7. September 2000 an. Nun sollte der Plan umgesetzt werden.

Rettungsplan

Es sollte an zwei Orten angegriffen werden. Ein Ziel war das Dorf Magbeni, wo die Soldaten des Royal Irish Regiment bei der ersten Geiselnahme gefangen worden waren. Das zweite war das Rebellenlager in Gberi Bana, wo sich nun britische und andere Geiseln befanden.

Im Dorf Magbeni hatten die West Side Boys die meisten Zivilisten vertrieben und hielten es nun besetzt. Hier lagerten sie auch schwere Waffen und Munition. Daher musste auch dieses Dorf angegriffen werden, damit nicht die hier stationierten Rebellen das Kontingent in Gberi Bana mit schwerem Feuer unterstützen konnten.

Die Aktion im Dorf Magbeni sollte wie ein konventioneller Sturmangriff auf bebautes Gebiet vor sich gehen, in einer Art, wie sie vom Fallschirmjägerregiment bereits häufig trainiert worden war. In Gberi Bana hatte man die Aufgabe, den Aufenthaltsort der Geiseln genau zu lokalisieren und die Geiseln zu befreien – eine Aktion, für welche die Spezialeinheiten bestens ausgebildet waren. Bei beiden Angriffen sollten CH-47 Chinooks des No. 7 Squadron RAF den Transport durchführen und zwei

Kommandos der Royal Marines befinden sich im Mai 2000 an Bord des Hubschrauberträgers *HMS Ocean* vor der Küste von Sierra Leone. Auf dem Foto testen sie gerade ihre Waffen.

Während der SAS erfolgreich die britischen Geiseln aus dem Lager Gberi Bana rettete, griff das 1. Bataillon des Fallschirmjägerregiments die Basis der West Side Boys in Magbeni an.

Lynx-Hubschrauber des British Army Air Corps aus der Luft Feuerschutz geben.

Die große Frage war, wie man es bewerkstelligen könnte, dass die Rettungskräfte zur Stelle wären, bevor ein mit Drogen vollgepumpter West Side Boy den Abzug betätigen und alle sechs Geiseln töten würde. Denn genau dies hatte der Rebellenführer gedroht zu tun, sobald er das Geräusch sich nähernder Hubschrauber hören würde. Daher war es besonders wichtig, den genauen Aufenthaltsort der Geiseln herauszufinden. Im kritischen Augenblick würden dann SAS- und SBS-Teams am Boden Feuerschutz geben.

Grünes Licht für den Angriff

Die Verhandlungen mit den West Side Boys wurden zwar fortgesetzt, aber es gab, ganz gleich wie viel die Briten den West Side Boys an Essen, Ausrüstung und anderen Dingen gaben oder versprachen, kein Zeichen, dass die Geiseln freigegeben werden sollten. Man hatte den West Side Boys sogar berufliche Ausbildungskurse angeboten.

Genau wie bei Operation Nimrod und der Besetzung der iranischen Botschaft in London musste eine Rettungsoperation vom auch als »Cobra« bekannten Cabinet Office Briefing Room (COBR) und vom Premierminister genehmigt werden. Die Militärberater erhielten diese Genehmigung. Die Operation sollte am Sonntag, den 10. September, stattfinden.

Die Operation kann beginnen

Die beiden Mk-7-Lynx-Hubschrauber waren mit einer C-130-Hercules-Maschine der Royal Air Force gebracht und am Lungi-Flughafen zusammengebaut worden. Dann wurden sie auf die *HMS Argyll* verlegt, wo einer der Hubschrauber ein neues Triebwerk bekam. Schließlich waren sie auf einer Landepiste in der Nähe von Hastings auf der Halbinsel von Freetown postiert, die von der indischen Armee kontrolliert wurde. Dazu kamen drei CH-47-Chinook-Hubschrauber der No. 7 Squadron RAF. Am Sonntag, den 10. September 2000, um 06:16 Uhr hoben die Hubschrauber mit SAS-Soldaten und Fallschirmjägern an Bord ab.

Zwei CH-47 Chinooks flogen zu einer Stelle südlich des Dorfes Magbeni. Sie hatten die Kompa-

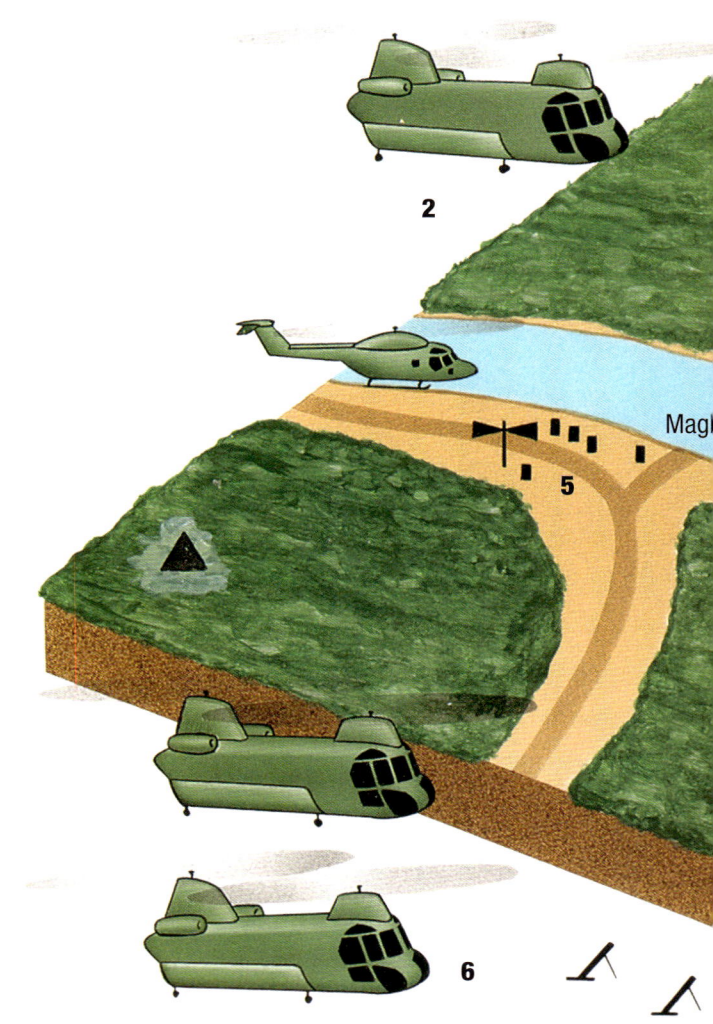

GEISELBEFREIUNG IN SIERRA LEONE

Legende
1 SAS- und SBS-Einheiten sichern den Fluss.
2 Das SAS-Geiselrettungsteam fliegt mit einem Chinook-Hubschrauber in Gberi Bana ein.
3 Die Geiseln werden gerettet und evakuiert.
4 Land Rover des SAS geben Feuerschutz für die Rettungsaktion.

nie A des 1. Bataillons des Fallschirmjägerregiments und ihre Unterstützungseinheiten an Bord. Der andere Hubschrauber flog eine Absprungstelle nördlich des Dorfes in der Nähe des Lagers Gberi Bana an. Er transportierte Soldaten des D Squadron SAS und einige Fallschirmjäger.

Die beiden Lynx-Hubschrauber hielten sich für Kommando- und Kontrollaufgaben und für die Unterstützung aus der Luft bereit.

Gberi Bana

Falls die West Side Boys die Hubschrauber hörten, so hatten sie nicht sehr viel Zeit zu reagieren, da

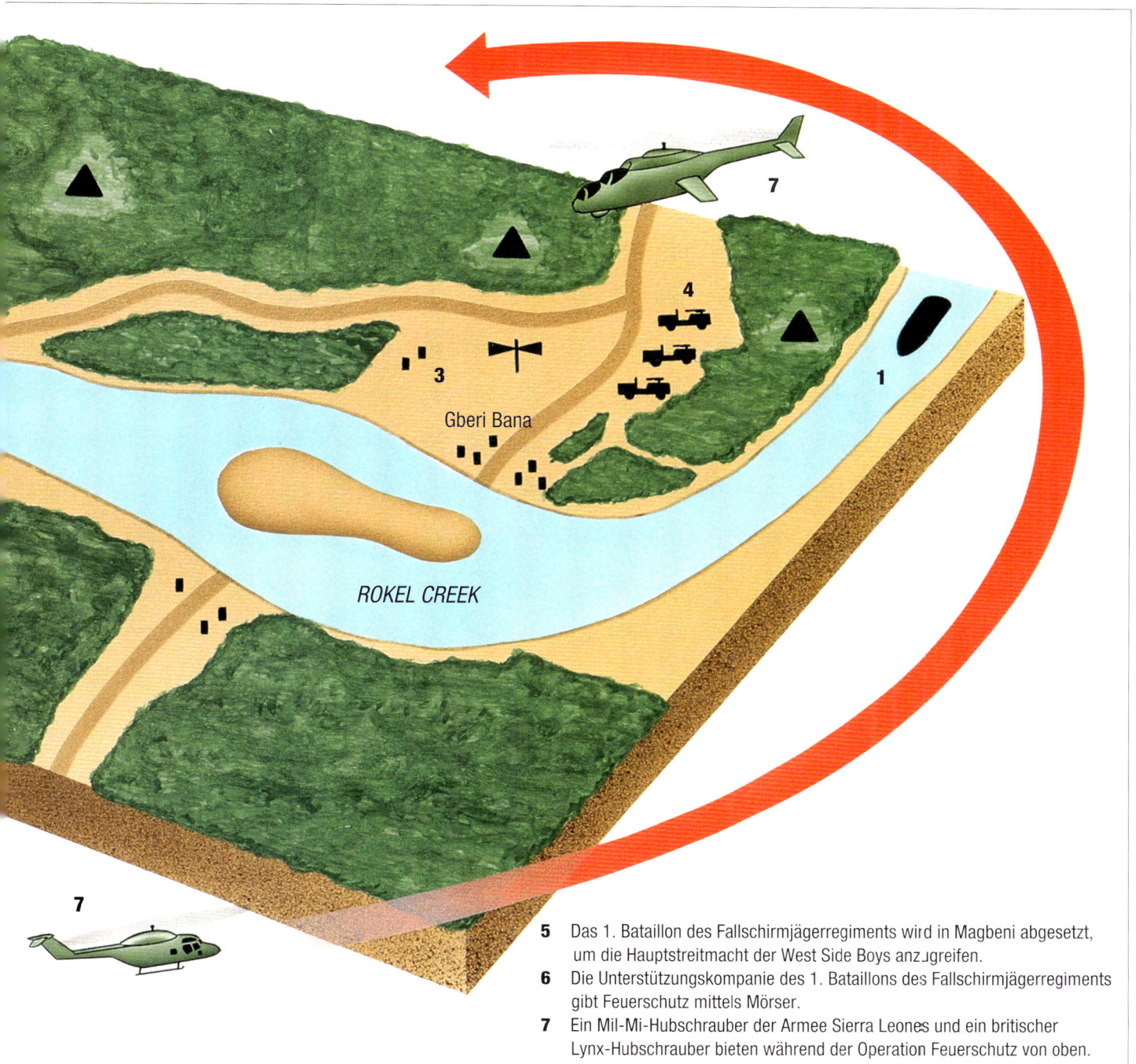

ROKEL CREEK

Gberi Bana

5 Das 1. Bataillon des Fallschirmjägerregiments wird in Magbeni abgesetzt, um die Hauptstreitmacht der West Side Boys anzugreifen.

6 Die Unterstützungskompanie des 1. Bataillons des Fallschirmjägerregiments gibt Feuerschutz mittels Mörser.

7 Ein Mil-Mi-Hubschrauber der Armee Sierra Leones und ein britischer Lynx-Hubschrauber bieten während der Operation Feuerschutz von oben.

sie sich gleichzeitig im Kugelhagel der SAS- und SBS-Aufklärungseinheiten befanden, die ihnen während der vergangenen Tage heimlich Gesellschaft geleistet hatten.

Unter dem Eindruck des Hubschrauberlärms und des Kugelhagels war schnelles Denken sicherlich notwendig, aber kaum möglich. Unter solchen Umständen schalten erfahrene Soldaten sozusagen auf »automatische Reaktion«, gehen also wie bei oft trainierten Situationen vor. Es war jedoch früh am Morgen und die von Drogen und Alkohol mitgenommenen West Side Boys waren eher träge und verwirrt.

Sobald sie ihre Waffen gefunden hatten, liefen sie hinaus und feuerten zurück. Der Chinook-Hubschrauber bot ein riesiges Ziel. Aufgrund der Panik der West Side Boys und dem Können des Piloten entstand jedoch kein ernsthafter Schaden am Hubschrauber.

Das SAS-Team ließ sich mittels Fast Roping hinunter. Währenddessen gelang es einem der West Side Boys, einen SAS-Mann zu treffen, der dabei tödlich verwundet wurde. Sobald sie am Boden waren, schossen die SAS-Teams auf jene West Side Boys, die sich nicht versteckt hatten oder fortgelaufen waren, oder nahmen sie gefangen. Kallay,

Ein Soldat des britischen Pathfinder Platoon beim Training. Das Pathfinder Platoon ist eine Eliteeinheit für die Frühaufklärung.

ihr Anführer, wurde lebend unter mehreren Leichen gefunden. Die SAS-Bodentrupps hatten die Hütte mit den Geiseln gefunden, die Gegner ausgeschaltet und die britischen Geiseln beschützt, bis sie mit den Geiseln aus Sierra Leone und mehreren Gefangenen aus den eigenen Reihen der West Side Boys mit dem Hubschrauber abgeholt wurden.

Magbeni

Als das Hauptkontingent der Kompanie A von den Rampen der beiden CH-47 Chinooks abgesprungen war, fanden sich die Soldaten bis zu den Achseln in einem Sumpf. Dies war überhaupt keine ideale Position für ein schnelles taktisches Manöver, besonders wenn man selbst unter Feuer steht. Mitten im Wasser zu stehen und mit Schlamm bedeckt zu sein, war zwar nicht angenehm, aber hauptsächlich machten sich die Soldaten Sorgen darüber, dass die Waffen, vor allem die Universalmaschinengewehre mit Gurtzuführung, klemmen könnten.

Als die Fallschirmjäger trockenen Boden erreichten und Bestandsaufnahme machten, nahmen die Lynx-Hubschrauber über ihnen Position, richteten das schwere Maschinengewehr auf das Dorf und schossen, bis es versagte. Dann bewegten sich die Trupps in Richtung Dorf und ihre Ziele, wobei sie zum Teil unter schweres Feuer kamen. Das HQ-Team wurde von einem Mörser getroffen und der befehlshabender Offizier Major Lowe erlitt dabei schwere Beinverletzungen. Außerdem wurden noch weitere sechs Soldaten verletzt. Während die Fallschirmjäger schnell ihre Kommandostruktur neu organisierten, kam der CH-47 Chinook, der die SAS-Männer und die Geiseln aufgenommen hatte, und landete in Magbeni auf der Straße. Er nahm die Verwundeten an Bord und hob gleich wieder ab.

Die verbleibenden Fallschirmjäger versuchten weiterhin, das Dorf aus der Gewalt der Rebellen zu befreien und trieben die verbliebenen West Side Boys nach und nach in Richtung Osten aus dem Dorf hinaus. Dann bereiteten die Fallschirmjäger Stellungen für einen möglichen Gegenangriff vor.

Es erfolgte jedoch kein Gegenangriff mehr. Die West Side Boys waren mit dem SAS, dem SBS, dem Fallschirmjägerregiment, der Royal Air Force und dem Army Air Corps zusammengestoßen. Die Überlebenden hatten offensichtlich genug.

Ein Bordschütze der Royal Marines hält auf einem Westland-Sea-King-Hubschrauber der Royal Navy über der Bucht von Freetown Ausschau.

Nachwirkungen

In der britischen Armee werden die Soldaten ermutigt, selbst Initiative zu ergreifen. Eben deswegen konnten die Fallschirmjäger die Aktion in Magbeni fortsetzen, obwohl sie ihren diensthabenden Offizier verloren hatten. Major Marshall hatte ebenfalls selbstständig entschieden, als er versuchte, während einer Patrouille Informationen zu sammeln. In diesem Fall erwies es sich als Fehler. Wie bei vielen Beurteilungsfehlern, so brachte auch dieser zu einem gewissen Teil etwas Gutes mit sich. Denn außer den britischen Geiseln befanden sich auch mehrere Personen aus Sierra Leone in der Gewalt der Rebellen, die wahrscheinlich brutal behandelt oder ermordet worden wären. Außerdem konnten nun viele Menschen, die in der Gegend wohnten, nach der Vertreibung der West Side Boys wieder sicherer ihren täglichen Geschäften nachgehen.

K A P I T E L   6

AFGHANISTAN

Anlass für die unter der Leitung der Vereinigten Staaten 2001 begonnenen und auch heute noch fortdauernden Einsätze in Afghanistan war der verheerendste Terroranschlag der Geschichte. Am 11. September 2001 hatten islamische Terroristen vier US-amerikanische Passagierflugzeuge in ihre Gewalt gebracht. Zwei der Maschinen (eine Boeing 767-222, Flug 175 der United Airlines, und eine Boeing 767-223, Flug 11 der American Airlines) wurden in die beiden Türme des World Trade Centers in New York gelenkt, eine dritte (eine Boeing 757-223, Flug 77 der American Airlines) krachte in das Pentagon in Washington. Die vierte Maschine (eine Boeing 757-222, Flug 93 der United Airlines), die vermutlich hätte in das Kapitol in Washington gelenkt werden sollen, stürzte ab, als die Passagiere versuchten, die Kontrolle über das Flugzeug zu übernehmen.

Alle Personen in den vier Linienmaschinen – insgesamt 246 – kamen ums Leben. Im World Trade Center kam es zu 2602 Todesopfern, darunter 343 Feuerwehrleute und 23 Polizisten, die nach dem Einschlag des ersten Flugzeugs ins Gebäude eingedrungen waren. Sie hatten sich selbst in Lebensgefahr begeben, um den Menschen in den Türmen zu Hilfe zu kommen. Im Pentagon waren 125 Todesopfer zu beklagen.

Die US-Regierung erklärte die Al-Qaida und Osama bin Laden als für die Anschläge verantwortlich. In mehreren Videoaufnahmen bezeichnete Bin Laden selbst die Anschläge als Teil eines heiligen Krieges gegen die Vereinigten Staaten und erließ eine *Fatwa,* die den Mord an Amerikanern legitimieren

sollte. Die vom Entsetzen gepackte Weltöffentlichkeit solidarisierte sich in dieser Stunde mit den Menschen in den Vereinigten Staaten. Die Stimmung wurde in einer Schlagzeile der französischen Tageszeitung *Le Monde* mit den Zeilen »Nun sind wir alle Amerikaner« zusammengefasst.

Der UN-Sicherheitsrat bestätigte mit der Resolution 1368 das Recht auf individuelle und kollektive Selbstverteidigung.

Taliban und Al-Qaida

Die Taliban (»Koranschüler«) griffen in den 1990er-Jahren nach der Macht in Afghanistan und lösten die Mudschaheddin ab. Im Februar 1996 hatten sie auch Kabul erobert und die Kontrolle im Land übernommen.

Die Taliban etablierten eine Diktatur, deren Rechtsprechung sich streng nach der Scharia richtete. Die Beziehungen zu den Nachbarstaaten und anderen Ländern waren sehr beschränkt und es gab Berichte von schweren Menschenrechtsverletzungen.

Auch innerhalb des Landes gab es Widerstand gegen die Taliban-Regierung, vor allem durch die Nordallianz.

Obwohl Afghanistan anfangs Hilfe von Pakistan und vom Westen bekam, machte das Regime bald klar, dass ihm eine internationale Ächtung gleichgültig war. Bald galt Afghanistan als ein sicherer Hafen für militante Islamisten, einschließlich Osama bin Ladens und der Al-Qaida.

Als die Taliban eine Auslieferung Osama bin Ladens verweigerten und sich auf diese Weise eng an die Al-Qaida banden, forderten sie amerikanische Vergeltungsakte geradezu heraus. Sie würden nicht lange darauf warten müssen.

Operation »Enduring Freedom«

Nach den Anschlägen vom 11. September 2001 riefen die Vereinigten Staaten zur globalen Terro-

Gegenüberliegende Seite: Soldaten der gemeinsamen Joint Special Operations Task Force – Afghanistan (CJSOTF-A) und der 19th Special Forces Group auf einer Patrouille in Torkham.

rismusbekämpfung auf. Diese Bezeichnung zeigt bereits die Schwierigkeiten auf, denen die Vereinigten Staaten und ihre Verbündeten gegenüberstanden. Denn Terroristen treten nicht in Form einer Armee auf, gegen die man kämpfen kann. Es ist äußerst unklar, wie eine konventionelle Streitmacht hier vorgehen könnte.

Durch die Verbindung zwischen Al-Qaida und Taliban-Regierung bot sich jedoch immerhin ein konkreter Gegner, der allerdings in einer rauen, unwegsamen Landschaft beheimatet war.

Das britische Königreich und das russische Zarenreich waren bereits im 19. Jh. in den afghanischen Bergen zusammengestoßen. Die Armee des Zaren war von den Weiten der russischen Steppen vorgedrungen, die Briten vom »Kronjuwel« Indien aus. Der als »Great Game« bezeichnete Konflikt endete in einem Patt. Die Aktivitäten der britischen und russischen Offiziere, die sich häufig als lokale Stammesangehörige verkleideten, nahmen allerdings bereits die Vorgehensweise vorweg, die eineinhalb Jahrhunderte später in denselben Bergen bei verdeckten Operationen angewendet werden sollte.

1979 machte die Sowjetunion einen der größten Fehler ihrer Geschichte. Wegen der ständigen Versuche der afghanischen Mudschaheddin, die von ihr gestützte Demokratische Volkspartei Afghanistans zu stürzen, ließ die Sowjetunion Truppen in das Land einmarschieren. Dazu gehörten die 40. Armee mit drei motorisierten Schützendivisionen, eine Luftlandedivision, eine Angriffsbrigade, zwei unabhängige motorisierte Schützenbrigaden und fünf eigenständige motorisierte Schützenregimenter.

Die Mudschaheddin hielten die Kontrolle über die Gebirgslandschaft und unternahmen immer wieder schnelle Überraschungsangriffe gegen die Sowjets. Zudem wurden sie von den Vereinigten Staaten mit Waffen beliefert, darunter auch Stinger-Flugabwehrraketen, welche von nur einem Mann getragen und bedient werden können.

Die Vereinigten Staaten konnten beobachten, wie sehr die rivalisierende Supermacht durch nadelstichartige Angriffe der Mudschaheddin in Verlegenheit gebracht wurde. Mit großen konventionellen Streitkräften konnte man äußerst mobilen kleinen Teams, welche die Gegend wie ihre Hosentasche kannten, nichts entgegensetzen. Sogar schwere Waffen wie Marschflugkörper waren sinnlos, da sie ganz einfach von den Bergwänden abprallten.

Einsatz von Spezialeinheiten

Eine Schlüsselrolle bei der erfolgreichen Durchführung der Operation »Enduring Freedom« in Afghanistan kam dem großen Kontingent von Spezialeinsatzkräften zu, das bereits von Beginn an von den Vereinigten Staaten eingesetzt wurde. Eine der ersten entsandten Spezialeinheiten war die 5th Special Forces Group (Airborne) vom Stützpunkt Fort Campbell, Kentucky.

Ironischerweise bekamen die Vereinigten Staaten Unterstützung von Usbekistan, das früher Teil der Sowjetunion gewesen war und nun den Amerikanern Stützpunkte für ihre Einsätze zur Verfügung stellte. Die 5th Special Forces Group war Teil der Joint Special Operations Task Force North, auch als Task Force Dagger bekannt. Sie wurde vom 160th Special Operations Aviation Regiment begleitet.

Obwohl in Afghanistan auch große herkömmliche Armee-Einheiten im Einsatz waren, so hingen Erfolg oder Misserfolg doch nahezu vollständig von der Arbeit der am Kriegsschauplatz vorhandenen Spezialeinheiten ab.

Gegenüberliegende Seite: Soldaten des 1. Bataillons des 187. Infanterieregiments der 101. Luftlandedivision bei einer Patrouille während der Operation Anaconda.

5TH SPECIAL FORCES GROUP (AIRBORNE)

Die Einheit hatte ihre Anfänge als First Special Service Forces und wurde während des Zweiten Weltkriegs, am 5. Juli 1942, gegründet. Sie wurde in Italien eingesetzt und nach Kriegsende aufgelöst. Am 21. September 1961 wurde die 5th Special Forces Group (Airborne) reaktiviert und im darauf folgenden Jahr nach Vietnam entsandt. Ihre Arbeit in Vietnam, die eine hohe Spezialisierung und Risikobereitschaft voraussetzte, brachte den Mitgliedern viele Ehrungen und eine große Anzahl von Medaillen ein.

1988 wurde das Hauptquartier von Fort Bragg nach Fort Campbell verlegt.

1990 leistete die 5th Special Forces Group (Airborne) einen wesentlichen Beitrag bei den Operationen Desert Shield und Desert Storm, wo sie Aufklärungsarbeit und direkte Aktionen durchführte.

1992 wurde die Einheit in Somalia eingesetzt.

Der Einsatz der Einheit in Afghanistan 2001 erwies sich als eine der anspruchsvollsten und weitreichendsten Missionen, mit der sie je beauftragt wurde.

Soldaten der 20th Special Forces Group (SFG) Operational Detachment Alpha (ODA) 342 bei einer Patrouille mit Angehörigen der afghanischen Streitkräfte.

JOINT TASK FORCE TWO (JTF 2)

Diese Einheit hat ihre Wurzeln in der gemeinsamen US-amerikanischen und kanadischen 1st Special Service Force, die während des Zweiten Weltkriegs auch als »Devil's Brigade« bekannt wurde. Die JTF 2 wurde am 1. April 1993 aktiviert, als ihr von der Royal Canadian Mounted Police (RCMP) die Verantwortung zur Terrorismusbekämpfung übertragen wurde.

Die Rekruten der JTF 2 kommen von den verschiedenen kanadischen Streitkräften. Die einzige Ausgangsbedingung ist ein abgeleisteter Wehrdienst von mindestens zwei Jahren. Im Dwyer Hill Training Center werden körperliche Ausdauer, geistige Fähigkeiten und psychologischer Allgemeinzustand der Rekruten getestet. Nur etwa zwei von zehn Kandidaten bestehen diesen Auswahlprozess. Wie viele Spezialeinsatzteams wird auch die JTF 2 in einer Reihe von Spezialkenntnissen ausgebildet. Dazu gehören Gerätetauchen, Fast Roping, HALO/HAHO-Fallschirmspringen, Seelandeaktionen sowie Kampf- und Überlebenstraining in Gebirge, Dschungel, Wüste und in arktischen Gegenden. Die JTF 2 wurde im Dezember 2001 nach Afghanistan entsandt und beendete ihre Mission im November 2002.

Neben US-amerikanischen Spezialeinheiten war vermutlich von Anfang an auch eine Abteilung des britischen SAS am Schauplatz. Während des weiteren Verlaufs der Operation »Enduring Freedom« entsandten auch andere Länder Spezialeinsatzkräfte. Die beteiligten Länder waren: Kanada (Joint Task Force Two – JTF 2, zusätzlich zur großen konventionellen Streitmacht); Australien (der australische SAS stand unter US-amerikanischem Kommando); Neuseeland (der neuseeländische SAS arbeitete mit dem australischen SAS zusammen); Frankreich (1er Régiment de Parachutistes d'Infanterie de Marine und Detachement Alat des Opérations Spéciales); Deutschland (das deutsche Kommando Spezialkräfte soll am Kriegsschauplatz gewesen sein – es gibt jedoch keine offizielle Bestätigung dafür); Dänemark; Norwegen; Tschechische Republik; Litauen, Polen (Grupa Reagowania Operacyjno-Manewrowego – GROM); Portugal. Ihre Aufgabe war, mit der Nordallianz Kontakt aufzunehmen und ihre Aktionen mit den Bodentruppen der Vereinigten Staaten und ihrer Verbündeten zu koordinieren. Dies beinhaltete Koordination auf höchster Ebene mit der US Air Force und erforderte besondere Führungsqualitäten, da die Einsätze von Luft- und Bodeneinheiten genau abgestimmt werden mussten, um den besten Effekt zu erzielen. Die Spezialeinsatzkräfte sollten Al-Qaida-Lager und Verstecke ausfindig machen und zerstören sowie die besten Angriffslinien für jegliche Aktion herausfinden.

Die Kommandanten der Nordallianz waren General Abdur Rashid Dostum, General Mullah Daoud und General Fahim Khan. Die nun in einer provisorischen Allianz zusammenarbeitenden Generäle waren früher Rivalen gewesen – eine zusätzliche Herausforderung für die Spezialeinsatzkräfte.

Infiltration

Im afghanischen Winter wurden 12-Mann-Sondereinheiten mithilfe von CH-47-Chinook-Hubschraubern durch die 160th SOAR eingeschleust. Das Terrain war äußerst gefährlich und befand sich zudem in großer Seehöhe. Der strenge afghanische Winter setzte gerade ein und auf den hohen Bergpässen waren starke Böen zu erwarten. Der Gegner

war ständig präsent und trotzdem nicht auszumachen. Die ganze Aktion wurde bei völliger Dunkelheit und nur mithilfe von Nachtsichtbrillen durchgeführt.

Nach dem Absetzen hatte jedes Team einen Gewaltmarsch mit schwerem Gepäck vor sich. Die Teams hatten nämlich nicht nur die persönliche Ausrüstung mit allen notwendigen Dingen, inklusive Kleidung für kaltes Wetter, zu tragen, sondern auch die gesamte Funkausrüstung und Geräte zur Zielbeleuchtung.

Die erste Special-Forces-Einheit wurde nur wenige Kilometer von der Stadt Mazar-e-Scharif abgesetzt. Sie teilte sich in die Teams Alpha und Bravo auf, die mit General Dostum Verbindung aufnahmen, um die Taliban sowohl in der Stadt Mazar-e-Scharif als auch im Tal Darya Suf anzugreifen.

Mazar-e-Scharif war General Dostums Hauptquartier gewesen, bevor er 1997 von den Taliban ver-

Soldaten der B-Kompanie, 2. Bataillon des 504. Fallschirmjäger-Infanterieregiments werden von einem CH-47 Chinook im Baghran-Tal abgesetzt.

trieben worden war. Nun war Dostum sehr daran interessiert, die Stadt wieder zurückzuerobern.

Der Angriff von zwei Seiten durch die Spezialeinheiten hatte das Ziel, die Garnison in Mazar-e-Scharif festzunageln und eine Verstärkung vom Süden her zu verhindern.

Team Alpha rief Luftunterstützung herbei, um die Taliban-Streitkräfte in Mazar-e-Scharif kampfunfähig zu machen. B-1- und B-52-Bomber sowie F-14-, F-15-, F-16- und F-18-Kampfflugzeuge zerstörten eine große Anzahl gegnerischer Fahrzeuge und Einrichtungen.

Team Bravo, das sich weiter südlich befand, dirigierte ebenfalls Luftunterstützung herbei, woraufhin 65 Fahrzeuge, 12 Kommandobunker und ein Waffenlager zerstört werden konnten. Die Spezialeinsatz-Teams verbanden sich mit den Streitkräften der Nordallianz – nunmehr auf dem Rücken von Pferden, die als ideales Transportmittel in jener Gegend sehr zur Mobilität der Soldaten beitrugen.

Von einem vorgeschobenen Beobachtungsposten auf einem Pass südlich von Mazar-e-Scharif aus dirigierten die Spezialkräfte Lufteinsätze auf eine Ta-

Spezialeinsatzkräfte der US Army reiten gemeinsam mit Soldaten der Nordallianz. Sie konnten in der Eröffnungsphase der Operation Enduring Freedom beträchtliche Erfolge erzielen.

liban-Einheit, die aus einer großen Anzahl von Soldaten und Fahrzeugen bestand. Beim massiven Luftschlag, der die Taliban-Streitkräfte in der Gegend vernichtete, waren B-52-Bomber beteiligt.

Die vereinten Streitkräfte von General Dostum und General Atta konnten gemeinsam mit den Spezialeinsatzkräften ihrer westlichen Verbündeten in die Stadt Mazar-e-Scharif einmarschieren, wo sie begeistert empfangen wurden. Viele der überlebenden Taliban-Soldaten flohen ostwärts nach Kundus.

Die Einnahme von Mazar-e-Scharif, zweier Flugplätze und weiterer militärischer Einrichtungen waren klare Zeichen, dass die Macht der Taliban im Norden des Landes gebrochen war.

Erster Angriff auf Kandahar

Kandahar, eine der ältesten Städte der Welt, wurde von Alexander dem Großen gegründet. Sie liegt südwestlich von Kabul in der Nähe der pakistanischen Grenze. Aufgrund ihrer Lage an den Handelsrouten hatte die Stadt in der Geschichte eine große strategische Bedeutung.

In der jüngeren Geschichte war Kandahar von verschiedenen Mächten besetzt. Dazu gehörte 1839–1942, während des ersten Anglo-Afghanischen Krieges, Großbritannien und 1979–1989 die Sowjetunion, als sich das sowjetische Kommandozentrum in Kandahar befand. Auch die Taliban nutzten die Stadt als Basis, von der aus sie den Süden, den Osten und das Zentrum Afghanistans eroberten.

Am 19. und 20. Oktober führten US Ranger und Spezialeinsatzkräfte eine Reihe von Überraschungsangriffen gegen das talibanische Bollwerk aus. Das 3. Bataillon des 75. Ranger-Regiments sprang in einem Gebiet südwestlich der Stadt mit Fallschirmen ab. Zudem landeten mehrere Spezialeinsatzkräfte. Man führte einige Überraschungsangriffe durch, die aber zu diesem Zeitpunkt eher dazu dienten, die Stärke des Gegners abschätzen zu können.

Im Nordosten Afghanistans landeten Spezialeinheiten, die sich mit den Streitkräften der Nordallianz verbinden sollten. Das Pandschir-Tal liegt etwa 80 km nördlich von Kabul und die Nordallianz konnte auch über die frühere sowjetische Luftwaffenbasis in Bagram verfügen. Das Spezialeinsatz-Team beschloss, hier einen Beobachtungsposten zu errichten. Von hier aus konnten sie einige Wochen lang Lufteinsätze gegen Taliban-Streitkräfte, die sich talabwärts befanden, dirigieren.

Am 13. November waren die Taliban ausreichend geschwächt, sodass die Nordallianz in der Gegend von Kabul einen Angriff ausführen konnte. Nach Bombardierung durch B-52-Bomber stürmte die Nordallianz vor und erzeugte Panik und Verwirrung in den Reihen der Taliban-Soldaten, von denen sich viele entschlossen, die Seiten zu wechseln.

WAFFEN UND SONSTIGE AUSRÜSTUNG VON SPEZIALEINHEITEN

Zielerfassungsgeräte
Aimpoint Com M Nahkampf-Visier
M68-Visier
AN/PEQ2 Infrarot Target Pointer/Illuminator/Aiming Laser (IPITAL) mit zwei eingebauten Infrarot-Lasern

Persönliche Verteidigungswaffen
Colt M4 Sturmgewehr
SOPMOD (Special Operations Peculiar Modification) M4A1 Sturmgewehr
CAR 15 Sturmgewehr
Stoner SR-25 Selbstladegewehr
Colt Modell 733 Sturmgewehr
Walther MPK Maschinenpistole
HK MP5 SO Maschinenpistole
Uzi Maschinenpistole
M249 SAW, leichtes Maschinengewehr
HK13E, leichtes Maschinengewehr
M60 Maschinengewehr
Browning M2, schweres Maschinengewehr

Remington 870 Pumpgun
Mossberg Cruiser 500 Pumpgun
HK PSG Scharfschützengewehr
M40A1 Scharfschützengewehr
M24 Scharfschützengewehr
Barret M82A1 12,7 mm, schweres Scharfschützengewehr
Beretta 92F Pistole
SIG-Sauer P-228 Pistole

Unterstützungswaffen
M203 40-mm-Granatwerfer
M79 »Blooper« 40-mm-Granatwerfer
81-mm-Mörser
Carl Gustav, 84 mm, rückstoßfreies Gewehr
66-mm-LAW-Panzerabwehrwaffe
Mk-19, 40 mm, Maschinengranatwerfer
Stinger MANPAD-System
M136 AT-4 Panzerabwehrrakete

Die Nordallianz und ihre amerikanischen Verbündeten konnten im Triumph in die Hauptstadt einziehen. Nur zwei Monate nach der Zerstörung des World Trade Centers in New York fiel die Hauptstadt der Gastgeber jener verbrecherischen Organisation, welche die Gräueltat in Auftrag gegeben hatte.

Taloqan

Nach dem Widerstand der Taliban in und um die Stadt Taloqan wurden Spezialeinsatz-Teams im

Ein Soldat der US-amerikanischen Spezialeinheiten mit Angehörigen der afghanischen Nordallianz während der Operation Enduring Freedom.

Norden und im Zentrum der Stadt eingeschleust. In diesem Fall war es offensichtlich allein die Präsenz der Spezialeinheiten, die den Soldaten der Nordallianz genug Zuversicht verlieh, sodass sie in einem Totalangriff die Stadt erobern konnten.

Kundus

Spezialeinheiten unterstützten die Streitkräfte der Nordallianz bei der Einnahme der Stadt Kundus, indem sich täglich ein Team hinter die gegnerischen Linien begab und eine ideale Position suchte, um den Kampf zu beobachten und wichtige Hinweise zu geben.

Die hiesigen Taliban-Streitkräfte erwiesen sich als nur schwer zu besiegen. Es dauerte zehn Tage, bis der Widerstand der Taliban nach mehrfachen

Ein US Navy SEAL vom SEAL-Team 8 beim Training in der kuwaitischen Wüste vor den Operationen in Afghanistan. Er ist mit einem schweren M60-Maschinengewehr bewaffnet.

Luftschlägen, bei welchen Dutzende Panzer und Waffendepots zerstört wurden, nachzulassen begann. Am 23. November ergab sich die Taliban-Streitmacht in Kundus und 3500 Soldaten wurden gefangen genommen. Nach dem überwältigenden Erfolg der Operationen ergab sich durch die große Anzahl von Gefangenen ein neues Problem, da nicht genügend für eine derartige Überwachung ausgebildete Soldaten vorhanden waren. Im Gefängnis von Mazar-e-Scharif ereignete sich eine Revolte, bei der ein US-Nachrichtenoffizier ermordet wurde.

Amerikanische Spezialeinheiten und der britische SAS versuchten, erneut die Situation in Griff zu bekommen. Unter den gegebenen Umständen wäre jedoch eine große Anzahl gut ausgebildeter Soldaten vonnöten gewesen. Nachdem die erforderliche Truppenstärke ganz einfach nicht vorhanden war, rief man Luftunterstützung zu Hilfe. Freund und Feind waren sich jedoch derart nahe, dass auch Männer aus den eigenen Reihen verwundet wurden.

Schließlich verlegte man das 1. Bataillon der 87. Infanteriebrigade der 10. US-Gebirgsjägerdivision von Usbekistan hierher, um eine ausreichende Truppenstärke zur Verfügung zu haben.

Zweiter Angriff auf Kandahar

Nachdem der Norden erobert war, bewegten sich die Spezialeinheiten gleichzeitig mit der Nordallianz südwärts. Vom Norden stieß Karzai vor und Gul Agha Sharzai kam über die pakistanische Grenze, um vom Süden her vorzurücken. Das US-Marinekorps befand sich zu dieser Zeit südwestlich von Kandahar.

Das A-Team 574 der Spezialeinheiten und die Streitkräfte Karzais bewegten sich von Tarin Kowt, das sich genau nördlich der Stadt befindet, auf Kandahar zu. Die Verbündeten unter Gul Agha Sharzai kamen vom Süden. Es gab auch einen Beschuss durch eigene Truppen aus der Luft in Schawalikot, bei dem Karzai und einige seiner Soldaten verwundet und drei US-Soldaten getötet wurden.

Im bisherigen Verlauf war klar geworden, dass Karzai und seine Verbündeten in Afghanistan ohne Unterstützung der amerikanischen und britischen Spezialeinheiten längst vernichtet worden wären. Man hatte aber auch gesehen, dass Luftnahunter-

stützung für beide Seiten sehr gefährlich sein konnte, wenn sich die Gegner zu nahe waren.

Das vom Süden mit Gul Agha Sharzai vordringende Spezialeinsatz-Team stieß bei Takht-pol auf Taliban-Kräfte. Da sich eine Möglichkeit der kampflosen Übergabe der Stadt zu ergeben schien, sandte Sharzai eine Delegation in die Stadt, um Nachforschungen anzustellen. Die Taliban nutzten diese Gelegenheit für einen Versuch, ihre Gegner zu überwältigen. Nun orderten die Beobachter der Spezialteams einen weiteren Luftschlag, der jedoch wiederum aufgrund der abgeworfenen Sprengsätze für beide Seiten gefährlich war.

Nach Verhandlungen zwischen Nordallianz und den Taliban konnte Kandahar kampflos eingenommen werden – hätten die Taliban sich entschlossen, die Stadt weiter zu verteidigen, hätten die Kämpfe sicherlich eine Vielzahl an Menschenleben gekostet.

1ER RÉGIMENT DE PARACHUTISTES D'INFANTERIE DE MARINE

Trotz ihres Namens gehört diese französische Spezialeinheit nicht zur französischen Marine, sondern zur Armee. Sie ist den britischen Marines nicht unähnlich, auch wenn Letztere unter dem Kommando der Royal Navy stehen.

Das französische 1. Marine-Fallschirmjägerregiment verdankt seine Gründung dem France Libre Spécial Air Service, der während der frühen SAS-Operationen in Nordafrika, Kreta, Frankreich, Holland und Deutschland eine hervorragende Rolle spielte. Die Einheit trägt dasselbe Motto im Schriftbanner wie der SAS: »Wer wagt gewinnt.«

Nach dem Zweiten Weltkrieg diente die Einheit bis 1954 in Indochina und wurde schließlich zu einer reinen Trainingseinheit. 1974 wurde das Regiment eine Spezialeinheit und den Brigades des Forces Spéciales Terre (BEST) der französischen Armee zugeteilt. Die Einheit ist in drei Luftlandekompanien für Aufklärung und Sondereinsätze unterteilt. Jede der Kompanien ist in besonderen Techniken wie Klettern, Dschungelkampf, HAHO/HALO-Fallschirmspringen und Terrorismusbekämpfung ausgebildet. Es gibt auch eine Ausbildungs-Kompanie, eine Nachrichtendienst-Kompanie und eine Kommando-Kompanie.

Lufttransport, Einschleusen und Extraktion wird durch die Détachment ALAT des Opérations Spéciales (DAOS) vorgenommen.

Das 1er Régiment de Parachutistes d'Infanterie wurde für die Operation Enduring Freedom nach Afghanistan entsandt und diente unter US-amerikanischem Kommando. Zu seinen Aufgaben gehörte die Sicherung der Flugfelder von Mazar-e-Scharif und Kabul. Der am Flugzeugträger *Charles de Gaulle* stationierte Dassault-Super-Étendard-Angriffsjäger der französischen Marine gab den alliierten Spezialeinheiten am Boden Luftnahunterstützung.

Tora Bora

Die ständigen Niederlagen der Taliban-Streitkräfte in den größeren Städten im Norden und im Zentrum Afghanistans ließen vermuten, dass es nur noch eine Frage der Zeit wäre, bis das Land vollständig von den Alliierten kontrolliert würde.

Taliban und Al-Qaida erarbeiteten jedoch einen Rückzugsplan. Sie versteckten sich in einer der rauesten und unzugänglichsten Gebirgsgegenden Afghanistans, Tora Bora genannt.

Das Tora-Bora-Gebirge liegt im Osten Afghanistans, südöstlich von Kabul in der Nähe der pakistanischen Grenze. Die äußerst schwierige Erreichbarkeit mit jeglichem Transportmittel am Landweg, aber auch von der Luft aus machte die Region zum idealen Versteck für Guerillakämpfer, die mit dem Staat in Konflikt standen. Im Lauf der Jahre soll ein ausgeklügeltes Netzwerk von Bunker- und Tunnelsystemen angelegt worden sein. Zudem gibt es eine Vielzahl natürlicher Höhlen, die als Zufluchtsort dienen konnten.

Hierher war aller Wahrscheinlichkeit nach auch Osama bin Laden selbst geflohen.

Trotz großer Schwierigkeiten drangen Spezialeinsatzkräfte in die Gegend ein, errichteten Beobachtungsposten und dirigierten, sobald sie die Gegner ausmachen konnten, Luftunterstützung herbei. Die gegnerischen Streitkräfte wurden immer weiter zurückgedrängt. Die Luftangriffe wurden unvermindert fortgesetzt, um eine Schwächung der Taliban-Streitkräfte zu erreichen. Diese blieben jedoch konsequent und nichts deutete auf eine bevorstehende Aufgabe hin, die dem Krieg ein rasches Ende bereitet hätte können.

Diese Hartnäckigkeit und die Tatsache, dass hunderte Taliban-Krieger über die Grenze nach Pakistan flüchteten, um einer Gefangennahme zu entgehen, ließ für die Zukunft nichts Gutes erahnen.

Während man weiterhin Widerstandsnester entdecken und auslöschen konnte, wurden die Alliierten durch konventionelle Truppen und Spezialeinheiten aus Großbritannien, Australien, Neuseeland und anderen Ländern verstärkt.

Operation Anaconda

Ein weiteres Rückzugsgebiet für Taliban- und Al-Qaida-Kämpfer war die afghanische Region Schahi-Kot. Hier, südlich von Kabul, befindet sich eine abgelegene Gebirgskette mit einer durchschnittlichen Seehöhe von etwa 2450 m und Berggipfeln, die bis zu 3700 m emporragen. Es war klar, dass eine hier durchgeführte Operation komplex und riskant wäre.

Durch die Schwierigkeit des Terrains konnte auch die Zahl der Gegner, die in diesen Bergen Zuflucht gesucht hatten, nur schwer abgeschätzt werden.

Gegenüberliegende Seite: Ein Soldat britischer Spezialeinheiten geht auf Patrouille. Er trägt eine Mischung hochwertiger ziviler und militärischer Kleidung und den für Spezialeinsatzkräfte charakteristischen großen Tornister.

Eine Gruppe Einheimischer beobachtet die Rauchwolken, die von den Tora-Bora-Bergen während des Bombardements der US-Luftwaffe aufsteigen.

Aufgrund der vorhandenen Informationen war jedoch davon auszugehen, dass für einen Angriff sowohl zusätzliche Spezialeinsatzkräfte als auch zusätzliche reguläre Truppen notwendig wären. Zu den Spezialeinheiten gehörten drei Kommando- und Kontrolleinheiten, sechs 12-Mann-A-Teams und drei Sondereinsatzgruppen. Auch die 10. US-Gebirgsjägerdivision, die 101. Luftlandedivision und ein Großteil der von den Amerikanern geschulten afghanischen Streitkräfte wurden entsandt.

Der australische SAS leistete einen bedeutenden Beitrag bei Frühaufklärung, vorgeschobener Beobachtung und Koordinierung von Luftschlägen. Er war wesentlich dabei beteiligt, die Flucht der Taliban- und Al-Qaida-Streitkräfte vom Kriegsschauplatz zu verhindern.

Weitere Spezialeinsatzkräfte und reguläre Armee-Einheiten konzentrierten sich unter Zuhilfenahme von Luftunterstützung darauf, die gegnerischen Streitkräfte einzukreisen. Die Luftangriffe sollten diese entweder zerstören oder die Kämpfer zwingen, eine bestimmte Fluchtroute einzuschlagen, an der sie dann abgefangen werden konnten.

Der australische SASR (Task Force 64) kam am 27. Februar an und war somit eine der ersten Einheiten am Schauplatz. Am 2. März konnte die Hauptaktion gestartet werden.

Das schwierige Gelände und ein weiterer Vorfall, bei dem die eigenen Truppen beschossen wurden, sorgten für einen schlechten Beginn. Außerdem stellte sich heraus, dass auch Taliban und Al-Qaida gute Aufklärungsarbeit geleistet hatten, als die vorrückenden alliierten Truppen mit Granat- und Artilleriefeuer begrüßt wurden.

Die ersten Einheiten des 1. Bataillons der 10. US-Gebirgsjägerdivision kamen gleich nach dem Absetzen in schweres Feuer. Die gesamte Kompanie hatte bei der Abwehr der gegnerischen Angriffe mehrere Opfer zu beklagen.

Takur-Ghar

Der Takur-Ghar ist ein 3191 m hoher Berggipfel im östlichen Teil des Schah-i-Kot-Tales. Hier ereignete sich einer der für die alliierten Streitkräfte schlimmsten Vorfälle während der gesamten Operation Anaconda.

Der Berggipfel eignete sich ausgezeichnet als Beobachtungsposten. Daher wurden hier ein US Navy SEAL Team und ein Combat Controller der Air Force mit einem MH-47E-Hubschrauber der 160th SOAR abgesetzt. Der Chinook MH-47E war mit allwetterfähigem Cockpit, FLIR (Forward Looking Infrared) und Geländefolgeradar ausgestattet. Er konnte bei hoher Geschwindigkeit in niedriger Höhe fliegen, was für eine rasche In- und Exfiltration sehr hilfreich war. Als der Hubschrauber die Ausstiegsstelle erreichte, wurde er von Taliban- oder Al-Qaida-Kräften beschossen, die denselben Ort als Beobachtungsposten gewählt hatten. Der Hubschrauber wurde von einer raketengetriebenen Granate und Maschinengewehrmunition getroffen, wobei hydraulische Kabel durchtrennt wurden. Der Hubschrauber schlingerte und einer der Navy SEALs rutschte auf der Hydraulikflüssigkeit, die auf das Deck getropft war, aus und fiel aus dem in 3 m Höhe fliegenden Hubschrauber in den Schnee.

Da der Hubschrauber schwer beschädigt war, versuchte der Pilot, ihn aus dem Gebiet zu bringen. Er konnte noch etwa 7 km fliegen, bevor er eine Notlandung durchführen musste.

Der abgestürzte US Navy SEAL hatte den Sturz überlebt und musste sich nun allein gegen die gegnerischen Soldaten, die sich auf dem Berg befanden, verteidigen. Er schaltete sein Notsignal ein und hoffte, dass das Schnelleinsatz-Team ihn erreichen konnte, bevor seine Munition zu Ende wäre oder er bereits vorher getroffen würde. Tragischerweise war Letzteres der Fall.

Es wurde sofort ein weiterer Hubschrauber geschickt, um das Team aus dem beschädigten Chinook aufzunehmen, dann zum Berggipfel zurückzukehren, den abgestürzten Navy SEAL zu retten und die Mission fortzusetzen. Auch dieser Hubschrauber wurde beschossen, als er sich der Ausstiegsstelle näherte, er konnte jedoch das Team absetzen.

Das SEAL-Team und der Combat Controller der Air Force wurden in einen Schusswechsel mit dem Gegner verwickelt, wobei der Combat Controller ums Leben kam und einer der SEALs verwundet wurde. Mit Hilfe von Feuerschutz durch ein AC-130-Schützenflugzeug konnte sich das Team zurückziehen und musste auf Verstärkung warten.

Rettungseinsatz der Ranger

Zu diesem Zeitpunkt wurde eine in Gardez stationierte schnelle Eingreiftruppe der US Army Ranger mit der Rettung der Kameraden beauftragt. Da man wusste, dass die SEALs auf dem Berg noch immer in Kampfhandlungen verwickelt waren, flog ein Hubschrauber der US Ranger direkt zur Ausstiegsstelle. Dort angekommen wurde er mit RPGs und schweren Maschinengewehren unter Feuer genommen. Beide Piloten wurden verwundet und der Bordschütze getötet. Der Hubschrauber stürzte ab. Zwei Ranger wurden, als sie aus dem Wrack ausstiegen, und ein weiterer noch im Hubschrauber getötet. Die übrigen Ranger konnten das Wrack verlassen und versuchten, eine Verteidigungsstellung aufzubauen.

Das Ranger-Team des anderen Chinook-Hubschraubers, der 610 m tiefer gelandet war, stieg zu Fuß auf den Berggipfel, um sich den anderen Rangern anzuschließen. Dann führten beide Teams gemeinsam einen Angriff auf die gegnerischen Stellungen aus und es gelang ihnen, die Taliban auf dem Berggipfel auszuschalten.

Die Ranger beherrschten nun zwar diesen Berg, kamen jedoch auch auf anderen Gipfeln unter feindliches Feuer und hatten noch ein weiteres Opfer zu beklagen. Da in diesem Gebiet derart viele Hubschrauber abgeschossen wurden, machte man keine Rettungsversuche bei Tageslicht mehr. Während die Ranger-Schnelleingreiftruppe den Tag über ausharrte, starb einer der Verwundeten. Nach Einbruch der Dunkelheit wurden sie abgeholt.

Unter den Gefallenen am Takur-Ghar waren zwei Angehörige der Air Force, ein Navy SEAL und vier Soldaten der US Army. Diese Männer waren gestorben, als sie versuchten, den allein gebliebenen US Navy SEAL auf dem Berggipfel zu retten.

Die US-Streiträfte lassen ihre Kollegen weder lebend noch tot auf dem Schlachtfeld zurück. In ihrem Ehrenkodex steht: »Es gibt keine größere Liebe, als wenn einer sein Leben für seine Freunde hingibt.« (Joh. 15, 13)

Abschluss der Operation Anaconda

Trotz der Probleme am Takur-Ghar konnte ein Fortschritt der Operation erzielt werden. Eine große Anzahl von Höhlen konnte geräumt und die Taliban nach und nach aus dem Tal verdrängt werden. Die

Eine Gedenkstätte auf den National Memorial Cemetery in Hawaii für neun Mitglieder des US Navy SEAL Delivery Vehicle Team One (SDVT-1).

US-amerikanischen Kommandanten achteten darauf, dass die Nordallianz so viel wie möglich mit einbezogen wurde und man brachte eine 700 Mann starke Streitkraft unter dem erfahrenen afghanischen General Gul Haidar in das Gebiet. Spezialeinsatzkräfte führten am Ende noch eine Durchsuchung der gesamten Region durch und konnten bestätigen, dass der Gegner tatsächlich besiegt worden war.

Der britische SAS in Afghanistan

Der britische SAS war von Anfang an stark in die Aktionen in Afghanistan involviert. Er wirkte jedoch unabhängig und nicht unter US-amerikanischem Kommando. Es gab einige Berichte, dass dadurch Auseinandersetzungen zwischen briti-

schen und US-amerikanischen Kommandanten entstanden.

Angehörige des britischen SAS werden in der Ausbildung angehalten, selbst ein hohes Maß an Verantwortung zu tragen und gegebenenfalls die Initiative zu ergreifen. Man nimmt an, dass sie sich durch die amerikanische Gepflogenheit, ständig auf Befehle aus den Kommandozentralen in den Vereinigten Staaten zu warten, eingeengt fühlten. Denn aufgrund der raschen Ortsveränderungen Osama bin Ladens und seiner Handlanger konnte jede Verzögerung eine verpasste Gelegenheit sein. Am meisten waren Taliban und Al-Qaida daher durch die einzelgängerischen Aktionen des SAS beunruhigt. Sie mussten folglich nicht nur mit den von den amerikanischen Spezialeinheiten koordinierten Angriffen fertig werden, sondern hatten auch noch abseits der Hauptkonzentrationen der verbündeten US-amerikanischen und afghanischen Streitkräfte den wie ein Gespenst einmal da und einmal dort auftauchenden SAS im Rücken.

Da es keine offiziellen Berichte über Einsätze des SAS in Afghanistan gibt, verfügt man über viel weniger Informationen von Aktivitäten des SAS als von jenen der anderen hier eingesetzten Spezialeinheiten. Am 26. November 2001 sollen mindestens 100 SAS-Angehörige in Kandahar an einer Razzia in einem Taliban- und Al-Qaida-Trainingslager teilgenommen haben, wo man vermutet hatte, Osama bin Laden selbst aufzufinden. Während des Angriffes sollen die SAS-Männer von den Taliban- und Al-Qaida-Streitkräften nahezu ausmanövriert worden sein. Im Kampf Mann gegen Mann soll der SAS jedoch die Kontrolle übernommen haben, allerdings wurden vier SAS-Männer verwundet.

Der australische SAS

Im März 2002 wurden die in Afghanistan stationierten australischen SAS-Kräfte, die auch bei der Operation Anaconda mitgewirkt hatten, durch eine andere Staffel ersetzt.

Da viele Taliban- und Al-Qaida-Kämpfer vor dem Vormarsch der Nordallianz und der US-amerikanischen Streitkräfte über die Grenze geflohen waren, war es nun notwendig, leistungsfähige Patrouillen in der Grenzregion durchzuführen. Dabei

Gegenüberliegende Seite: Soldaten der kanadischen, der US-amerikanischen und der afghanischen Streitkräfte warten in den Tora-Bora-Bergen auf ihre Abholung durch einen CH-47-Chinook-Hubschrauber.

wollte man alle verbliebenen gegnerischen Verstecke ausmachen und auch verhindern, dass Kämpfer wieder über die Grenze zurückkamen.

Bei der Operation Mountain Lion nahmen australische, britische, kanadische und US-amerikanische Soldaten teil. Gelegentlich gab es Feindberührung. Am 16. Mai hatte eine australische SAS-Patrouille in den Bergen der Provinz Paktia im Südosten Afghanistans einen Zusammenstoß mit gegnerischen Kämpfern, aus dem ein ausgedehnter Schusswechsel entstand. Taliban und Al-Qaida verwendeten RPGs und schwere Maschinengewehre, sodass die Australier Hilfe herbeiriefen. Die Hilfestellung wurde durch in der Gegend stationierte britische Streitkräfte gegeben, die hauptsächlich aus dem 45. Kommandobataillon der Royal Marines bestanden und von der 7. Kommandobatterie (Sphinx) der Royal Artillery unterstützt wurden. Die Marines- und Royal-Artillery-Soldaten wurden am 17. und 18. Mai von der Squadron No. 27 der Royal Air Force abgesetzt.

Davor war das 45. Kommandobataillon in die Operation Snipe involviert gewesen. Dazu gehörte die Räumung von Höhlen im Südosten des Landes, die gemeinsam mit den verbündeten afghanischen Streitkräften vorgenommen wurde. Obwohl das Oberkommando der Al-Qaida wiederum entfliehen konnte, war die Operation nicht ohne Erfolg. Mehr als 100 Mörser, 100 rückstoßfreie Panzerabwehrgeschütze, 200 Antipersonenminen und eine beträchtliche Menge an schwerer und leichter Munition konnten vernichtet werden. Neben der Zerstörung des Taliban-Waffenlagers bot die Operation auch die Gelegenheit, die »Hearts and Minds« der afghanischen Bewohner zu gewinnen. Man stellte den Dorfbewohnern medizinische Versorgung durch Ärzte der Royal Marines bereit.

Zwischen 29. Mai und 9. Juli führte das 45. Kommandobataillon eine ähnliche Operation in der Gegend von Khowst im Südosten Afghanistans durch. Auch hier wurden gegnerische Widerstandsnester aufgespürt und militärische Einrichtungen zerstört. Der heimischen Bevölkerung konnte humanitäre Hilfestellung gegeben werden.

Reguläre britische Streitkräfte, die in dieser Region operierten, konnten sofort durch ihre Kleidung erkannt werden – aufgrund fehlender Ausrüstung bestand sie aus einer Mischung von Wüstenuniform und Tarnanzügen für temperiertes Klima.

Der SAS war jedoch nicht auf die konventionelle militärische Kleidung beschränkt. SAS-Mitglieder trugen hochwertige Kleidung, die besser dem Klima, der hohen körperlicher Anstrengung und den extremen Temperaturunterschieden angepasst war. Dazu gehörten eine äußerst saugfähige Basisschicht und darüber ärmellose Gilets, in denen jede Menge an Ausrüstungsgegenständen untergebracht werden konnten. Die SAS-Leute trugen auch Shemags, da diese Halstücher sehr nützlich

Angehörige des australischen Special Air Service Regiment (SASR) während der Operation Slipper in Afghanistan im Juli 2002. Die Fahrzeuge sind 4x4 und 6x6 Land Rover Perenties.

DER NEUSEELÄNDISCHE SAS

Der SAS Neuseelands wurde am 7. Juli 1955 gegründet. Man stützte sich dabei auf bestehende neuseeländische Streitkräfte, auf die engen Verbindungen zur Long Range Desert Group während des Zweiten Weltkriegs und den damals unter David Stirling entstehenden britischen SAS. Die Neuseeländer schienen bereits von vornherein die richtigen Anlagen für derartige Operationen mitzubringen.

Die Spezialeinsatzkräfte konnten auch aus ihrer einzigartigen nationalen Geschichte lernen, da es bereits zur Kolonialzeit Einheiten wie die Taranaki Bush Rangers gab.

Der neuseeländische SAS wurde 1956 in Malaya eingesetzt und leistete dort einen wesentlichen Beitrag bei der Bekämpfung kommunistischer Aufstände. Der nächste Einsatz war gemeinsam mit britischem und australischem SAS in Borneo.

In Vietnam diente der neuseeländische SAS unter australischem Kommando, wobei beide Streitkräfte eng mit US-Spezialeinheiten bei Operationen gegen den Vietcong zusammenarbeiteten.

Der SAS Neuseelands bezieht seine Rekruten von allen Teilen der New Zealand Defence Force. Die einzige Bedingung für eine Bewerbung ist ein abgeleisteter Wehrdienst von mindestens vier Jahren. Die meisten Rekruten kommen von der Army. Jene Kandidaten, die aufgenommen werden, erhalten eine Ausbildung in Guerillakampf (CRW – Counter-Revolutionary Warfare), Geiselrettung, Combat Search and Rescue (CSAR), Aufklärung, HAHO/-HALO-Fallschirmspringen, Anwerbung heimischer Wehrfähiger sowie Training für Operationen in Gebirge, Dschungel, Wüste und in arktischen Regionen.

Der neuseeländische SAS arbeitet eng mit dem britischen SAS und anderen Spezialeinheiten zusammen. Dabei geben sie auch ihre besonderen Fähigkeiten weiter, wie etwa ihre große Erfahrung beim Aufspüren des Gegners.

Der neuseeländische SAS umfasst auch eine Bootseinheit ähnlich dem britischen SBS. Die Bootsmannschaft wird nach dem Rotationsprinzip von der Haupteinheit aufgestellt.

Der neuseeländische SAS ist in zwei Staffeln eingeteilt, deren jede drei Truppen umfasst. Diese sind jeweils auf Boots-, Gebirgs- und Lufteinsatz spezialisiert.

---

waren, um das Gesicht vor Sand oder großer Hitze zu schützen und um die Körpertemperatur anzupassen. Dazu trug man unempfindliche Kampfanzugs-Hosen und High-Performance-Stiefel.

Taliban und Al-Qaida entschlossen sich, nicht die Royal Marines, sondern eher kleinere Trupps, wenn sie auf solche stießen, anzugreifen. Die Bedeutung des Einsatzes von Spezialteams lag vor allem darin, dass diese besser als andere Truppenteile geeignet waren, die Flucht von Taliban- und Al-Qaida-Kämpfern zu unterbinden.

Ergänzung

Die ersten Ziele der Operation Enduring Freedom hatten erreicht werden können. Das Taliban-Regime war nachhaltig als politische Einheit aus Afghanistan entfernt worden und es waren den Taliban auch keine größeren Ausgangsbasen zur Rückgewinnung der Macht geblieben. Nachdem man die Autorität von Taliban und Al-Qaida in den Städten gebrochen hatte, waren ihre im Gebirge und verschieden Höhlensystemen versteckten Kämpfer vertrieben worden. Dies wäre ohne die tatkräftige Unterstützung von Spezialeinheiten nicht möglich gewesen.

Den alliierten Streitkräften und der Nordallianz war es jedoch nicht gelungen, jenen Mann gefangen zu nehmen, der zuallererst für die Anschläge vom 11. September in den Vereinigten Staaten verantwortlich zeichnete, nämlich Osama bin Laden. Er hatte es immer verstanden, noch vor den vordringenden alliierten Streitkräften zu reagieren. Vielleicht war man in Tora Bora am nächsten dran, ihn festzunehmen. Als sie bereits die Niederlage vorhersahen, baten die Taliban während der Tora-Bora-Operation um einen Waffenstillstand. Vielleicht war dies aber auch nur eine List gewesen, um Osama bin Laden Gelegenheit zu geben, über die pakistanische Grenze zu flüchten.

Zudem hatten die Alliierten nicht die vollständige Auflösung des Widerstands von Taliban und Al-Qaida im Land erreichen können. 2006 waren nach wie vor Aktionen gegen Taliban-Kämpfer im Gange, die alliierten Einheiten waren noch immer in Kämpfe verwickelt und unter ihren Soldaten waren weitere Todesopfer zu beklagen.

Während man sich im Land nach Wiederaufbau und Entwicklung sehnte, setzten die Taliban ihren Kampf erbittert fort. Sie schleusten sich in Dörfer ein, um Anschläge durchzuführen, wobei sie oft die Dorfbewohner als menschliche Schutzschilde benutzten. Dann verschwanden sie schnell wieder in der großen Weite der afghanischen Landschaft oder über die Grenze nach Pakistan.

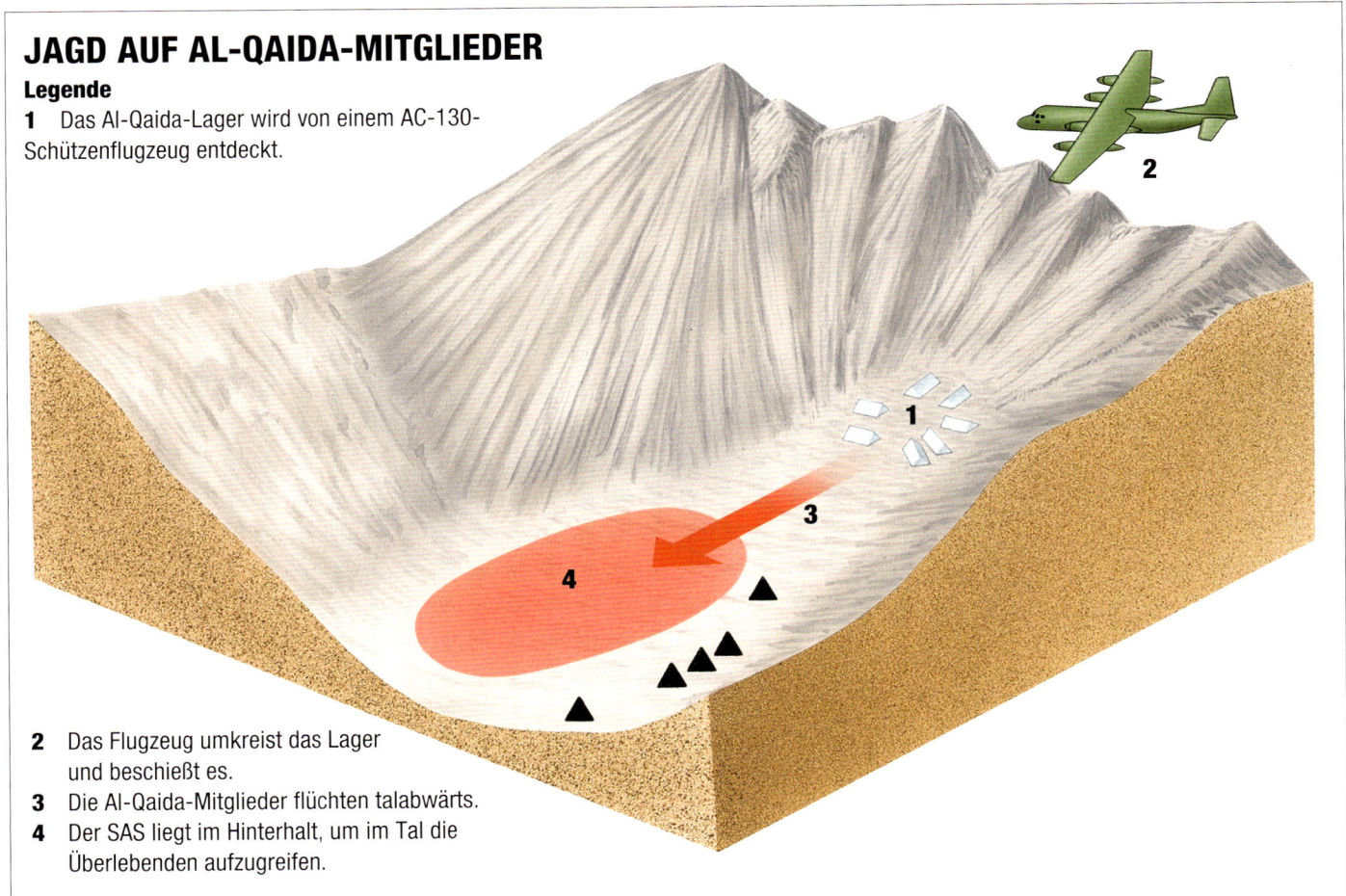

JAGD AUF AL-QAIDA-MITGLIEDER

Legende

1 Das Al-Qaida-Lager wird von einem AC-130-Schützenflugzeug entdeckt.

2 Das Flugzeug umkreist das Lager und beschießt es.

3 Die Al-Qaida-Mitglieder flüchten talabwärts.

4 Der SAS liegt im Hinterhalt, um im Tal die Überlebenden aufzugreifen.

Durch den Einsatz amerikanischer AC-130-Schützenflugzeuge versuchte man, Al-Qaida-Mitglieder von ihren Stützpunkten aufzuscheuchen. Als die Al-Qaida-Kämpfer zu fliehen versuchten, wurden sie vom SAS bereits erwartet. Die Überlebenden wurden in das Camp X-Ray in Guantanamo Bay in Kuba gebracht.

In einigen Fällen wechselten Taliban-Kämpfer die Seiten und schlossen sich ihren Landsleuten bei der Nordallianz an. Viele zogen es vor, zu sterben oder den Kampf von Widerstandsnestern oder von Rückzugsgebieten in Pakistan aus fortzusetzen.

Der Talibanführer Mullah Omar verwendete den bekannten Terminus »Dschihad«, um seine Kämpfer zu erneuten Anschlägen und Aufruhraktionen anzustacheln. Aus den Medresen (Koranschulen) kamen neue Rekruten für die Taliban, die in 50-Mann-Gruppen über die Grenze gingen, um Anschläge durchzuführen. Dann teilten sie sich in kleine Teams von etwa fünf Mann auf und verschwanden wieder in der weiten Landschaft.

Sie versuchten niemals, größere Patrouillen der Vereinigten Staaten, Großbritanniens oder anderer Koalitionsmitglieder anzugreifen. Sie warteten vielmehr auf eine Gelegenheit, sorgfältig geplante Anschläge aus dem Hinterhalt auszuführen und sich dann schnell zurückzuziehen. Zwischen 1. Mai und 12. August wurden nach Angabe der British Royal Statistical Society durchschnittlich fünf Soldaten der alliierten Streitkräfte pro Woche von den Taliban getötet.

Inzwischen ist Afghanistan noch immer eines der ärmsten Länder der Welt. Mehr als 6 Mio. Afghanen sind vom Hunger bedroht. Zudem wird das Land regelmäßig von verschiedenen Naturkatastrophen wie Überschwemmungen, Dürren, Erdbeben und extremen Wetterbedingungen heimgesucht.

Diese äußerst schwierigen Zustände werden noch durch Krieg, Verminung und durch Aufstände verschärft. Zurzeit sind noch mehrere Operationen im Gange. Wie im Irak war die echte Herausforderung nicht so sehr die Bekämpfung einer Armee von Aufständischen, sondern der Kampf gegen eine Ideologie.

Gegenüberliegende Seite: Ein seltenes Bild von britischen SAS-Männern. Sie wurden gerufen, um eine Revolte in der Qala-e-Jhangi-Festung in der Nähe von Mazar-e-Scharif unter Kontrolle zu bringen.

Operation Iraqi Freedom (Einnahme des Irak)
Operation Telic (Einnahme des Irak)
Operation Falconer (Einnahme des Irak)
Operation Viking Hammer (Luft- und Bodenangriff auf irakische Terroristengruppen)

IRAKKRIEG 2003

Die US-Invasion im Irak wurde von der US-Regierung als »Operation Iraqi Freedom« bezeichnet und begann am 20. März 2003. Der britische Teil der Operation wurde »Operation Telic« und der australische Beitrag dazu »Operation Falconer« genannt.

Während die Operationen zur Verteidigung Saudi-Arabiens sowie zur Vertreibung der irakischen Streitkräfte aus Kuwait 1991 und die Invasion in Afghanistan vom UN-Sicherheitsrat sanktioniert worden waren, gab es für die Invasion 2003 im Irak keine derartige Autorisierung. Die Invasion des Irak wurde von vielen Seiten, auch von hochrangigen Mitgliedern der Vereinten Nationen, als illegal bezeichnet.

Im Artikel 39 des Kapitels VII der UN-Charta (Maßnahmen bei Bedrohung oder Bruch des Friedens und bei Angriffshandlungen) heißt es:

»Der Sicherheitsrat stellt fest, ob eine Bedrohung oder ein Bruch des Friedens oder eine Angriffshandlung vorliegt; er gibt Empfehlungen ab oder beschließt, welche Maßnahmen aufgrund der Artikel 41 und 42 zu treffen sind, um den Weltfrieden und die internationale Sicherheit zu wahren oder wiederherzustellen.«

In Artikel 41 werden eine Reihe von Möglichkeiten ohne Zuhilfenahme von Gewalt vorgeschlagen, welche der UN-Sicherheitsrat beschließen kann, um seinen Beschlüssen Wirksamkeit zu verleihen. Dazu gehören Sanktionen und Maßnahmen, die gegen den Irak bereits verhängt worden waren.

Artikel 42 erlaubt dem UN-Sicherheitsrat, »mit Luft-, See- oder Landstreitkräften die zur Wahrung

oder Wiederherstellung des Weltfriedens und der internationalen Sicherheit erforderlichen Maßnahmen durchzuführen«. Diesen Artikel wollten die Vereinigten Staaten und Großbritannien gegen den Irak anwenden. Andere Sicherheitsratsmitglieder waren jedoch nicht davon überzeugt, dass genügend Beweise für »Bedrohung oder Bruch des Friedens oder Angriffshandlungen« vorlägen und legten ein Veto gegen jeden Versuch ein, eine Resolution mit der Billigung von Gewaltanwendung zu erlassen.

Nach Ansicht der Vereinigten Staaten und Großbritanniens stellte das vermutete irakische Programm für Massenvernichtungswaffen eine »Bedrohung des Friedens« dar. Die UN-Inspektoren im Irak, denen allerdings nicht überall Zutritt gewährt wurde, konnten jedoch keine Beweise für ein derartiges Programm finden.

Die Vereinigten Staaten und Großbritannien drangen in den Irak ein, obwohl von Seiten des Irak keine Angriffshandlung gesetzt worden war und keine Beweise für ein Massenvernichtungswaffen-Programm vorhanden waren. Zu Beginn der Invasion schossen die alliierten Streitkräfte Marschflugkörper auf die irakische Hauptstadt Bagdad ab, um das irakische Staatsoberhaupt, Saddam Hussein, zu töten.

Saddam Hussein war wegen des Massakers an den Kurden und seines Terrorregimes international geächtet. Dies galt jedoch nach den Normen des internationalen Gesetzes nicht als ausreichender Grund, um einen Präventivschlag gegen den Irak auszuführen. Nebenbei gab es weltweit immerhin eine Vielzahl weiterer nicht allzu sehr geachteter Staatschefs.

Die Vereinigten Staaten und Großbritannien wollten ihre Handlungen im Licht der Weltöffentlichkeit als moralisch verantwortlich und gerechtfertigt präsentieren. Nun standen sie aber vor dem Problem,

Gegenüberliegende Seite: amerikanische Spezialeinsatzkräfte an Bord eines Humvee bei einem Sandsturm; ihre Gesichter sind durch Kafiras geschützt; Najaf, März 2003.

einen bewaffneten Angriff gegen ein Mitglied der Vereinten Nationen vorgenommen zu haben, obwohl der UN-Sicherheitsrat dafür keinen ausreichenden Grund sah und die Operation nicht autorisiert hatte.

Um ihre Aktion zu rechtfertigen, wäre es für die Vereinigten Staaten und Großbritannien vorteilhaft gewesen, einen Beweis für ein Massenvernichtungswaffen-Programm liefern zu können. Ein derartiger Beweis wurde allerdings nicht gefunden.

Die Streitkräfte beider Länder waren mit gewohntem Professionalismus vorgegangen und hatten den von ihren Regierungen erteilten Auftrag erfüllt. Es liegt nicht an den Soldaten, politische Hintergründe und Motive zu bewerten, sondern die von der Politik getroffenen Entscheidungen umzusetzen.

Beginn der Invasion

Ob die Invasion nun begründet war oder nicht, sie fand auf jeden Fall statt. Auch hier spielten Spe-

Luftlandetruppe der 10th Special Forces Group an Bord eines MH-53M-Pave-Low-IV-Hubschraubers der amerikanischen Luftwaffe während der Operation Iraqi Freedom.

zialeinheiten wieder eine bedeutende Rolle. Aus US-amerikanischer Sicht war es der größte Einsatz von Spezialeinheiten auf einem Kriegsschauplatz seit dem Vietnamkrieg.

Die Frühaufklärung wurde vom 2. Bataillon der 5th Special Forces Group in Basra, Kerbela und in weiteren Orten durchgeführt, während die 10th Special Forces Group mit der unbedingt notwendigen Koordinierung des Vorstoßes der kurdischen Streitkräfte im Norden des Landes betraut war. Dazu gehörten Streitkräfte der Patriotischen Union Kurdistans und der Demokratischen Partei Kurdistans.

Spezialeinsätze im Nordirak

Der ursprüngliche Plan für eine Invasion im Nordirak bestand darin, schwere Truppen in Form der 4. Infanteriedivision über die Türkei ins Land zu bringen. Da aber kein internationaler Konsens über die Legalität der Invasion bestand und die Türkei als Regionalmacht gewisse Bedenken hatte, gab es keine Genehmigung für den Transport der amerikanischen Truppen auf dem Landweg durch die Türkei.

Daher waren die Vereinigten Staaten auf luftbewegliche Streitkräfte beschränkt, also Spezialeinheiten und Fallschirmjäger. Nach der in Afghanis-

10TH SPECIAL FORCES GROUP

Die 10th Special Forces Group wurde am 19. Juni 1952 aufgestellt, angeregt durch das von General William O. »Wild Bill« Donovan gegründete Office of Strategic Services (OSS). Colonel Aaron Bank diente in einem der »Jedburgh«-Trupps in Frankreich und sollte später der Kommandant der 10th Special Forces Group werden. Die 10th SFG wurde auch durch die 1st Special Service Force (FSSF) beeinflusst, eine gemeinsame US-amerikanische und kanadische Einheit.

In den 1950er-Jahren war die Gruppe in Bad Tölz in Westdeutschland stationiert und seine Aufgabe wäre gewesen, im Fall einer sowjetischen Invasion hinter den feindlichen Linien als so genannte »stay behind forces« Aufklärungs- und Sabotageaktionen durchzuführen. Die Einheit nahm die für viele Spezialeinheiten typische unkonventionelle Identität an – man trug charakteristische Bergschuhe und Wanderrucksäcke.

Ein wichtiger Teil des Trainings war auch der »Winning Hearts and Minds«-Aspekt, der später auch bei den Operationen mit den Kurden klar demonstriert wurde. Denn die begeisterte Unterstützung lokaler Kämpfer konnte den Unterschied zwischen Erfolg oder Misserfolg einer Operation ausmachen und das Kriegsglück entscheiden.

Eine Abteilung der 10th Special Forces Group nahm bei den Operationen Desert Shield und Desert Storm 1991 teil. Das Team des 1. Bataillons half bei Rettungsoperationen hinter den gegnerischen Linien.

Im April 1991 war das 1. Bataillon der 10th SFG bei der Operation Provide Comfort beteiligt, die humanitäre Hilfe für die Kurden bereitstellen sollte und vom Regime Saddam Husseins angegriffen wurde. Der bedeutende Beitrag der Spezialeinheit zum Überleben vieler Kurden während dieser humanitären Notlage begründete ein Band der Freundschaft mit dem kurdischen Volk.

1992 wurde die 10th SFG in Somalia eingesetzt, wo sie das 1. belgische Fallschirmjäger-Kommandobataillon unterstützte.

Die Einheit wurde später auch nach Bosnien und in Teile Osteuropas entsandt und kam auch im Kosovo zum Einsatz.

tan gewonnenen Erfahrung war dies möglicherweise gar kein allzu großer Nachteil. Während der Operation Enduring Freedom in Afghanistan hatten Spezialeinheiten sehr erfolgreich mit den lokalen Bodenstreitkräften zusammengearbeitet und den Gegner mithilfe von Luftschlägen und gelegentlichen direkten Aktionen zurückgedrängt. Bei der Zusammenarbeit mit den kurdischen Streitkräften im Norden des Irak erwartete man nun einen ähnlichen Effekt.

Obwohl die Invasion im Norden, nachdem sie als Zugang für größere Einheiten von Bodenstreitkräften nicht mehr in Frage kam, nun weniger wichtig erschien, war sie doch ein wesentlicher Teil der US-Strategie. Zwei Fünftel der konventionellen irakischen Streitkräfte waren der Verteidigung des Nordens zugeordnet. Wenn nun ein Teil dieser Einheiten in den Süden verlegt worden wäre, hätte dies bedeutende Auswirkungen auf den gesamten Feldzug gehabt.

Zu den irakischen Streitkräften im Norden gehörten Einheiten der Republikanischen Garde, Saddams Fedajin-Milizen und Milizen der Baath-Partei. Die 10th Special Forces Group führte in der Region einige Testangriffe gegen irakische Außenposten durch. Am 26. März kam Verstärkung durch konventionelle Truppen in Form der 173. US-Luftlandedivision. Die 173. US-Luftlandedivision wurde unter das Kommando des CFSOCC (Combined Forces Special Operations Component Command) gestellt, das genau genommen alle alliierten Einheiten im Norden Iraks kommandierte.

Diese Operation zeigte die steigende Bedeutung der Spezialeinheiten in der Gesamtstrategie. Während in der Vergangenheit Spezialeinheiten oft als nützliches Beiwerk zur konventionellen Strategie betrachtet wurden, war es hier nahezu umgekehrt.

Was Spezialeinheiten allerdings tatsächlich nicht bieten konnten, war eine große Anzahl von Soldaten. Nachdem sie erfolgreiche Angriffe durchgeführt hatten, konnten sie den Vorteil nur allzu leicht wieder verspielen, wenn keine Sicherung des Gebiets durch herkömmliche Streitkräfte erfolgte. Diese notwendige Unterstützung wurde durch die 173. Luftlandedivision bereitgestellt.

Neben fortwährenden Angriffen gegen eine breite Front irakischer Stellungen im Norden hatte die Joint Special Operations Task Force – North (JSOTF-North) auch die Aufgabe, die bedeutende Ölproduktion der Stadt Kirkuk zu sichern.

Die Operationen im Norden zeugen vom Erfolg der Spezialeinheiten und ihrer Befähigung, nicht nur als Ergänzung zu konventionellen Streitkräften zu agieren, sondern selbstständig größere Operationen durchzuführen. Eine ähnliche Bedeutung war bereits beim Golfkrieg 1991 den britischen Spezialeinheiten zugekommen, als ihr Kommandeur,

Im Vordergrund Spezialeinsatzkräfte der US Army, im Hintergrund bereitet ein UH-60 Black Hawk eine Landung in der Nähe von Kirkuk vor; Irak, während der Operation Iraqi Freedom.

General Sir Peter de la Billière, auch zum Kommandanten der Bodenstreitkräfte ernannt wurde. Nun befanden sich auch im nördlichen Irak die konventionellen Streitkräfte unter dem Kommando der Spezialeinheiten.

Spezialeinsatzkräfte gehen von vornherein Dinge anders an als reguläre Militärs. Sie denken anders und behandeln Probleme und Ziele auf eine unkonventionelle Art und Weise. Daher war für gemeinsame Aktionen eine gute Koordination vonnöten, um gesteckte Ziele erreichen zu können. Allerdings musste für diese Art der Aufgabenverteilung das Organisationssystem erst perfektioniert werden.

Die 173. Luftlandedivision wurde bei ihrem Einsatz von der US Army Europe (USAREUR) Immediate Reaction Force (IRF) unterstützt, die auch über fünf Abrams-Panzer und vier Bradley-IFV-Infanterie-Kampffahrzeuge verfügte.

Vor der Ankunft der Division versuchten Spezialeinheiten, die Kontrolle über die Zone in der Nähe Baschurs zu gewinnen. Ein Frühaufklärungs-Team flog in einem C-130 Combat Talon US-amerikani-scher Spezialeinheiten in das Gebiet. Das Team wurde vom Operational Detachment Alpha auf sicherem, von Kurden bewohntem Gelände abgesetzt. Das Frühaufklärungs-Team traf Vorkehrungen, sodass am nächsten Tag die Luftlandedivision abspringen konnte.

Die 173. Luftlandedivision und ihre schwere Ausrüstung wurden in C-17-Transportflugzeugen herangebracht. Die Flugzeuge hatten die irakische Grenze in 9150 m Höhe passiert, bei der Absprungstelle ging es per Sturzflug bis auf 300 m, wo Fallschirmspringer abgesetzt und Ausrüstung abgeworfen wurde. Während der ersten Welle sprangen mindestens 963 Fallschirmjäger ab, um das Flugfeld zu sichern.

Die 173. Luftlandedivision hatte den großen Vorteil, dass sie bei ihrem Einsatz mit den Spezialeinsatzkräften, die bei den kurdischen Kämpfern am Boden waren, eng zusammenarbeiten konnten. Die Spezialeinsatzkräfte zogen ihrerseits, als man mehr Druck auf die irakischen Kräfte im Norden des Landes ausüben wollte, Vorteile aus der Unterstützung durch die konventionellen Streitkräfte, die auch über Panzerfahrzeuge und Artillerie verfügten.

Es kam zu einer größeren Anzahl koordinierter Angriffe gegen irakische Divisionen, die gemeinsam von Spezialeinheiten, den kurdischen Truppen und der neu angekommenen 173. Luftlandedivision durchgeführt wurden. Vom 30. März bis 2. April griffen sie die 4., 2., 8. und 39. irakische Division an und gingen siegreich aus der Schlacht. Abgesehen von konventionellen irakischen Militäreinheiten besiegte die Joint Special Operations Task Force – North auch die irakische Terroristengruppe Ansar al-Islam.

US-Spezialeinheiten kämpfen im Nordirak gemeinsam mit den verbündeten kurdischen Peschmerga gegen Mitglieder der Ansar al-Islam.

Diese Gruppierung kontrollierte Dutzende Dörfer im äußersten Norden des Irak, in der Nähe zur iranischen Grenze. Obwohl die Mitglieder des Ansar al-Islam hauptsächlich Kurden waren, standen sie in direktem Konflikt mit der Patriotischen Union Kurdistans, die von den Amerikanern unterstützt wurde. Der Gruppierung wurde vorgeworfen, direkte Verbindungen mit der Al-Qaida zu pflegen und auch den aus Afghanistan geflohenen Al-Qaida-Mitgliedern Schutz gewährt zu haben.

Während der Operation Viking Hammer führten die Joint Special Operations Task Force – North und Einheiten der 10. US-Gebirgsjägerdivision mehrere Angriffe auf diese Gruppierung durch. Mit Hilfe von vorgeschobenen Beobachtern, Luftnahunterstützung und Angriff durch konventionelle Streitkräfte am Boden konnte die Joint Special Operations Task Force – North die Ansar al-Islam außer Gefecht setzen. Damit war eine ständige Bedrohung im Rücken der Kurden, die nach Süden vorstießen, beseitigt.

Schlacht am Debecka-Pass

Die Iraker hatten bereits zahlreiche Niederlagen hinnehmen müssen und nicht wenige Soldaten

drohten zu desertieren. Zu diesem Zeitpunkt führten die Iraker an einer wichtigen Kreuzung in der Nähe des Dorfes Debecka einen Gegenangriff durch. Ein Gebirgskamm eignete sich vorzüglich für einen Beobachtungsposten mit guter Sicht auf das umgebende Tal. Auf diesem Kamm befanden sich etwa 26 Angehörige der 10th Special Forces Group, die von einer motorisierten irakischen Schützenkompanie, bestehend aus hunderten Soldaten, vier T-55-Panzern, Schützenpanzern und Artillerie, angegriffen wurden. Obwohl zahlenmäßig wesentlich schwächer, waren die Spezialeinsatzkräfte der großen Kompanie ebenbürtig. Das Spezialeinsatz-Team war mit 12,7-mm-Maschinengewehren, 60-mm-Mörsern, Mk-19-Maschinengranatwerfern und Javelin-Panzerabwehrraketen bewaffnet.

Zwei Angehörige des 2. Bataillons der 6. US Marines feuern beim Training eine Javelin-Rakete ab. Diese Rakete erwies sich als todbringende Waffe.

In Anbetracht der Tatsache, dass sie nicht die Absicht hatten, sich zurückzuziehen, nannten die Spezialeinsatzkräfte ihre Stellung »Alamo«.
Der erste Angriff der Iraker kam am frühen Morgen und man erwartete zweifellos, dass dabei die US-Spezialeinheiten ausgelöscht werden könnten. Nach anfänglichen erfolglosen Angriffen mit Schützenpanzern und Truppentransportern schickten die Iraker schwerere Geschütze. Ein irakischer T-55-Panzer-Zug fuhr die Straße, die auf den Kamm führte, hinauf. Gepanzerte Kettenfahrzeuge mit Soldaten an Bord verteilten sich auf die Wiesen

auf beiden Seiten der Straße und rollten beständig vorwärts. Angesichts dieses Anblicks hätten viele Einheiten sich zurückgezogen. Die Spezialeinsatzkräfte am Kamm waren jedoch entschlossen, die Stellung zu verteidigen.

Sie konnten mit Javelin-Raketen zwei Panzer zerstören und schossen mit schweren Maschinengewehren und Granatwerfern auf die Schützenpanzer. Nachdem sie die Panzer gestoppt hatten, begannen sie mit Raketen die Schützenpanzerwagen zu beschießen. Acht dieser Schützenpanzer und vier LKWs wurden kampfunfähig gemacht. Die irakische Infanterie, die nicht einmal nahe genug gekommen war, um die eigenen Geschütze abzuschießen, stob auseinander und zog sich in die Verteidigungspositionen zurück.

Nach dem außergewöhnlichen Sieg am Debecka-Pass stießen die amerikanischen und kurdischen Streitkräfte weiter nach Süden und Osten vor und nahmen am 10. April Kirkuk ein.

Kirkuk im Nordosten des Irak ist das Zentrum der irakischen Ölindustrie und hat eine gut ausgebaute Infrastruktur, die auch Pipelines zu Mittelmeerhäfen mit einschließt. Ursprünglich war Kirkuk eine kurdische Siedlung gewesen. Die kurdische Gesellschaft sieht diese Stadt als Symbol ihrer Präsenz im Irak. Die Stadt war auch von Türken und Arabern besiedelt worden. Die irakischen Behörden vertrieben 1991–2003 etwa 120.000 Kurden und andere Volksgruppen aus Kirkuk. Es ist daher nicht überraschend, dass die Kurden nun die Gelegenheit ergreifen wollten, die Stadt zurückzuerobern.

Die von den US-amerikanischen Spezialeinheiten begleiteten kurdischen Peschmerga bewegten sich auf Kirkuk zu. Obwohl die Stadt von irakischen Streitkräften verteidigt wurde, führte die Präsenz von Kurden und US-Soldaten auf den Bergen außerhalb der Stadt zu einem Aufstand des Volkes in der Stadt. Die US-Soldaten hielten sich zurück, als die Stadt von den Kurden eingenommen wurde.

Dann stießen die Kurden und ihre amerikanischen Verbündeten weiter nach Mosul vor. Die Stadt Mosul befindet sich in der Nähe der antiken Stadt Ninive am Fluss Tigris. Die Kurden im Nordirak forderten Mosul als Teil ihrer regionalen Verwaltung. Derzeit ist die Stadt ein wichtiger Knotenpunkt für den Öltransport vom Iran in die Türkei und nach Syrien.

Am 11. April 2003 zogen kurdische Streitkräfte, angeführt von den US-Spezialeinheiten, in die Stadt ein und übernahmen sie. Die Machtüberga-

FGM-148 JAVELIN

Die Javelin ist eine so genannte »Fire-and-Forget«-Rakete, die das Ziel ohne weitere Unterstützung der Feuerplattform selbst ansteuert. Nach dem Abschuss führt die Lenkeinheit die Rakete nicht nur zum angesteuerten Ziel, sondern sorgt auch dafür, dass das Ziel in einer »Top-Attack«-Flugbahn getroffen wird: Die Rakete steigt auf eine Höhe von 150 m, bevor sie das Ziel von oben anfliegt. Die Javelin ist mit einem Tandemhohlladungs-Geschoss bestückt, um sowohl die Reaktivpanzerung als auch die darunterliegende passive Panzerung von gepanzerten Fahrzeugen durchschlagen zu können.

Die Rakete verlässt die Feuerplattform bereits, bevor der Hauptraketenmotor zündet, sodass der Schütze nicht durch die Raketenabgase beeinträchtigt wird. Es wird dadurch auch für den Gegner schwieriger, die genaue Abschussstelle der Rakete zu identifizieren. Denn normalerweise verändert der Schütze dann seine Position sofort, bevor er die nächste Rakete abschießt.

be verlief jedoch nicht so glatt wie in Kirkuk und es gab Zusammenstöße zwischen den kurdischen Besetzern und der lokalen Bevölkerung. Bald stimmten die kurdischen Streitkräfte zu, die Stadt wieder zu verlassen und wurden von der 101. US-Luftlandedivision ersetzt, die ihrerseits mit der Kontrolle der Menschenmenge in der Stadt Schwierigkeiten hatte.

Spezialeinheiten zogen auch in Al Qa'im ein, einer bedeutenden Stadt an der Grenze zu Syrien, etwa 400 km nordwestlich von Bagdad. Die Spezialeinsatzkräfte sicherten Schlüsselstellen, wie die Luftabwehr-Basis, den Bahnhof und verschiedene Industrieanlagen.

Spezialeinsätze im Westirak

Während der Invasion des Irak stand auch die Befürchtung im Raum, dass Saddam Hussein, das Ende seiner Macht voraussehend, versuchen könnte, noch so viel Schaden und Chaos im Nahen Osten wie möglich anzurichten.

Als offensichtliches Ziel dafür hätte sich Israel angeboten. Dieses Land hatte Saddam Hussein auch während des Golfkriegs 1991 im Fadenkreuz, als es ihm gelang, mehrere Scud-Raketen auf Israel und Saudi-Arabien abzuschießen. Man war in Hinsicht auf die so oft zitierten Programme für nukleare und chemische Waffen besorgt, dass Saddam Hussein meinen könnte, er hätte ohnehin nichts

Soldaten des australischen SASR in einem Land Rover Perentie Long Range Patrol Vehicle, nachdem sie während der Operation Falconer die Al-Asad-Luftbasis unter ihre Kontrolle gebracht haben.

mehr zu verlieren und versuchen würde, einen katastrophalen Anschlag auf Israel vorzunehmen.

Der wahrscheinlichste Standort für Scud-Abschussrampen, von wo aus ein solcher Angriff durchgeführt werden hätte können, war derselbe Ort wie im Golfkrieg 1990/91 – das Wüstengebiet im Westen des Irak. Ähnlich wie damals waren auch dieses Mal die britischen und amerikanischen Spezialeinsatzkräfte, die bereits in jenem Krieg mit Erfolg Abschussrampen aufgespürt und zerstört hatten, am besten für diese Aufgabe ausgebildet und ausgerüstet. 2003 konnten sie darüber hinaus auch von der Hilfe des australischen Special Air Service Regiment (SASR) profitieren.

Combined Joint Special Operations Task Force – West (CJSOTF-WEST)

Der Kern der CJSOTF-West bestand aus der US-amerikanischen 5th Special Forces Group. Zusätzliche Kräfte wurden vom britischen SAS (Special Air Service) und vom australischen SASR (Special Air Service Regiment) bereitgestellt. Die Australier stellten noch ein zusätzliches Eliteteam in Form des 4. Bataillons des Royal Australian Regiment zur Verfügung, das als Task Force 64 operierte. Auch das US Air Force Special Operations Command und das Naval Special Warfare Command der Navy SEALs wurden eingesetzt.

Die Mission war jener im Golfkrieg 1991 ähnlich. Der Hauptunterschied lag darin, dass nun die alliierten Streitkräfte im Irak einmarschierten. Die Aufklärung hinter den gegnerischen Linien wurde von einigen der US-amerikanischen A-Teams durchgeführt. Ihre alliierten Kollegen konnten sich daher gezielt auf die einzelnen Schritte der Invasion konzentrieren.

Ein weiteres Team von Spezialeinsatzkräften, Task Force 20 genannt, wirkte im westlichen Sektor. Es arbeitete mit Geheimdienst-Agenten zusammen, um Mitglieder der Baath-Partei und der Fedajin aufzuspüren. Sie waren auch mit der Aufgabe betraut, Guerillaaktionen der Iraker zu unterbinden. Beispielsweise wurde ein Bus aufgehalten, in dem mehrere Iraker unterwegs waren, die Geld transportierten, das als Belohnung für die Ermordung von US-Soldaten dienen sollte.

AUSTRALIAN SPECIAL AIR SERVICE REGIMENT (SASR)

Das australische SASR wurde 1957 als 1st Special Air Service Company, Royal Australian Regiment gegründet. 1964 wurde es auf Australian Special Air Service Regiment umbenannt.

Das Regiment steht in enger Verbindung mit seinen britischen und neuseeländischen Pendants. Sie alle verwenden dasselbe Wappen mit dem Schriftbanner »Who Dares Wins« (Wer wagt gewinnt). Auch die Auswahlprozesse und Aufgaben sind ähnlich. Außer im britischen SAS sieht das australische SASR seine Wurzeln in der australischen Spezialeinheit »Z«, die während des Zweiten Weltkriegs berühmt wurde und in den Independent Companies, die im Pazifik operierten.

Das SASR nahm neben dem britischen und neuseeländischen SAS 1965 bei Operationen in Borneo teil, als man gegen indonesische Einfälle und Aufstände kämpfte. 1966 wurde das Regiment gemeinsam mit dem neuseeländischen SAS in Vietnam eingesetzt, um eine Reihe von Aufklärungsmissionen auszuführen. Seine besondere Professionalität im Dschungelkampf verlieh dem SASR einen bedeutenden Vorteil gegenüber dem Gegner. Einige Angehörige des SASR sollen auch mit dem MACV-SOG (Military Assistance Command, Vietnam – Studies and Observation Group) zusammengearbeitet haben.

Das Regiment war 2000 in friedenserhaltender Mission in Osttimor im Einsatz. Auch hier ging es hauptsächlich um Aufklärungsarbeit, um Einfällen indonesischer Streitkräfte und Aufständen entgegentreten zu können.

Das Regiment wurde im Oktober 2001 nach Afghanistan entsandt, wo es unter US-amerikanischem Kommando eine bedeutende Rolle in der Operation Anaconda spielte. Im November 2002 wurde es zurückbeordert, jedoch 2005/06 wieder in Afghanistan eingesetzt.

2003 kam das australische SASR im Irak mit dem 4th Battalion, Royal Australian Regiment und dem Incident Response Regiment zum Einsatz.

Das australische SASR führt eine Reihe von Einsätzen, wie Aufklärung, vorgeschobene Beobachtung und Terrorismusbekämpfung durch. Das Regiment ist ausgebildet, in verschiedensten Umgebungen wie Wüste, Gebirge, Dschungel, arktischer und maritimer Landschaft zu operieren. Seine Angehörigen erlernen auch Fertigkeiten wie HAHO/HALO-Fallschirmspringen.

Die Kandidaten, die sich für das SASR bewerben, müssen dienende Soldaten der Australian Defence Force sein. Die Rekruten müssen sich einem dreiwöchigen Testkurs unterziehen, wo ihre körperlichen und geistigen Fähigkeiten getestet werden. Auch wenn ein Kandidat körperlich und geistig als zäh genug erscheint, um den Testkurs zu bestehen, bedeutet dies nicht unbedingt, dass er die richtige Persönlichkeit mitbringt, um ausgewählt zu werden. Das australische SASR tendiert wie viele andere Spezialeinsatz-Regimenter dazu, Kandidaten auszuwählen, die gemäß dem Zitat von Roosevelt »leise auftreten und einen großen Stock tragen können«.

Nach dem Auswahlprozess erhalten die Rekruten ein 18-monatiges Training in spezieller Fertigkeiten. Es ist auch möglich, dass ein Rekrut während der Ausbildung einen Lehrgang nicht schafft und zu seiner früheren Einheit zurückversetzt wird. Das SASR gestaltet das Training so realistisch wie möglich, was unglücklicherweise in der Vergangenheit auch bei Übungen bereits zu Todesopfern geführt hat.

Die US Ranger operierten im westlichen Sektor, um wichtige Infrastruktur, wie etwa Pipelines, zu schützen und um mögliche Lager von Massenvernichtungswaffen zu finden.

Das australische SASR im Irak

Die 1st Squadron Group des australischen SASR wurde im westlichen Irak mit Teilen des britischen SAS und US-amerikanischer Spezialeinheiten eingesetzt. Unterstützung erhielt das SASR vom 5th Aviation Regiment, das mit den Hubschraubertypen CH-47 Chinook, S-70A Black Hawk und MRH-90 ausgerüstet war.

Ihre Hauptaufgabe während der Eingangsphase der Operationen bestand darin, die irakischen Scud-Abschussrampen aufzufinden und für deren Zerstörung zu sorgen – durch direkte Aktion oder durch angeforderte Luftschläge. Die Einheit war ab Februar 2003 im Gebiet und es ist möglich, dass sie bereits vor Beginn der Operation die Grenze überschritt. Die Meldungen der australischen Spezialeinheiten liefen über die eigene Kommandokette, konnten aber auch über US-amerikanische und britische Übertragungswege vermittelt werden.

Das SASR musste bald mit extremen Wetterbedingungen zurechtkommen, wobei die Temperaturen manchmal auf −5° C fielen, die durch den Wind verursachte verstärkte Kälteempfindung noch nicht mitgerechnet. Auch die Sichtverhältnisse wurden durch den Wind reduziert, da dieser den

Staub von der Wüste aufwirbelte. Bei starkem Regen wurde der Boden extrem morastig und die Fortbewegung sehr schwierig.

Das Einschleusen erfolgte mittels Fahrzeugen und mittels Hubschrauber. Bodenteams meldeten, unentdeckt von irakischen Wachposten, die genauen Stellungen der Grenzverteidigung.

Die Einheit stieß bald auf irakische Streitkräfte, wobei es zu einem Schusswechsel kam und Iraker gefangen genommen wurden. Da die Spezialeinheiten keine Gefangenen mitführen konnten, ließ man diese wieder frei, sobald die Verwundeten versorgt waren. Die Freilassung der Iraker war ein kalkuliertes Risiko.

Die Hubschrauber-Einschleusung wurde durch das 160th SOAR vorgenommen, das die Australier weit in irakisches Staatsgebiet hineinflog.

Die Iraker hatten jedoch ihre Lektion aus dem Golfkrieg 1991 gelernt und nun eigene Kommandos eingesetzt, die bereits im Vorfeld Jagd auf die Spezialeinheiten machen sollten, die ihnen damals so viel Schaden zugefügt hatten. Es kam zu mehreren Kampfhandlungen mit australischen Spezialeinheiten, aber auch anderen alliierten Spezialeinsatzkräften, wobei die Iraker fast ausnahmslos schlecht abschnitten.

Eines der Ziele des australischen SASR war eine irakische Relaisfunkstation. Sie schien sehr bedeutend, da sie von vielen irakischen Soldaten verteidigt wurde. Das SASR näherte sich der Station und führte einen Angriff durch; die Iraker konnten besiegt und das Gebäude geräumt werden. Danach wurde Luftnahunterstützung geordert, um die Anlage zu zerstören. Diese Aktion beeinträchtigte das irakische Steuerungssystem für ballistische Raketen nachhaltig.

Das SASR befand sich weit innerhalb des irakischen Staatsgebiets, vermutlich weiter in der

Spezialeinheiten der US Army in Humvees auf Patrouille südlich von Najaf, im März 2003. In der Nacht davor waren sie in ein schweres Gefecht mit irakischen Streitkräften verwickelt.

Ein Flieger der US Air Force Special Forces inspiziert das 7,62-mm-MG auf einem HH-60G-Pave-Hawk-Hubschrauber der 301. Rettungsstaffel.

Nähe Bagdads als alle anderen Spezialeinheiten. Da es zu dieser Zeit auch noch keine Kampfhandlungen zwischen den alliierten Streitkräften und der irakischen Armee in dieser Region gab, war die Gefahr von Gegenangriffen auf das SASR extrem groß. Am Tag nach der Zerstörung der Relaisstation rückten verschiedene irakische Einheiten aus, um dieses Regiment aufzuspüren. Es kam zu einem längeren Schusswechsel, wobei die Iraker mit mindestens sechs Fahrzeugen angriffen. Wie die 10th Special Force Group am Debecka-Pass griff auch das australische SASR die Iraker mit Javelin-Panzerabwehrraketen und anderen schweren Waffen, wie etwa 12,7-mm-Maschinengewehren und Mk-19-Granatwerfern an. Das SASR konnte auch Luftnahunterstützung herbeirufen.

Dies war nicht die einzige Kampfhandlung des SASR. Eine weitere mobile Einheit des SASR wurde von irakischen Streitkräften entdeckt. Diese näherten sich, mit Maschinengewehren, RPGs und Mörsern ausgerüstet, mit mehreren Allradfahrzeugen. Die Australier zogen sich jedoch nicht zurück,

sondern griffen die Iraker mit mehreren Waffensystemen an, wobei die irakischen Fahrzeuge zerstört wurden.

Wie der britische SAS hatten auch die Australier im Irak verschiedene Einsatzformen gewählt – manche Einheiten waren in Fahrzeugen unterwegs und andere zu Fuß. Die Fahrzeuge vom Typ Land Rover Perentie 6x6 Long Range Patrol Vehicle erlaubten den Einheiten, eine größere Palette an Waffen, einschließlich Javelin-Raketen, mitzuführen. Die Fahrzeug-Einheiten konnten jedoch leichter entdeckt werden als ein Fußtrupp. Deswegen wurden diese mobilen Einheiten auch relativ häufig in Kampfhandlungen verwickelt. Jene Einheiten, die mittels Hubschrauber abgesetzt wurden, konnten nicht über eine derart große Auswahl an Waffen verfügen. Allerdings gelang es ihnen besser, unentdeckt zu bleiben und den Transport von gegnerischen Raketensystemen, vor allem auf dem Highway 10, zu überwachen.

Ein weiteres Ziel der australischen Spezialeinheiten war die Kreuzung von Highway 10, Expressway 1 und einer Straße aus dem Süden. In der Nähe befanden sich die Flugfelder Kasr Amij und Kasr Amij Süd. Das australische SASR griff das Ziel zuerst mittels Marschflugkörper und Luftnahunterstützung an und erst dann durch direkten Angriff am Boden. Die meisten Iraker waren jedoch nach den Luftschlägen bereits geflohen, sodass die Stätte nahezu verlassen war, als die Bodentruppen ankamen.

Britische Soldaten der 2/1 Battery 16th Air Assault Brigade fahren getarnte Land Rover Defender in Camp Viper.

Nachdem die irakischen Versuche, die Initiative zu ergreifen, eingedämmt waren, konnte das australische SASR die Straßen zwischen Ramadi und Ar Rutba kontrollieren. Damit konnte auch verhindert werden, dass Bagdad mit zusätzlichen Waffen versorgt oder wertvolle Einrichtungen abtransportiert würden.

Das nächste größere Ziel war die Al-Asad-Luftbasis mit dem zweitgrößten Flugfeld des Irak. Sie lag etwa 180 km westlich von Bagdad. Sie verfügte über eine große Anzahl an Schuppen und Hangars und mehrere Start- und Landebahnen. Der Sicherheitszaun war 21 km lang. Etwa 8 km nördlich befand sich ein Waffenlager. Das Al-Asad-Flugfeld war Basis für drei irakische Kampfflugzeug-Staffeln.

Am 16. April 2003 wurde diese Luftbasis vom australischen SASR eingenommen. Als das SASR sich

näherte, wurde das Regiment von den Irakern mittels Maschinengewehren, die auf SUVs (Sports Utility Vehicles) montiert waren, attackiert. Aber auch dieses Mal konnte die kleinere australische Einheit durch bessere Waffen, bessere Taktik und mehr Professionalismus den Gegner bezwingen. Dann übernahm das SASR die Kontrolle über die Luftbasis, die über 50 Flugzeuge (einschließlich Kampfflugzeuge) sowie über große Munitionsdepots verfügte. Nach dem Durchsuchen und Räumen aller Gebäude machte sich die Einheit daran, das zerbombte Flugfeld zu reparieren, sodass die C-130-Hercules-Flugzeuge der Royal Australian Air Force landen konnten.

Sicherung der Ölfelder

Eine der zerstörerischsten Aktionen während des Golfkriegs 1991 war die Inbrandsetzung der Ölfelder durch die Iraker. Als damals die alliierten Streitkräfte ankamen, standen viele Ölfelder in Flammen.

Bei der Planung der Invasion 2003 achtete man besonders darauf, dass sich eine derartige Verwüstung nicht wiederholen würde. Im südlichen Irak gab es bis zu 1000 Ölfelder und im Golf mehrere Ölplattformen.

Zu den Ölanlagen auf der Halbinsel Fao gehörten zwei Ölterminals, drei Umschlag- und Messstationen und zwei zusätzliche Terminals in Mina al Bakar und Khawr Al Amaya.

Die Aufgabe, die Ölfelder zu Wasser und zu Land zu sichern, wurde zwischen Spezialeinsatzkräften der US Navy SEALs und dem britischen Special Boat Service (SBS) aufgeteilt. Sie sollten auch die Strände der Halbinsel Fao absuchen.

US Navy SEALs und SBS wurden von MH-53J-Pave-Low-Hubschraubern der amerikanischen Luftwaffe auf der Halbinsel Fao abgesetzt. Die Bohrinseln Baabot und Marbot wurden in der Nacht von Mitgliedern des Naval Special Warfare Command mit Spezialbooten und Festrumpfschlauchbooten angesteuert. Die Soldaten kletterten auf die Plattformen und überwältigten die irakischen Wachen, die festgehalten wurden, bis Verstärkung kam um sie mitzunehmen. Die Unterstützungseinheiten kamen von den Royal Marine Commandos. Zwei Ölterminals wurden ebenfalls von SEALs übernommen.

Da die Angriffe in aller Heimlichkeit vorbereitet und sowohl überraschend als auch sehr rasch durchgeführt wurden, waren nur wenige Opfer zu beklagen.

Am 20. März 2003 griffen US-amerikanische Einheiten aus der Luft gegnerische Stellungen im Gebiet von Fao an. US Navy SEALs wurden in MH-53J-Pave-Low-Hubschraubern US-amerikanischer Sondereinheiten eingeflogen, um Aufklärungsarbeit durchzuführen. Auch sollten sie Landeplätze für Hubschrauber sichern, sodass ein Angriff durch die 3. Kommandobrigade vorgenommen werden konnte. Angehörige des 40. Kommandoba-

LAND ROVER PERENTIE 6x6 LONG RANGE PATROL VEHICLE (LRVP)

Der Land Rover Perentie 6x6 ist eine Version des Land Rover 100 mit langem Radstand und einem Isuzu-4-Zylinder-Dieselmotor mit Kompressor. Er besitzt eine vordere Starrachse mit Schraubenfedern und eine Blattfeder-Hinterachse. Die LRPV-Version führt an den beiden Seiten je zwei Ersatzreifen mit sich. Das Patrouillenfahrzeug hat hinten und vorne einen MG-Aufbau. Auch Geländemotorräder und Panzerabwehrwaffen wie etwa ein Javelin-Raketen-System können mitgeführt werden. Meist hängen die Spezialeinsatzkräfte ihre Tornister und andere persönliche Ausrüstung an der Außenseite auf, um im Fahrzeug möglichst viel Platz zur Verfügung zu haben.

GRUPA REAGOWANIA OPERACYJNO-MANEWROWEGO (OPERATIV-MOBILE REAKTIONSGRUPPE) GROM

Die GROM wurde offiziell am 13. Juli 1990 gegründet, ihre Wurzeln reichen jedoch bis zum Zweiten Weltkrieg zurück. Nach dem deutschen Einmarsch in Polen 1939 kamen viele Polen nach England und schlossen sich verschiedenen Einheiten der britischen Streitkräfte an. Man stellte einen polnischen Zweig der Special Operations Executive auf. Das Audley End House südlich von Saffron Walden in Essex wurde als Unterkunft für die Einheit zur Verfügung gestellt.

Die Rekruten der GROM kommen von verschiedenen Teilen der polnischen Streitkräfte, vor allem vom 1. Kommandoregiment und Kampftauchereinheiten der Marine. Wie viele andere Spezialeinheiten ist auch die GROM in 4-Mann-Teams unterteilt.

Bei der Gründung der Gruppe ließ man sich von britischen, amerikanischen und deutschen Spezialeinheiten beraten. Genauso wie diese werden auch die GROM-Rekruten professionell in einer großen Anzahl von Disziplinen ausgebildet. Dazu gehören HAHO/HALO-Fallschirmspringen, Scharfschützen-Training und Gerätetauchen. Die GROM-Teams können in einer Vielzahl von Geländearten und im städtischen Gebiet eingesetzt werden.

Die Einheit war 1994 in Haiti bei der Operation Restore Democracy im Einsatz und war auch in die Suche nach Kriegsverbrechern im ehemaligen Jugoslawien involviert. Die GROM nahm 2001 in Afghanistan an der Operation Enduring Freedom teil und 2003 bei der Operation Iraqi Freedom.

---

taillons der Royal Marines und US Marines wurden per Hubschrauber eingeflogen, um strategische Ziele einzunehmen.

Nach einem Bombardement durch Royal Navy und Royal Australian Navy wurde weiter landeinwärts durch das 42. Kommandobataillon ein Angriff vorgenommen. Diese Aktion erwies sich als äußerst schwierig und ein Hubschrauber der Aufklärungsbrigade stürzte ab.

Nach Anschlägen durch Spezialeinheiten der US Navy SEALs und der polnischen mobilen Reaktionsgruppe GROM griffen die Royal Marines die Stadt Umm Kasr an.

US Navy SEALs und der britische SBS führten Patrouillen auf den Wasserwegen durch und durchsuchten mehr als 100 Boote.

Die britischen Streitkräfte bewegten sich dann auf Basra zu, vor ihnen noch SAS, SBS und andere Spezialeinheiten. Das Gebiet nördlich von Basra um den Flughafen Ramallah wurde von der 16th Air Assault Brigade eingenommen, die auf die 6. irakische Panzerdivision stieß.

Beim alliierten Vorstoß der 7. Panzerbrigade auf Basra kam diese unter immer schwereres Feuer. Die britische Antwort bestand aus präzisen Angriffen, die durch vorgeschobene Beobachter gelenkt wurden, und dem Einsatz von Scharfschützen, die

ihre Visiere auf die Verteidigungsstellungen und Kommandozentralen des Saddam-Regimes richteten.

Als die Briten nach Az Zubayr und Al Khasib vordrangen, stießen sie an beiden Orten auf irakischen Widerstand. Die irakischen Stellungen wurden ausgekundschaftet und durch Spezialeinheiten mit Unterstützung von Eliteeinheiten in Form der 3. Kommandobrigade ausgehoben.

Während des Machtwechsels waren britische Spezialeinsatzkräfte in den noch rauchenden Städten unterwegs, um nach Mitgliedern von Saddam Husseins Baath-Partei zu suchen.

Schutz der Dämme

Zwei Stunden nach Ablauf des amerikanischen Ultimatums an Saddam Hussein wurden am 19. März 40 Tomahawk-Marschflugkörper auf ausgewählte Ziele im Irak abgeschossen. Einige der Raketen sollen auf Gebäude in Bagdad gerichtet gewesen sein, in denen man Saddam Hussein und seine Führungsmannschaft vermutete.

Die Informationen, die man für die Auswahl der Ziele heranzog, stammten aus verschiedenen Quellen. Dazu gehörten auch Geheimdienstinformationen der vergangenen Jahre, Satellitenaufzeichnungen von Gebäuden, Aufzeichnungen über Bewegungen hochrangiger Beamter und Berichte der alliierten Nachrichtendienste vor Ort. Zur selben Zeit suchten amerikanische, britische und australische Spezialeinheiten am Boden nach geeigneten Zielen, und zwar vor allem in Bagdad, Basra und ihrer Umgebung.

Gegenüberliegende Seite: polnische Soldaten der Spezialeinheit GROM an Bord eines Bootes der US Navy SEALs mit Irakern, die während des Angriffs auf Umm Kasr gefangen genommen wurden.

Die US Navy SEALs, die mit der polnischen Terrorismusbekämpfungs-Einheit GROM zusammenarbeiteten, konnten den etwa 92 km von Bagdad entfernten Mukarayin-Damm erobern. Die Teams wurden mittels Fast Roping von Pave-Low-Hubschraubern abgesetzt und hielten den Damm fünf Tage lang besetzt, um Sabotageversuche zu unterbinden, die zu einer Überflutung Bagdads führen hätten können.

Die Stadt Haditha liegt etwa 225 km nordwestlich von Bagdad. Der Haditha-Damm in der Nähe der Stadt befindet sich am Euphrat. Er wurde gebaut, um ein großes Wasserreservoir zu schaffen, das heute eine der Hauptquellen der irakischen Wasserversorgung ist.

Da man Zerstörungsaktionen durch Anhänger des irakischen Regimes befürchtete, war der Haditha-Damm bereits zu Beginn der Invasion eines der Ziele der Spezialeinheiten. Wenn der Damm gesprengt worden wäre, hätte dies nicht nur eine plötzliche Flutwelle zur Folge gehabt, sondern auch längerfristig große Probleme in der Wasserversorgung. In der Nacht auf den 1. April 2003 besetzte das 3. Bataillon des 75. Ranger-Regiments den Damm und das dazu gehörende Wasserkraftwerk.

Wie bereits mehrmals während des Krieges versuchten irakische Spezialeinheiten, die alliierten Spezialeinsatzkräfte aufzuspüren und zu jagen. Nun beschossen sie die Ranger mit Artillerie und Mörsern. Die irakischen Kräfte operierten hauptsächlich von der Stadt Haditha aus. Um nicht Zivilisten zu gefährden, waren die Ranger bei der Erwiderung des Feuers in einem gewissen Ausmaß eingeschränkt, riefen allerdings Luftnahunterstützung herbei. Die Ranger kämpften drei Wochen lang gegen lokale irakische Streitkräfte, um den Damm zu schützen. Schließlich wurden sie am 19. April 2003 durch das 1. Bataillon des 502. Infanterieregiments der 101. Luftlandedivision entsetzt.

Während des gesamten Kriegsverlaufs waren Sondereinsatzkräfte an allen Krisenorten zur Stelle. Da die Iraker wussten, dass sie die amerikanischen und britischen Streitkräfte mit herkömmlicher Kriegstaktik nicht besiegen konnten, hatten sie ihre eigenen Einheiten in kleineren Gruppen organisiert, die tief gestaffelt waren. Diese kleinen Einheiten, die selbstständig Jagd auf die gegnerischen Spezialeinheiten machten, erwiesen sich nun als eine wesentlich größere Herausforderung als dies im Golfkrieg 1991 der Fall gewesen war. In den meisten Fällen gingen die alliierten Spezialeinsatzkräfte jedoch als Sieger hervor.

Im Golfkrieg 1991 hatten die alliierten Spezialeinheiten großteils unabhängig operiert, wenn auch mit voller Unterstützung aus der Luft. Im jetzigen Irakkrieg waren ihre Operationen mehr in die Aktivitäten konventioneller Einheiten integriert.

Im Norden arbeitete die 10th Special Forces Group eng mit der 173. Luftlandedivision zusammen. Im Süden waren die Spezialeinheiten immer den konventionellen Streitkräften voraus. Wenn diese nun bis zu einem bestimmten Ziel vorrückten, nahmen sie fast ausnahmslos zuerst Kontakt mit der Spe-

MARK-V-SPEZIALBOOT

Das Mk V SOC (Special Operations Craft) wurde Mitte der 1990er-Jahre entwickelt und wurde ab 1999 im Einsatz verwendet. Es ermöglicht eine sehr schnelle Einschleusung von Spezialeinsatzgruppen in Gebiete mit niedriger und mittlerer Bedrohung. Es ist auch für Küstenpatrouillen geeignet.

Das Boot kann neben den fünf Crewmitgliedern bis zu 16 Spezialeinsatzkräfte und ihre Ausrüstung transportieren. Auch Festrumpfschlauchboote oder ein Mini-U-Boot können mitgeführt werden. Das Laden und Entladen erfolgt auf einfache Weise über eine Rampe an der Rückseite des Bootes. Das Mark-V-Spezialboot verfügt über eine beeindruckende Bewaffnung, wozu fünf Aufbauten für 7,62-mm-Maschinengewehre oder GAU-17-Miniguns gehören. Auch schwere 12,7-mm-Maschinengewehre, 40-mm-Granatwerfer, 25-mm-Mk-48-MGs und Stinger-Boden-Luft-Raketen können zur Ausrüstung gehören.

Meist wird in Abteilungen mit je zwei Mark-V-Spezialbooten operiert, das auch mittels C-5-Transportmaschinen der US-amerikanischen Luftflotte transportiert werden kann. Bei der Operation Iraqi Freedom wurden die Mark-V-Spezialboote vom Hochgeschwindigkeitsboot *Joint Venture X1* aus betrieben und nachgetankt. Die *Joint Venture X1* diente während der Operation als vorgeschobene maritime Operationsbasis der Naval Special Warfare Unit.

Eigenschaften:
Länge: 25 m
Breite: 5,33 m
Tiefgang: 1,52 m
Höchstgeschwindigkeit: 83–130 km/h (47–50 Knoten)
Reichweite bei Höchstgeschwindigkeit: 925 km und mehr

zialeinheit auf, die bereits Aufklärungsarbeit in dem Gebiet geleistet und Ziele ausgemacht hatte. Oft hatten die Spezialteams bereits einen Weg gefunden, um den Konflikt zu minimieren, indem man einen Dialog mit den lokalen Führern hergestellt hatte.

Bei An-Nasiriyah konnten die Spezialeinsatzkräfte vor Ort bereits wichtige Informationen weitergeben, als die 3. Infanteriedivision sich der Euphratbrücke näherte. Dadurch konnte die Division die Brücke viel schneller und sicherer einnehmen.

Die Joint Special Operations Task Force – West wurde, wie bereits erwähnt, auf verschiedene Arten eingesetzt. Manche Teams wurden als verdeckte Beobachtungseinheiten eingeflogen und versuchten vor allem, nicht aufzufallen. Ihre Effektivität zeigte sich, als sie Luftschläge oder Angriffe am Boden exakt dirigierten, ohne selbst entdeckt zu werden. Andere Einheiten der Joint Special Operations Task Force – West waren mit Fahrzeugen unterwegs, wodurch sie sowohl Aufklärungsarbeit leisten als auch gelegentlich direkt eingreifen konnten. Derartige Patrouillen wurden durch Delta-

Spezialeinheiten der US Air Force kehren nach der Rettung eines während der Operation Iraqi Freedom abgeschossenen Piloten (links) auf ihre Basis im Südirak zurück.

Force-A-Teams und durch britische und australische SAS-Einheiten durchgeführt. Es gab auch größere Formationen, wie das 3. Bataillon des 75. Ranger-Regiments, um größere strategische oder für die Infrastruktur wichtige Ziele einzunehmen, wie Flugplätze oder Anlagen, die der Wasser-, Öl- und Stromversorgung dienen. Zudem arbeitete die Task Force eng mit den Bodentruppen zusammen und kam im Verlauf des Krieges immer häufiger zum Einsatz. Durch die Zusammenarbeit mit Bodentruppen hatten die Task-Force-Einheiten bei der Einnahme eines Zieles auch schwerere Geschütze wie Abrams-Panzer zur Unterstützung ihrer Aufgaben zur Verfügung. Die Verbindung von »quer denkenden« Spezialeinheiten und konventionellen Einheiten mit schwerem Gerät und hoher Feuerkraft erwies sich nicht selten als eine für den Gegner verheerende Kombination.

TERRORISMUS-BEKÄMPFUNG

Aus den vorhergehenden Kapiteln ist zu entnehmen, dass sowohl in Afghanistan 2001/02 als auch im Irak 2003 bedeutende militärische Siege errungen wurden. In beiden Fällen wurden die Hauptkontingente der gegnerischen Armee besiegt und die wichtigsten Städte eingenommen. In den Hauptstädten beider Länder wurden alle Spuren der gegnerischen Verwaltungsorganisationen beseitigt und neue Regierungen eingesetzt. Trotz alledem dauern jedoch beide Kriege nach wie vor an.

In Afghanistan gab es 1740 Opfer in den Monaten Juli bis September 2006 – der bislang gewalttätigsten Periode seit dem »Sieg« 2001. Die Anzahl der Soldaten der von der NATO aufgestellten Internationalen Sicherheitsunterstützungtruppe (ISAF) wurde in dieser Zeit erhöht. Im November 2006 hatte allein Großbritannien 5600 Soldaten in Afghanistan und 7100 im Irak im Einsatz. Wenn auch jene an Bord der vor der Küste liegenden Schiffe der Royal Navy hinzugezählt werden, so betrug die Anzahl der britischen Soldaten im Irak sogar 8500.

Den bei weitem größten Beitrag leisteten US-amerikanische Streitkräfte. Trotz der großen Anzahl der amerikanischen Soldaten und jener anderer Nationen war die Sicherheit sowohl in Afghanistan als auch im Irak bei weitem nicht stabil. In beiden Ländern gab es ständig Aufwiegelung und Terror-drohungen, wodurch die regulären Streitkräfte zermürbt wurden. Auch stand ständig die Frage im Raum, wie viele Soldaten von Spezialeinheiten und von regulären Streitkräften über welchen Zeitraum hier stationiert bleiben sollten.

In Großbritannien selbst hatte inzwischen der Security Service (der britische Inlandsgeheimdienst) doppelt so viel Personal wie 2001, um auf die vielen Terrordrohungen, oft verheerenden Ausmaßes, eingehen zu können. Ende 2006 wurde ein vom britischen Geheimdienst aufgedeckter Anschlagsplan publik, demzufolge mehrere von britischen Flughäfen startende Verkehrsflugzeuge hätten gesprengt werden sollen.

Zur gleichen Zeit vertraten viele westliche Länder eine restriktive Immigrationspolitik, welche den Zulauf desillusionierter Moslems zu den verschiedenen radikalen und extremistischen Unterorganisationen der Al-Qaida noch verstärkten.

Die enttäuschten Extremisten nahmen aus ihrer Sicht den Krieg gegen US-amerikanische, britische oder andere NATO-Truppen und auch gegen die Zivilbevölkerung in den Ländern, in welchen sie lebten, auf. Nach ihrer Ideologie waren die Menschen, die in den westlichen Ländern ja demokratisch ihre Regierungen wählten, auch direkt für deren Politik verantwortlich.

Neue Aufgaben und Strukturen

Solange diese radikale Ideologie attraktiv bleibt und ihr nichts entgegengestellt wird, müssen sich die Geheimdienste und Streitkräfte mit der daraus resultierenden, in einem beispiellosen Ausmaß auftretenden Gewalt auseinander setzen. Ebenso wie der britische Inlandssicherheitsdienst perso-

Gegenüberliegende Seite: Soldaten des australischen SASR in einem Sandsturm während der Eingangsphase der Operation Bastille, als die australischen Streitkräfte im März 2003 im Irak ankamen.

Ein australischer SASR-Soldat sucht während der Operation Bastille mit Nachtsichtbrillen die Wüstengegend ab. Er trägt ein Sturmgewehr M16A1.

Beispiele war die Al-Qaida. In einer Welt, in der eine Supermacht eine massive Vorherrschaft an konventionellen Streitkräften und Waffen innehatte, versuchten solche desillusionierte Gruppen und »Failed States« (Länder, welche die grundlegendsten Funktionen eines Staates nicht mehr erfüllen können) mittels asymmetrischer Kriegsführung und Anschlägen Unruhe zu stiften und die Moral und den Kampfwillen ihrer Gegner zu erschüttern.

Zum Großteil war die Bekämpfung solcher Bedrohungen Aufgabe der Geheimdienstorganisationen. Beim Militär waren es vor allem die quer denkenden Spezialeinsatzkräfte, von denen man am ehesten einen Erfolg gegen derartige Angriffe erwartete.

Die verschiedenen Spezialeinheiten führten weiterhin Aufgaben wie Geiselrettungsaktionen oder die Festnahme oder Überwachung besonders gefährlicher Personen durch. Trotz großer Fortschritte in der Aufklärungstechnologie und dem Einsatz von Drohnen (unbemannten Flugzeugen) sah man in beiden Golfkriegen und im Afghanistankrieg, dass bestens ausgebildete Beobachter auf dem Boden nicht ersetzt werden konnten. Die tatsächliche Veränderung bestand darin, dass diese Spezialeinsatzkräfte noch vielseitiger einsetzbar wurden und verstärkt mit den konventionellen Streitkräften zusammenarbeiteten. Man entwickelte immer neuere Systeme, um diese Zusammenarbeit noch effektiver zu gestalten.

Das Talent der Spezialeinheiten, außer dem Einsatz zerstörerischer und tödlicher Waffen auch »diplomatische« Aktionen durchzuführen, war besonders dort wertvoll, wo der »Winning Hearts and Minds«-Effekt für die gesamte Operation bedeutend war. Spezialeinheiten sahen sich der ständigen Herausforderung gegenüber, sich trotz militärischer Leistungsfähigkeit nicht von jenen Menschen zu entfernen, für die sie kämpften.

Im 2000 herausgegebenen *Special Operations Forces Posture Statement* wies das US-Verteidigungsministerium auf bestimmte Fähigkeiten hin, die von Spezialeinsatzkräften zu dieser Zeit und auch zukünftig verlangt würden.

Viele der aufgelisteten Fähigkeiten wurden in den darauf folgenden Jahren in einem Ausmaß unter Beweis gestellt, wie es auch die Verfasser des

nalmäßig aufgestockt wurde, um mit der größeren Bedrohung fertig zu werden, so musste auch die Landesverteidigung jene Einheiten, die am ehesten etwas gegen die neue Bedrohung unternehmen konnten – also die Spezialeinheiten – verstärken. Zudem wurden Unterstützungseinheiten rund um die Spezialeinheiten aufgestellt, um gezielte Boden-, Luft- und See-Sondereinsätze optimieren zu können. Weitere konventionelle Einheiten revidierten ihr Trainingssystem, um besser mit den neuen Gegebenheiten zurechtzukommen. Denn zum einen wechselten die Kriegsschauplätze ständig und außerdem hatte man Gegner vor sich, von denen man nie wusste, ob sie nun besiegt waren oder nicht.

Auch vor den Anschlägen vom September 2001 diskutierte man bereits in den Verteidigungsministerien über die Notwendigkeit, die verschiedenen Spezialeinheiten in Zukunft zu verstärken. Grund dafür war, dass sich in der Gesellschaft nach dem Kalten Krieg bereits Strukturen von mutwilliger Zerstörung, ethnischer Gewalt sowie religiösem und nationalistischem Extremismus herauszukristallisieren begannen. Eines der erschreckendsten oben erwähnten Statements nicht erwartet hätten. Außerdem zeigte die Tatsache, dass Spezialeinheiten bereits nach derart kurzer Zeit und derart überwältigender Leistungsfähigkeit – nur einen Monat nach dem Terroranschlag am 11. September 2001 – bereits in Afghanistan im Einsatz waren, die großen Vorzüge der Erstellung von Alternativplänen.

Was auch die Autoren dieser Stellungnahme vermutlich nicht voraussehen konnten, war der Umfang, in dem Spezialeinsatzkräfte im Verlauf der

Australische SASR-Soldaten machen sich zum Aussteigen aus einem UH-60-Black-Hawk-Hubschrauber der australischen Armee bereit.

Ereignisse gebraucht würden, und auch die sich daraus ergebende Notwendigkeit, mit anderen Einheiten enger zusammenzuarbeiten. Spezialeinheiten waren nicht länger ein exotischer Zusatz, sondern ein tragender Teil der Gesamtmission.

Ein Fundament von Spezialeinheiten ist vor allem, dass sie aus Männern und mitunter auch Frauen mit außergewöhnlichen Talenten zusammengestellt sind. Die einzelnen Spezialeinsatzkräfte haben strapaziöse Tests überstanden und ein langes Spezialtraining hinter sich. Aufgrund ihrer persönlichen Qualitäten und der für das Training aufgewendeten Zeit und finanziellen Mittel stellen sie einen hohen Wert dar und dürfen nicht für »normale« Aufgaben, die auch von Soldaten konventioneller Einheiten durchgeführt werden können, vergeudet werden.

Unkonventionelle Kriegsführung

Die Joint Special Operations Task Force – North (JSOTF-North) wurde kurzfristig aufgestellt, um während der Operation Enduring Freedom Aktionen in Afghanistan durchzuführen. Die Wurzeln der neuen Organisation sind in den Strukturen des Office of Strategic Services während des Zweiten Weltkriegs zu suchen. Das neue Sonderkommando fasste militärische Spezialeinheiten und paramilitärische Einheiten der CIA zusammen.

Die Erfolge der 5th Special Forces Group wurden bereits erwähnt. Ihre Leistung erscheint umso größer, wenn man bedenkt, dass sie eine Organisation auf taktischer Ebene war, die eine wesentlich breitere Palette an Aktionen durchführte als ursprünglich vorgesehen.

Die 5th SFG musste sich im Zuge der Entwicklung in eine Kommando- und Kontrollstruktur verwandeln. Mit den im Nachhinein gewonnenen Erkenntnissen gab es Äußerungen, dass eine größere und komplexere Einheit mit unkonventioneller Kriegstaktik hätte eingesetzt werden müssen. Dann hätten weniger Taliban- und Al-Qaida-Mitglieder über die afghanische Grenze entfliehen und vielleicht auch Osama bin Laden selbst gefasst werden können.

Daraus ergaben sich die folgenden Fragen: Wie sollten Organisation und Struktur von Einheiten mit unkonventioneller Kampftaktik, einschließlich der Zusammenarbeit zwischen Geheimdienst und Sondereinsatzkommandos von Armee, Marine und Luftwaffe beschaffen sein? Wie sollten die unkonventionellen Einheiten, die Eliteeinheiten und die konventionellen Streitkräfte auf nationaler Ebene aufeinander abgestimmt sein? Welche Beziehung sollte die US-amerikanische Gruppe von Spezialeinheiten mit unkonventioneller Kriegsführung zu Spezialeinheiten anderer Länder, wie dem britischen SAS, dem australischen SASR, dem neuseeländischen SAS, französischen, deutschen und Spezialeinheiten anderer Nationalität aufbauen? In welchem Ausmaß operierte der britische SAS unterschiedlich von den US-Einheiten in Tora Bora und anderswo? In welchem Umfang war die größere Effektivität des britischen SAS auf die geringere Einflussnahme von außen zurückzuführen?

In Afghanistan konnten die Vereinigten Staaten mit minimalem Etat viel erreichen. Teil des Erfolges war, dass die Art der Kriegsführung der Nordallianz sich gut mit dem Stil der Spezialeinheiten vertrug. Beide konnten auf eine Tradition von Unabhängigkeit, Ausdauer und Einfallsreichtum

GEFORDERTE KOMPETENZEN

Überlebensfähigkeit – Verbesserung der Überlebensfähigkeit von Personen in feindlichem Gebiet.

Bekämpfung von Massenvernichtungswaffen – Verbesserung der Einsatzmöglichkeiten für Sondereinsatzkräfte, um die Verbreitung von Massenvernichtungswaffen einzudämmen.

Mobilität in verbotenem Gebiet – Verbesserung der Möglichkeiten zur unerkannten Durchführung von Transporten am Boden, in der Luft, am Wasser oder (möglicherweise) im All in Gebieten, wo herkömmlichen Streitkräften der Zugang verwehrt wird.

Rekrutierung und Ausbau von Führungsqualitäten – Verbesserung der Möglichkeiten von Spezialeinheiten, Führungspersonal mit starken moralischen und gesetzlich einwandfreien Grundsätzen zu rekrutieren, auszuwählen, zu bewerten, zu trainieren und der Einheit zu erhalten.

Informationswege – Verbesserung der effektiven Verwendung von Informationstechnologien.

Erhöhte Sinneswahrnehmung – Verbesserung der Möglichkeiten, mit den menschlichen Sinnesorganen eine erhöhte Wahrnehmung zu erzielen.

Organisation – Verbesserung der Organisationsstrukturen der Spezialeinheiten, um die eigenen Aktivitäten in jene der Landesverteidigung sowie nationaler und internationaler Sicherheitskräfte zu integrieren, mit diesen Kräften zu operieren oder sie zu unterstützen.

Nutzung des Alls und unbemannter Fluggeräte – Verbesserung der Fähigkeiten, sich an das US Space Surveillance Network anzukoppeln und das Netzwerk zu nutzen.

Fernaufklärung – Verbesserung der Fähigkeiten bei der Nutzung von technologischen Fortschritten für die Fernaufklärung und verbesserte Informationslage vor Ort.

Mehrzweckwaffen – Verbesserung kombinierter Waffen mit Zielortung und einer breiten Palette von Effekten.

Ein Soldat des deutschen Kommandos Spezialkräfte (KSK) auf einem Wachposten in Afghanistan. Er trägt das Sturmgewehr G36 von Heckler & Koch.

zurückblicken und es gab deutliche Parallelen zu T. E. Lawrence und seinen arabischen Verbündeten. Auf jenem Kriegsschauplatz war dies die ideale Form der Kampftaktik.

Bei der Invasion des Irak wurden die Erwartungen, dass die Vereinigten Staaten ihre militärische Überlegenheit nutzen würden, um den Irak zu bezwingen, in einem gewissen Ausmaß erfüllt. Aber auch hier spielten Spezialeinheiten wieder eine Schlüsselrolle. Vor allem, als die Vereinigten Staa-

ten keine Bodentruppen mit schwerem Gerät in den Nordirak bringen konnten, waren es wieder einmal die Spezialeinheiten, die den entscheidenden Erfolg herbeiführten.

Es war auch keine Überraschung, dass die einzige Supermacht der Welt ein Land des Mittleren Ostens wie den Irak ausstechen konnte. Die sowjetischen T-55-Panzer konnten sich kaum mit den amerikanischen Abrams-Panzern oder den britischen Challenger-2-Hauptkampfpanzern messen. Wie schon so oft liegt der Schlüssel zum endgültigen Sieg nicht in den anfänglichen kriegerischen Auseinandersetzungen, sondern in einer Lösung, die nach Beendigung der Kampfhandlungen gefunden werden muss.

Ein Soldat der US Army vom 501. Fall-schirmjäger-Infanterieregiment bei einem Training im Fort Richardson, Alaska, 2005.

Zudem konnten sich die Vereinigten Staaten durch ihr manchmal unbedachtes hartes Durchgreifen in den Entwicklungsländern keine Freunde machen, ganz gleich wie ruchlos die Verbrechen des iraki-schen Regimes gewesen waren. Wenn die Verei-nigten Staaten auch die einzige Supermacht wa-ren, so wäre es doch am besten, nicht damit zu prahlen, um nicht erbitterte Reaktionen auszulö-sen. In dieser Hinsicht hatten die Spezialeinheiten den Vorteil, weniger sichtbar und weniger aggres-siv eingreifen zu können.

Die US-Untersuchungskommision zu den Anschlä-gen des 11. September empfahl:

»Die Hauptverantwortung für die Leitung und Aus-führung paramilitärischer Operationen, ob sie nun geheim oder offen erfolgen, sollte dem Verteidi-gungsministerium [d. h. nicht mehr der CIA] über-tragen werden. Sie sollte mit den Trainingsmög-lichkeiten, der Art des Kommandos und der Aus-führung solcher Operationen, wie sie bereits im

Special Operations Command entwickelt wurden, in Einklang gebracht werden.«

Diese Empfehlung geschah teilweise im Hinblick darauf, dass die CIA keine militärische Komman-dostruktur und keine eigenen Streitkräfte besaß und daher auf »private Streitkräfte« zurückgreifen musste, um ihr Ziel zu erreichen.

In Afghanistan hatte die CIA bereits vor Ende Sep-tember 2001 Agenten eingesetzt. Diese leisteten eine bedeutende Hilfestellung, um das Taliban-Regi-me in Zusammenarbeit mit den Spezialeinheiten zu stürzen. Die Koordination stand, wie es die Untersu-chungskommission zu den Anschlägen des 11. September vorgeschlagen hatte, im Vordergrund. Demnach sollten Verteidigungsministerium und CIA eine »gegenseitige Übereinkunft über die taktischen und strategischen Ziele in der Region erreichen. Sie sollten die Verantwortungsbereiche für die einzel-nen Aktionen genau abgrenzen, um Konflikte oder doppelte Anstrengungen zu vermeiden.«

In Afghanistan war die CIA verantwortlich, die Parti-sanen-Streitkräfte der Nordallianz zu versorgen. Danach bekamen auch Spezialeinheiten die Er-laubnis, dies selbst zu bewerkstelligen.

Unter den derzeitigen Umständen operieren Spezialeinheiten in einer Art Uniform und gelten vor der Genfer Konvention als Angehörige der Armee, der Marine oder der Luftwaffe. Dadurch sind sie nach internationalem Gesetz geschützt. Bei verdeckten, geheimdienstartigen Operationen hätten sie diesen Schutz nicht mehr. Als der Kampf gegen den internationalen Terrorismus sich ausweitete und erbitterter geführt wurde, mussten diese Themen angesprochen werden.

In der Haushaltserklärung *FY06 Budget Priorities* wird unter dem Titel *Protecting America* Folgendes festgestellt: »Durch den Vorteil der militärischen Technologien des 21. Jh.s kann die amerikanische Streitmacht mit mehr Präzision, Härte und Erfolg schneller eingesetzt werden. Durch den Aufbau eines Modulsystems für Armeebrigaden schaffen wir eine flexiblere Kampfeinheit, die sich besser den Erfordernissen einer Mission anpassen können wird.« Dies bedeutet, dass die bei den Spezialeinheiten bereits vorhandene Mobilität sich auf die gesamte Armee auswirken sollte. Die neu in Betrieb gehenden Panzerfahrzeuge, wie etwa

Ein Soldat des australischen SASR ist in Afghanistan mit einem geländegängigen Polaris-Fahrzeug unterwegs. Solche Fahrzeuge können für rasche Aufklärungseinsätze verwendet, aber auch mit schweren Maschinengewehren ausgerüstet werden.

Soldaten der Hauptquartier-Kompanie, 2ⁿᵈ Squadron 11ᵗʰ Armoured Cavalry Regiment, führen irakischen Armeesoldaten Angriffstaktiken vor.

der neue Stryker, wären leichter und wendiger als ältere Vergleichsmodelle. Eine neue Küstenfregatte sollte eine Plattform für Spezialeinsätze bilden. Das USSOCOM (US Special Operations Command) ist die teilstreitkraftübergreifende Kommandoeinrichtung des US-Verteidigungsministeriums für die Terrorismusbekämpfung. Seine Bedeutung wird auch dadurch bestätigt, dass sich das Budget von 2001 bis 2007 auf 5 Milliarden Dollar verdoppelt hat. 2005 bis 2009 soll die Stärke der US-Spezialeinheiten auf 2300 Soldaten ansteigen.

Gegenüberliegende Seite: Ein für Spezialeinsätze bestimmter CH-46E-Sea-Knight-Hubschrauber der US Marines wird bei der Landung an Deck des Landungsschiffes USS Harpers Ferry (LSD 49) in seine Position eingewiesen.

Militärdoktrin des US Marine Corps zur Aufstandsbekämpfung

Die neue Strategie, Spezialeinheiten als zentralen Punkt vieler Operationen zu betrachten, wirkte sich auch auf andere Kommandos aus. Wie in Großbritannien, wo Teile von Eliteregimentern, etwa des Fallschirmjägerregiments und der Royal Marines, in eine permanente Special Forces Support Group eingebracht wurden, überdachte man auch beim US-amerikanischen Marinekorps die grundlegenden Kampfkonzepte.

Das Korps wollte auch für Herausforderungen in irregulären Kriegen gewappnet sein, deren Kämpfe oft in städtischer Umgebung stattfanden. Man sollte auf außerordentlich geschickte Gegner vorbereitet sein, die asymmetrische Kampftaktiken anwendeten, um ohne sich selbst allzu sehr auszusetzen, der Gegenseite den größtmöglichen Schaden zuzufügen. Um dies zu erreichen, musste das US-Marinekorps die Zusammenarbeit mit dem USSOCOM weiter ausbauen.

Ein Soldat des 1. Bataillons des 501. Fallschirmjäger-Infanterieregiments bereitet sich während der von US-amerikanischen und australischen Einheiten gemeinsam durchgeführten Übung »Talisman Sabre« darauf vor, loszustürmen.

Ausschlaggebend beim Umdenken war, dass man akzeptierte, eher dem Spezialeinsatz-Modell zu folgen, als zu erwarten, dass weiterhin in größeren Schlachten konventionelle Streitkräfte gegen ähnliche konventionelle Einheiten mit ähnlicher Ausbildung und Ausrüstung kämpfen würden. Man musste sich den verschiedenen Erfordernissen der irregulären Kriegsführung anpassen.

Verschiedene, bereits in diesem Buch erwähnte Konzepte, die traditionellerweise die Denkweise und die Aktionen von Spezialeinheiten ausmachten, mussten nun auch zum Teil vom gesamten Spektrum der konventionellen Einheiten und Kommandos erlernt werden – vor allem jedoch von den sehr mobilen Einheiten mit elitärer Tradition, wie den Marines und den Luftstreitkräften.

Im Irak hat sich herausgestellt, dass die Zerstörung der sichtbaren Militärmacht eines Regimes nicht unbedingt den Krieg beendet. Bei der Bekämpfung von Aufständen und Terrorismus stehen sich sowohl Ideen als auch militärisches Geschick gegenüber. Hier haben Spezialeinheiten einen Vorteil. »Winning Hearts and Minds« war immer ein bedeutender Teil bei der Ausbildung von Spezialeinsatzkräften. Dieser Aspekt kann jedoch beim gelegentlichen Beobachter nicht die Popularität von für Schlagzeilen sorgenden spektakuläreren Operationen, wie etwa einer Geiselrettung, erreichen. Nach dem Zweiten Weltkrieg gab es abgesehen vom Koreakrieg, vom Vietnamkrieg, dem so genannten »Kalten Krieg« gegen die Sowjetunion in Westeuropa und der Operation Desert Storm nur »kleine Kriege«. Bei vielen davon wurden, wie bereits beschrieben, Spezialeinheiten eingesetzt.

Was vielleicht im 21. Jh. neu hinzugekommen ist, ist das Phänomen transnationaler extremistischer Ideologie und ihre Macht, Unzufriedenheit sowohl in den Industrie- als auch in den Entwicklungsländern anzuheizen. In den Entwicklungsländern können Gründe für die Verbitterung Armut und korrupte Verwaltung sein, in den Industrieländern ein Gefühl der Verfremdung der nationalen Kultur, welches oft durch die westliche liberale Politik des Multikulturalismus noch verstärkt wird. Die Möglichkeit, regionale Gruppen miteinzubeziehen und sie aufzustacheln, ihren Groll in einer Weise auszudrücken, die auf der ganzen Welt durch die Schlagzeilen geht, hat den relativen Erfolg dieses Phänomens gezeigt.

Gesamtsicht

Um den verheerenden Folgen von Aufwiegelung und Terrorismus entgegenzuwirken, versucht das

Indonesische Spezialeinsatzkräfte bei einer Übung zur Terrorismusbekämpfung in der Javasee im Dezember 2004.

US-Marinekorps in seiner Doktrin die Kampfhandlungen in jedem denkbaren Konflikt-Szenario aus einer Gesamtsicht zu betrachten. Zusätzlich zu Kampfhandlungen werden darin auch die nachstehenden bei jeder Operation veränderlichen Komponenten identifiziert:

- Training und Beratung der Sicherheitskräfte des Gastlandes
- Bereitstellung lebensnotwendiger Dinge
- Stützung einer Regierung
- Wirtschaftsentwicklung
- Nachrichtendienst

Da Operationen zur Aufruhrbekämpfung oft inmitten der Zivilbevölkerung durchgeführt werden müssen, sind kleine, unabhängig wirkende Einheiten am ehesten dafür ausgerüstet und befähigt.
Kleinen Teams gelingt es darüber hinaus auch besser, engere Kontakte mit der lokalen Bevölkerung zu pflegen, während große Einheiten meist nur getrennt von der Bevölkerung und auf Stütz-

LITTORAL COMBAT SHIP

Freedom-Klasse LCS-1 (Lockheed Martin)
Independence-Klasse LCS-2 (General Dynamics)
Das Schiff der nächsten Klasse, das Littoral Combat Ship (dt.: Schiff für Küstennahe Gefechtsführung) soll 2007 an die US Navy geliefert werden. Es ist kleiner als die Lenkwaffenfregatten der US Navy, kann eine hohe Geschwindigkeit erreichen, kann bestens mit kleinen bis mittelgroßen Hubschraubern zusammenarbeiten und eine Plattform für einen weiten Einsatzbereich darstellen.
Das Schiff ist auch für die Minenbekämpfung, für Patrouillen und eine Reihe anderer Aufgaben einsetzbar.
Bei der Auswahl des Typs für das Littoral Combat Ship konkurrierten das Einrumpfboot von Lockheed Martin und die Katamaran-Bauweise von General Dynamics. Das Verteidigungsministerium entschied sich dafür, von jedem Bootstyp zwei Exemplare herstellen zu lassen, um ihre Stärken und Schwächen vergleichen und dadurch ein optimales Design mit den jeweils besten Eigenschaften der beiden Typen zusammenstellen zu können. Man vermutet, dass im Endeffekt 55 Schiffe der Littoral-Combat-Ship-Klasse gebaut werden sollen.

punkten untergebracht werden können. Die Kommandanten müssen darauf vorbereitet sein, nicht überall klare militärische Strukturen vorzufinden und in einer chaotischen Umgebung, wo es zahlreiche Wahl- und Lösungsmöglichkeiten gibt, zurechtzukommen. Die kurzfristig am besten scheinende militärische Option mag vielleicht nicht der beste Weg sein, längerfristige Probleme zu lösen. Besonders bedeutend in diesem Zusammenhang ist gute Aufklärung im Vorfeld.

Als Resultat dieses gut durchdachten und weitsichtigen Programms wird das US-Marinekorps ein ähnliches Modell annehmen, wie es bereits von Spezialeinheiten in aller Welt erfolgreich angewandt wird. Dies erscheint umso folgerichtiger, als das US-Marinekorps auch selbst Spezialeinsatzkräfte ausbildet.

BRITISCHE SPEZIALEINHEITEN
Special Forces Support Group (SFSG)

Der Ausbau der Spezialeinheiten manifestierte sich in Großbritannien durch die Schaffung der Special Forces Support Group am 3. April 2006. Diese Einheit steht bereit, um bei Spezialeinsätzen jene Art von Unterstützung zu geben, wie sie etwa bei der Rettung der britischen Soldaten in Sierra Leone (Operation Barras) beschrieben wurde. Wie bereits auch schon zuvor wurde diese Unterstützungsgruppe ad hoc zusammengestellt. Der ständig steigende Bedarf an Spezialeinsatzkräften nach dem 11. September zeigte die Notwendigkeit einer permanent zur Verfügung stehenden Unterstützungseinheit.

Die neue Gruppe besteht aus Angehörigen des Fallschirmjägerregiments, der Royal Marines und der Royal Air Force (RAF). All diese Einheiten tragen das Abzeichnen ihrer Stammeinheit und das Abzeichen mit Dolch und Blitz der Special Forces Group. Nachdem die SFSG-Mitglieder bereits den Auswahlkurs des P Company Parachute Regiment, den Royal-Marines-Kurs oder den RAF-Pre-Parachute-Kurs absolviert haben, kommen sie zum Spezialtraining auf die Basis nach St. Athan, Wales, in der Nähe von Cardiff. Die walisische SFSG-Basis ist auch nicht weit von den Brecon Beacons entfernt, dem vom SAS und anderen Spezialeinheiten bevorzugten Trainingsgebiet.

Gegenüberliegende Seite: britische Marines des 45. Kommandobataillons bei einer Patrouille im Südosten Afghanistans während der Operation Condor im Mai 2002.

Bei der Operation Barras zeigte sich auch, dass eine Special Forces Support Group in der Lage sein soll, Unterstützungsfeuer und Schutzmaßnahmen bereitzustellen. Sie sollte mit einer Geschwindigkeit und Mobilität agieren können wie SAS, SBS oder ähnliche Einheiten bei ihren charakteristischen blitzschnellen Überraschungsangriffen. Durch die Gründung der Special Forces Support Group konnte Großbritannien seine Spezialeinheiten ausweiten und gleichzeitig die hohe Qualität der Kerneinheiten, nämlich SAS und SBS, erhalten.

Special Reconnaissance Regiment

Das Special Reconnaissance Regiment (SRR) wurde am 6. April 2005 in der Royal Military Academy Sandhurst als Teil der britischen Spezialeinheiten gegründet. Die Einheit ist in der Nähe von Hereford, dem Hauptquartier des SAS, stationiert.

Mit der Gründung des Special Reconnaissance Regiment wurde die Absicht verfolgt, andere Spezialeinheiten von der Informationsbeschaffung zu entlasten, sodass diese verstärkt für den direkten Kampfeinsatz zur Verfügung stehen. Zur Aufstellung des Regiments wurden Mitglieder der vorhandenen militärischen und polizeilichen Einheiten rekrutiert, vermutlich auch vom Intelligence Corps und der 14th Intelligence Company. Wie bei der Special Forces Support Group tragen auch die Mitglieder des Special Reconnaissance Regiment sowohl die Abzeichen ihrer übergeordneten Einheit als auch das neue SSR-Wappen bestehend aus einem Helm eines altgriechischen Fußsoldaten, einem Dolch und dem Schriftzug »Reconnaissance«.

Das Geschick der SSR-Angehörigen liegt darin, den Kontakt mit dem Gegner zu vermeiden und ihm trotzdem nahe genug zu kommen, um seine Bewegungen und Aktivitäten beobachten zu können. Normalerweise werden sie damit beauftragt, sich verdeckt in eine bestimmte Region einzuschleusen, ein geeignetes Versteck zu finden, wo sie sich mit ihren optischen Geräten und ihrer Funkausrüstung aufhalten, relevante Informationen an die Basis weitergeben und am Ende der Operation wieder ungesehen exfiltrieren können. SRR-Mitglieder werden für Operationen sowohl im städtischen Gebiet als auch im freien Gelände ausgebildet.

Obwohl sie bedacht sind, direkten Kontakt mit dem Gegner zu vermeiden, sind SRR-Soldaten auch im Kampf Mann gegen Mann äußerst geschickt und bestens in E&E-Taktiken und im Überlebenskampf ausgebildet.

COMMANDEMENT DES OPÉRATIONS SPÉCIALES (COS)

Einheiten des Premier Cercle:
Régiment Parachutiste d'Infanterie de Marine (RPIM)
Marine-Kommandos Jaubert, Trepel, De Penfentenyo, De Montfort, Hubert
Commandos Parachutistes de l'Air N°10 (CPA)
13e Régiment des Dragons Parachutistes (RDP)
Division des Opérations Spéciales (DAOS)
Antenne CIET
Escadrille des Hélicoptères Spéciaux (EHS)

Einheiten des Deuxieme Cercle:
Groupement des Commandos Parachutistes (GCP)
Unité de Recherche Humaine de la 27e brigade d'infanterie de montagne (Gebirgsjägerbrigade)
Groupement de Sécurité et d'Intervention de la Gendarmerie Nationale (GSIGN)

Brigade des Forces Spéciales Terre (eine neue Bodeneinheit, die eigens für Spezialeinsätze aufgestellt wurde):
1er Régiment Parachutiste d'Infanterie de Marine
13e Régiment de Dragons Parachutistes
Détachement Aviation Légère de l'armée de terre des Opérations Spéciales (DAOS)

COS-Einheiten waren in folgende Einsätze involviert:

1992:	Komoren
1992/93:	Somalia
1993:	Adria
	Guinea
	Zaire
1994:	Ruanda
1994 bis heute:	Bosnien
	Haiti
1995:	Komoren, Opération Azalée
	Adria, Opération Balbuzard Noir
1996:	Bangui, Opération Almandin 1
	Opération Almandin 2 mit der
	8e RPIMa, dann mit 2e REP und
	1er RIMa
1996/97:	Bangui
1997:	Opération Pélican 1 und 2
	Brazzaville
	Albanien
1998:	Guinea-Bissau
1999:	Kosovo
1999 und 2002:	Elfenbeinküste
2003:	Kongo
2003 bis heute:	Afghanistan

FRANKREICH
Commandement des Opérations Spéciales (COS)

Wie die Vereinigen Staaten und Großbritannien hat auch Frankreich seine Spezialeinheiten aufgrund der Erfahrungen in den Golfkriegen und der steigenden Terrordrohungen reorganisiert.

Die neue Struktur wurde auf jener der britischen Spezialeinheiten aufgebaut und umfasst mehrere Flotten-, Armee- und Luftwaffeneinheiten. Auch die französische Polizeieinheit *Groupe d'Intervention Gendarmerie Nationale* (GIGN) wurde mit einbezogen. Die Aufgabengebiete der COS-Einheit sind vor allem Aktionen zur Terrorismusbekämpfung und Operationen wie die Festnahme wegen Kriegsverbrechens verdächtigter Personen. Auch Aufklärungsmissionen werden von diesem Kommando durchgeführt.

RUSSLAND

Das Spezialeinsatz-Konzept für die Aufstandsbekämpfung hat die Grenzen der NATO und Westeuropas überschritten und wird nun auch in Russland weiter entwickelt.

In Tschetschenien und anderen Republiken des Nordkaukasus sah sich Russland militantem Islamismus gegenüber und musste feststellen, dass seine bisherigen auf konventionellen Methoden basierenden Taktiken nicht die gewünschten Ergebnisse brachten.

Die russischen Streitkräfte waren wie jene der Vereinigten Staaten vor allem für größere militärische Operationen gegen einen ähnlich ausgerüsteten Gegner konzipiert. Als die Unruhen in Tschetschenien begannen, wurden 1994 und 1999 größere Bodentruppen und Luftstreitkräfte eingesetzt. Dabei gab es bis zu 100.000 Tote und es kam zur Vertreibung von etwa 400.000 Menschen.

Nach vielen Fehlentscheidungen, die alle das Ziel hatten, den tschetschenischen Aufstand endgültig niederzuschlagen, gab der russische Sicherheitsrat 2006 neue Anweisungen heraus. Die in der Kaukasusregion operierenden Ermittlungsabteilungen wurden angewiesen, Spezialeinheiten aufzu-

Gegenüberliegende Seite: ein Soldat des *Régiment Parachutiste d'Infanterie de Marine* bei einem Training in Südfrankreich.

stellen und in langfristigen Programmen nach einer neuen Militärdoktrin auszubilden.

Die russischen Spezialeinsätze der vergangenen Jahre sind durch eine ungeschickte Vorgehensweise, die viele Todesopfer und Verletzte forderte, ins Zentrum der Kritik geraten. In mehreren Fällen, in welchen die tschetschenischen Rebellen Geiseln genommen hatten, um ihr Anliegen publik zu machen, waren die Aktionen der russischen Spezialeinheiten geradewegs eine Katastrophe und verursachten zahlreiche Opfer (1995 und 1996). 2003 wurden etwa 150 Zivilisten durch das Einleiten eines Gases getötet, das die Spezialeinsatzkräfte verwendeten, als sie die Geiseln aus einem Theater retten wollten. 2004 gab es 300 Opfer unter Zivilisten, als russische Sondereinsatzkräfte eine Schule in Beslan, Nordossetien, stürmten. Einer der Gründe für die hohe Opferzahl war die mangelnde Koordination zwischen den verschiedenen Sicherheitskräften der Länder.

Russische Spezialeinheiten geben Feuerschutz, als im September 2004 ein von tschetschenischen Terroristen besetztes Schulgebäude in Beslan gestürmt wird.

Neue Strukturen

Wie in den Vereinigten Staaten, Großbritannien und Frankreich wurde auch in Russland ein Programm erstellt, um alle Spezialeinheiten unter ein Kommando zu stellen und zu rationalisieren. Das neue russische Kommando wurde Objedinennaja Gruppirowka Wojsk (OGW) bezeichnet, auf Deutsch: »Kombinierte Gruppe von Kampfkräften«.

Ein russischer KA-52-Alligator-Hubschrauber bei der Internationalen Flugshow in Moskau 2001.

Die neue Organisation schließt eine stets einsatzbereite Kontrolleinheit für jede Region im Nordkaukasus ein (Gruppa Operatiwnogo Uprawlenija – GROU). Die Operationen dieser regionalen Einheiten werden nun vollständig koordiniert, sodass nicht mehrere Sicherheitseinrichtungen gleichzeitig dasselbe Problem behandeln.

Die neue Organisationsstruktur zeigte ihre Leistungsfähigkeit, als Spezialkommandos 2005 Rebellen, welche die Stadt Naltschik besetzt hatten, überwältigten. Die Rebellen konnten derart schnell isoliert und kampfunfähig gemacht werden, dass nur marginale Schäden entstanden.

Russische Spezialeinheiten verwenden nun auch Luftnahunterstützung, wenn gegen Rebellen in Gebirgsgegenden vorgegangen wird. Die Verbesserung bei Organisation und Ausbildung soll sich bereits im Kampf gegen die Rebellen, die sich in den

KA-52 ALLIGATOR

Der KA-52 Alligator ist eine Weiterentwicklung des einsitzigen Kamov-KA-50-Hubschraubers (NATO-Name: Black Shark). Die beiden Besatzungsmitglieder des Allwetter-, Vielzweck- und Kampfhubschraubers sitzen nebeneinander, sodass Pilot und Kopilot alle Steuerungs- und Waffensysteme bedienen können. Der Hubschrauber ist mit einem multifunktionalen integrierten Flug-, Navigations- und Waffensteuerungssystem ausgerüstet. Das Zielortungssystem ist durch passive und aktive Beobachtungs-, Such- und Sichtsysteme immer einsatzbereit. Beide Piloten haben Helme mit eingebauten Displays, auf welchen Flugstrecken und wichtige Umgebungsparameter angezeigt werden. Der KA-52 Alligator ist mit einer 30-mm-Schipunow-Kanone 2A42 bewaffnet und kann Bomben und Raketen bis zu einem Gewicht von 2000 kg auf den beiden Flügelpylonen mitführen.

Ein russischer Scharfschütze einer Spezial-einheit nach einer Aktion zur Rettung von etwa 700 Geiseln, die in einem Moskauer Theater von bewaffneten Tschetschenen im Oktober 2002 festgehalten worden waren.

Bergen versteckt hielten, deutlich ausgewirkt haben. Im Lichte dieses Erfolges wurden spezielle Einheiten im Gebirgskampf ausgebildet und mit den neuesten Kampfhubschraubern für Luftunterstützung ausgestattet. In Zukunft möchte das russische Verteidigungsministerium eine Gruppe von Spezialeinsatzkräften ausbilden, die groß genug sein soll, mit einer ähnlichen Krise wie in Tschetschenien 1994 und 1999 fertig zu werden. Das heißt, dass Russland ebenso wie der Westen die Notwendigkeit erkannt hat, dass Spezialeinheiten bei der Aufstandsbekämpfung eine zentrale Stellung einnehmen müssen.

Das russische Innenministerium führte ebenso wie das Verteidigungsministerium eine Neuorganisation und Rationalisierung der Einheiten für die Aufstandsbekämpfung ein. Als das Departamenta po Bor'be s Organizowannoi Prestupnost'ju i Terrorizmom (DBOPiT), also das Zentrum gegen Terrorismus und Organisiertes Verbrechen, aufgestellt

wurde, umfasste es auch ein Spezialkommando. Diese Organisation war für besondere Polizeieinheiten, Schnelleingreiftruppen zur Terrorbekämpfung und auch für Spezialeinheiten verantwortlich. Gleich wie in den Vereinigten Staaten erhöhte man auch hier das Budget für die Spezialeinheiten beträchtlich. Im russischen Verteidigungsbudget 2006–2008 sind auch großzügige finanzielle Mittel für eine umfangreiche Neuanschaffung von Ausrüstung, insbesondere für die Verbesserung der Ausrüstung von Spezialeinheiten und der dazugehörigen Fluggeräte und Kampfhubschrauber zur Luftnahunterstützung, vorgesehen. Eine Herausforderung war jedoch, die Geisteshaltung der Streitkräfte zu ändern, um mehr Engagement und Motivation bei den Bodentruppen zu erreichen. Es wird vielleicht noch einige Zeit lang dauern, bis die Wehrdienst-Kultur und die Ineffizienz aus der Zeit der Sowjetunion durch den für internationale Spezialeinheiten typischen Professionalismus ersetzt werden.

Unbemannte Fluggeräte (Drohnen)

Spezialeinheiten sind unter anderem deshalb so bedeutend, weil sie die Fähigkeit besitzen, den Gegner aufzuspüren, zu beobachten und auf verschiedene Weise auf ihn einzuwirken, ohne selbst entdeckt zu werden. Bei solchen Einsätzen werden zunehmend auch Drohnen verwendet, die zusätzliche Informationen über die Bewegungen des Gegners liefern und zum Teil sogar Zielortungen durchführen können.

Seit dem Beginn des Feldzugs gegen den Terror 2001 hatten die alliierten Streitkräfte 3000 Tote und 20.000 Verletzte zu beklagen. Um künftig derartige Opfer zu reduzieren, wurde die Verwendung von unbemannten Fluggeräten ausgeweitet, deren Technologie sich sprunghaft verbessert hat.

Die 10th Special Forces Group hat bekannterweise Drohnen während der Operation Iraqi Freedom zur Feindbeobachtung verwendet. Die Möglichkeiten dieser unbemannten Flugzeuge sind beträchtlich; manche sind nicht größer als ein Modellflugzeug und können von einer Person getragen, mit der Hand hochgeworfen sowie ganz einfach mit einem Joystick ferngesteuert werden.

Drohnen können für mehrere Arten von Operationen konfiguriert werden: Aufklärung, Zielerfassung und direkter Angriff. Die kleinste Drohne, die derzeit bei der US-Armee in Verwendung ist und sich am besten für militärische Spezialeinsätze eignet, ist der Raven.

Der Raven hat 1,52 m Flügelspannweite und ist nur 96,5 cm lang. Er wiegt etwa 2,04 kg. Zerlegt passt er in drei Schachteln, die leicht in den Tornistern der Spezialeinsatzkräfte transportiert werden können. Auf dem Flugzeug können verschiedene Typen von Kameras montiert sein: elektro-optische Kameras und Infrarotkameras, die auch seitlich angebracht se'n können. Der Kameratyp wird je nach Mission gewählt: Optische Kameras eignen sich für das Tageslicht, Infrarotka-

Soldaten der Alpha Company, 101st Military Intelligence Battalion beladen ein unbemanntes Flugzeug vom Typ RQ-7 Shadow 200.

MQ-1 PREDATOR

Antrieb: Vierzylindertriebwerk Rotax 914 mit 101 PS
Länge: 8,22 m
Höhe: 2,1 m
Gewicht: 512 kg
Flügelspannweite: 14,8 m
Geschwindigkeit: Reisegeschwindigkeit 135 km/h; Höchstgeschwindigkeit 217 km/h
Reichweite: bis zu 730 km

meras für weniger gute Sichtbedingungen, wobei Bewegungen durch Lichtpunkte dargestellt werden.

Das USSOCOM operiert mit tragbaren Systemen wie dem Raven, aber auch mit Drohnen, die sehr lange, 12 Stunden oder mehr, in der Luft bleiben können, sodass eine länger zusammenhängende Beobachtung durchgeführt werden kann.

Spezialeinsätze der US Air Force

Die dem US Air Force Special Operations Command (AFSOC) zugeteilte 3rd Special Operations Squadron (SOS) plant 24 unbemannte Flugzeuge vom Typ Predator einzusetzen. Der Predator wurde in großer Zahl von der US Air Force bestellt und bereits für mehrere erfolgreiche Missionen eingesetzt. Die Aufgaben waren Beobachtung, Zielortung, aber auch bewaffneter Angriff mittels mitgeführter Hellfire-Raketen.

Der MQ-1 Predator wurde von General Atomics Aeronautical Systems entwickelt und gebaut. Er ist ein unbemanntes *medium-altitude-long-endurance*-Fluggerät (für Flüge in mittlerer Höhe bei längerer Flugdauer) und wurde auf verschiedenen Kriegsschauplätzen wie Afghanistan, Bosnien, Kosovo, Irak und Jemen eingesetzt. Diese Drohne besteht aus einem Flugwerk mit starren Flügeln und einem Rotax-Vierzylinder-Triebwerk, das einen Propeller an der Rückseite des Flugwerks antreibt. Der Predator kann mittels Satellitenverbindung gesteuert werden. Die typische Ausstattung besteht aus einer stabilisierten Kardanaufhängung mit zwei Farb-Videokameras, einer FLIR-Infrarotkamera und einem Synthetic Aperture Radar (SAR). Das Fluggerät besitzt auch ein multispektrales Zielsystem, mit dem

Ein US-Soldat startet während der Operation Swarmer im Irak eine Drohne vom Typ Raven.

Ein Soldat einer US-Spezialeinheit zeigt einem Soldaten der nigerianischen Armee im Juni 2005 Techniken zur Terrorismusbekämpfung.

die zwei mitgeführten AGM-114-Hellfire-Raketen mittels Laser ins Ziel geführt werden können.

Meist wird der Predator in Form eines Systems und nicht als einzelnes Fluggerät verwendet. Dieses System umfasst vier Flugzeuge, eine Boden-Kontrollstation, eine Verbindung zu einem Primärsatelliten und etwa 55 Standardcrew-Mitglieder, um die Fluggeräte zu steuern und die verschiedenen mitgeführten Systeme zu bedienen. Für den eigentlichen Flugeinsatz werden je ein Pilot und zwei Sensoroperatoren benötigt.

Das 3rd Special Operations Squadron soll noch mit einem weiteren System, Reaper genannt, ausgerüstet werden. Dem unbemannten Fluggerät MQ-9A Reaper ist eine speziellere Rolle als dem Predator zugedacht. Das Reaper-System ist eigens für Einsätze wie Luftnahunterstützung, Patrouillen und Unterstützungsaufgaben für Spezialeinsätze konzipiert. Es soll sich schnell bewegende Ziele orten und zerstören, bevor von den Objekten selbst das Feuer eröffnet wird oder diese eine Deckung erreichen können. Die typische Bewaffnung für den MQ-9A Reaper umfasste die lasergesteuerte Bombe GBU-12, GBU-38 JDAM-Bomben (mit dem Nachrüstsatz Joint Direct Attack Munition aufgerüstete ursprüngliche Freifallbomben), vier Hellfire-Raketen und die mit GPS und Laser gelenkten EG-

BU-12-Bomben. Der Reaper ist viermal so schwer wie der Predator und kann mit größerer Nutzlast höher und schneller fliegen.

Die Spezialeinheiten machen sich die schnelle Entwicklung in der Technologie unbemannter Flugzeuge zunutze. Drohnen können von Spezialeinsatzteams hinter den gegnerischen Linien bedient werden, aber auch von weiter entfernten Bodenstationen. Sie liefern neueste Informationen aus gefährlichen Gebieten oder können auch direkte Angriffe ausführen, ohne das Leben von Piloten oder etwaigen sonstigen Flugzeuginsassen zu gefährden.

Diese jüngste Technologie fügt sich ideal in das wachsende Aufgabenspektrum bei Spezialeinsätzen ein. Jene Zeiten, als Spezialeinheiten nur als nützliches Beiwerk für konventionelle Streitkräfte betrachtet wurden, sind nun endgültig vorbei. Sie stehen heute im Mittelpunkt und ihre Erfolge bei Einsätzen aller Art haben die herkömmlichen Streitkräfte dazu angeregt, ihre eigenen Strukturen mehr oder weniger nach denen von Spezialeinheiten umzugestalten.

INDEX

BILDNACHWEIS